Wissenschaftskonzeptionen

WISSENSCHAFT
UND
GESELLSCHAFT

Herausgegeben
vom
Institut für
Theorie, Geschichte
und Organisation
der Wissenschaft
der
Akademie der Wissenschaften
der DDR
durch
Günter Kröber

Band 10

Wissenschaftskonzeptionen

Eine Auswahl von Beiträgen sowjetischer Wissenschaftshistoriker zur Geschichte der Ideen über die Wissenschaft

Herausgegeben
von Georg Domin

THEORIA CUM PRAXI

AKADEMIE-VERLAG · BERLIN
1978

Der vorliegende Band enthält eine Auswahl von Beiträgen aus den sowjetischen Publikationen:

Концепции науки в буржуазной философии и социологии. Вторая половина XIX–XX в., Москва 1973

Проблемы развития науки в трудах естествоиспытателей XIX века (начало столетия – 70-е годы), Москва 1973

Beide Sammelbände sind Veröffentlichungen des Instituts für Geschichte der Naturwissenschaft und Technik an der Akademie der Wissenschaften der UdSSR, Moskau.

Ins Deutsche übersetzt von Artur Domin, Berlin

Wissenschaftlich-technische Bearbeitung: Heinz Reddner

Erschienen im Akademie-Verlag, 108 Berlin, Leipziger Str. 3–4

Lizenznummer: 202 · 100/56/78
Umschlaggestaltung: Rolf Kunze
Gesamtherstellung: IV/2/14 VEB Druckerei »Gottfried Wilhelm Leibniz«,
445 Gräfenhainichen · 5012
Bestellnummer: 752 792 6 (2162/10) · LSV 0305
Printed in GDR
DDR 14,–

Inhalt

Vorwort

Die sich festigende Verbindung der Vorzüge des Sozialismus mit den Errungenschaften der wissenschaftlich-technischen Revolution ist notwendig von einer Vertiefung unseres Wissens über die Entwicklungsbedingungen und die Entwicklungsprobleme der Wissenschaft begleitet. Je umfassender und komplexer unsere Aufgaben bei der weiteren Gestaltung des entwickelten Sozialismus werden, je mehr wir somit der Lösung der herangereiften Entwicklungsprobleme des gezielten und langfristigen Einsatzes der Wissenschaften bedürfen, um so mehr werden solide theoretische Kenntnisse und darauf gegründete sachkundige Leitung auch der Wissenschaftsprozesse zur Conditio sine qua non unserer Gesellschaft. Wissenschaftstheoretische Untersuchungen auf der Grundlage des Marxismus-Leninismus sind deshalb seit Jahren fester Bestandteil der gesellschaftswissenschaftlichen Forschung in der Deutschen Demokratischen Republik wie auch in den anderen sozialistischen Bruderländern, allen voran der Sowjetunion.

Es ist kein Zufall, daß wir gleichzeitig mit der Zunahme aktueller wissenschaftswissenschaftlicher Untersuchungen und erfreulicherweise auch im Rahmen der wissenschaftstheoretischen Aufgabenstellung verstärkt wissenschaftshistorische Arbeiten antreffen. Es hat sich herausgestellt, daß Wissenschaftstheorie ohne empirische Begründung auch durch den geschichtlichen Wissensstrom sehr unvollkommen bliebe und daß umgekehrt wissenschaftsgeschichtliche Detailforschung außerhalb theoretischer Leitideen kaum anwendbare Schlußfolgerungen für die Lösung heutiger Probleme der Wissenschaftsentwicklung zuließe. Die Verbindung und komplexe Anwendung von Wissenschaftstheorie und Wissenschaftsgeschichte ist deshalb ein gesellschaftlich notwendiger und theoretisch selbstverständlicher Akt.

Ein besonderes Problemfeld im gesamten Prozeß der theoretischen Durchdringung der Vergangenheit der Wissenschaft ist durch die ungezählten Bemühungen aller Forschergenerationen gegeben, sich *über ihre eigene Tätigkeit Klarheit* zu verschaffen und so etwas wie eine wissenschaftstheoretische (oder besser: vortheoretische) Eigenverständigung zu geben. Naturforscher und Sozialwissenschaftler vergangener Jahrhunderte liefern den Beleg dafür, daß die Tätigkeit in der Wissenschaft stets auch Fragen nach dem Wie und dem Warum von Wissenschaft hervorbringt und daß es stets zum Nutzen gesellschaftlichen und wissenschaftlichen Fortschritts ist, wenn diese Fragen sorgfältig problematisiert und beantwortet werden. Es ist ein großes Verdienst sowjetischer Wissenschaftsforscher, daß sie sich der Mühe unterzogen, die Geschichte der Wissenschaft auch nach der Entwicklung des Eigenverständnisses der Wissenschaftler zu befragen und in mehreren Publikationen die Ergebnisse ihrer Arbeit öffentlich vorzustellen. Wir haben aus der Vielzahl der Publikationen einige ausgewählt, die uns gerade hinsichtlich ihrer wissenschaftstheoretischen und aktuellen Relevanz besonders wert erschienen, den Lesern unserer Republik zugänglich gemacht zu werden. Wir entschieden uns für die nunmehr vorliegenden Beiträge, weil sie besonders deutlich veranschaulichen, wie die heute diskutierten und bearbeiteten Probleme der Wissenschaftswissenschaft historisch heranreiften, wie sie sich zum Teil schon vor Jahrhunderten in Anfängen stellten und wie sie von den verschiedenen Forschern der jeweiligen Generationen und von den Forschern verschiedener Generationen verstanden und artikuliert, welche Lösungen dabei gefunden wurden.

Von allen hier erörterten Fragen sollen nur einige angedeutet sein. Da geht es einmal um die Rolle der Tatsachenforschung, der Sammlung von Fakten, um die Rolle empirischen Materials. Es geht um das Experiment in der wissenschaftlichen Forschung und um die Beobachtung; es geht hier fast immer gleichzeitig aber auch um die Frage nach der Bedeutung und nach der Unverzichtbarkeit der wissenschaftlichen Theorie. Die Art und die Nachdrücklichkeit, mit der die Frage nach dem Verhältnis von Empirie und Theorie von Gelehrten verschiedener Generationen und weltanschaulicher Orientierung gestellt wurde, legt den Gedanken nahe, daß möglicherweise ein entscheidendes, qualitatives Kriterium für die Bestimmung der wissenschaftlichen Tätigkeit gerade in dem eigentümlichen Wechselverhältnis von Empirischem und Theoretischem liegt, daß die Spezifika im Charakter und im Prozeß von Wissenschaft gerade hierin begründet sind. Um nicht mißverstanden zu werden: Wir sind uns durchaus der Überlegungen und Untersuchungen bewußt, die insbesondere gegenwärtig zum Problem des Verhältnisses von Empirie und Theorie im Rahmen der Wissenschaftsforschung angestellt werden; und wir bezweifeln keineswegs den großen methodologischen Wert dieser laufenden Arbeiten. Was hier aber gesagt werden sollte, ist dies: die Einbeziehung der *Geschichte* des Gedankens von der Einheit von Empirie und Theorie vermag uns zu helfen, unser Problemverständnis weiter zu bereichern, vermag vielleicht auch dazu beizutragen, den Stellenwert neu zu bestimmen, den dieses Problem im gesamten Gebäude des wissenschaftstheoretischen Bemühens einnimmt und einnehmen sollte. Selbstverständlich ist, daß wir nur dann in der Lage sind, das Verhältnis von Empirischem und Theoretischem in seiner bisherigen und insbesondere in seiner weiteren Entwicklung theoretisch adäquat zu bestimmen, wenn wir uns auf die Geschichtlichkeit des Problems besinnen und die Aussagen der Vorgänger heutiger Wissenschaft hierzu untersuchen. Die sowjetischen Wissenschaftstheoretiker und Wissenschaftshistoriker geben uns hierfür Anregung und Hilfe.

Ein zweites, ebenso gewichtiges und bis heute bei weitem noch nicht in allen Details aufgeklärtes Problem ist in dem Verhältnis von wissenschaftlicher Tätigkeit und herrschenden gesellschaftlichen Verhältnissen zu sehen. Es ist keineswegs erstaunlich, daß wir gerade hierbei in der Vergangenheit größten Irrtümern und Illusionen begegnen, daß hierbei aber auch die größte Mannigfaltigkeit von Auffassungen anzutreffen ist. Erst der Marxismus vermochte – wie auch die hier ausgewählten Beiträge belegen – eine wissenschaftliche Antwort auf die Frage nach dem Sinn und der gesellschaftlichen Gebundenheit der Wissenschaft als einer Form gesellschaftlicher Tätigkeit zu geben. Die Gefahr und die Möglichkeiten jedoch, die der Wissenschaft durch ihre gesellschaftliche Existenz in der antagonistischen Gesellschaft entstehen oder entstehen können, erkannten bereits zahlreiche humanistische Denker der Vergangenheit. Wir werden im Nachfolgenden zahlreiche Fälle kennenlernen, in denen Wissenschaftler ohne Anleitung durch eine wissenschaftliche Gesellschaftstheorie eine große Fülle derjenigen Beziehungen erkannt oder zumindest erahnt haben, die der Wissenschaft durch ihre sozialökonomische Determination und Funktion erwachsen. Es wird bei Beachtung der historischen Gegebenheiten auch verständlich, daß manche Wissenschaftler der Vergangenheit (wie z. B. der russische Anatom Pirogov) herrschende reaktionäre Zustände zum Anlaß nahmen, um eine Art von sozialer Isolation der Forschung vorzuschlagen, da sie keine Möglichkeit sahen, eine Gesellschaft zu errichten, die selbst auf wissenschaftlichen Grundsätzen beruht und die von der Wissenschaft Impulse und Maßstäbe ihrer eigenen Entwicklung erhält.

Wir danken unseren sowjetischen Freunden, daß sie uns erlaubt haben, diesen Auswahlband in deutscher Sprache zu veröffentlichen. Wir danken dem Akademie-Verlag für die Geduld und für die Sorgfalt bei der Bearbeitung sowie dem Übersetzer, Genossen Artur Domin, der den oft schwierigen Text ins Deutsche übertrug, und unserem Kollegen Heinz Reddner, der die redaktionelle Bearbeitung unterstützte.

Berlin, im September 1976 — Der Herausgeber

E. G. Lejkin

Die Idee vom wissenschaftlichen Fortschritt im bürgerlichen philosophischen und gesellschaftlichen Denken der Gegenwart

1. Quellen des Problems

Bevor wir mit der Erörterung des Problems beginnen, schlagen wir vor, einen Rückblick in jene Epoche der europäischen Geschichte zu tun, in der zugleich mit dem Fortschritt der Gesellschaft (in ihrer kapitalistischen Form) und dem Fortschritt der Wissenschaft in der Neuzeit auch das Problem des Verhältnisses zwischen ihnen entstanden ist und die *Idee* des Wissenschaftsfortschritts sich abzuzeichnen begann – zunächst außerhalb der Idee vom gesellschaftlichen Fortschritt, danach im Zusammenhang mit ihr. Ein derartiger Exkurs zu den Quellen unseres Problems wird vielleicht am besten helfen, die Situation zu verstehen und einzuschätzen, in der sich die Idee vom Fortschritt der Wissenschaft zu Beginn des 20. Jahrhunderts befand, nachdem sie sich wieder von der Idee des gesellschaftlichen Fortschritts gelöst hatte. Wie überall (aber hier wahrscheinlich stärker als in vielen anderen Fällen), stützt sich die logische Beweisführung letzten Endes auf die historische. Wenden wir uns darum dem 17. und 18. Jahrhundert zu, bevor wir das 19. Jahrhundert behandeln.

17. Jahrhundert
Die Idee vom Wissenschaftsfortschritt vor der Herausbildung der Idee vom gesellschaftlichen Fortschritt

Die Tatsache, daß dem Wissenschaftler der fortschrittliche Charakter seines Lebenswerkes, seiner wissenschaftlichen Arbeit vollauf bewußt ist, ist unabdingbar: das ist der Wissenschaft als einer besonderen Art der geistig-schöpferischen Tätigkeit eigen, ist dem Akt des wissenschaftlichen Schöpfertums gewissermaßen immanent.

Ohne dieses Selbstverständnis ist die Wissenschaft undenkbar, und dieser Zusammenhang ist ebenso alt wie die Wissenschaft selbst. Es ist selbstverständlich, daß jeder, der an einem geistigen (und, natürlich, auch an einem materiellen) Schaffensprozeß teilhat, sich dessen bewußt ist, daß er sich auf das stützt, was bereits von seinen Vorgängern geschaffen wurde. Aber ein bürgerlicher Künstler, ein Dichter, ein Philosoph, Politiker, Pädagoge *kann* die Aufgabe und den Sinn seiner Tätigkeit darin sehen, das von seinen unmittelbaren Vorgängern Geschaffene zu erhalten und dessen weitere Überlieferung zu sichern, oder sogar darin, das von ihnen Erreichte rückgängig zu machen, um zu noch früher Gewesenem zurückzukehren, er *kann* die Vergangenheit idealisieren, sie beschwören, sich zum Ziel setzen, sie zu restaurieren, sie nachzuahmen, und dabei doch stets Künstler Dichter, Politiker usw. bleiben. Für einen Wissenschaftler und Gelehrten ist dies ausgeschlossen: sobald er diesen Weg beschreitet, hört er auf, Teilnehmer und Förderer der Wissenschaft zu sein, und seine Tätigkeit ist keine Wissenschaft mehr. Zu *allen* Zeiten war sich der Wissenschaftler dessen bewußt (es ist für ihn überhaupt nicht möglich, sich dessen nicht bewußt zu sein), daß seine Tätigkeit eine Weiterentwicklung der Ergebnisse der Arbeit seiner Vorgänger ist, und er sah das Ziel und den Sinn seiner Tätigkeit gerade in dieser Bewegung zum Neuen, zu dem, was den Vorgängern noch nicht bekannt war und was ihn weiterbringen und an Erkenntnissen reicher machen sollte. In einem derartigen „sich von der Vergangenheit Abstoßen" verstand und versteht der Wissenschaftler und Gelehrte die Entwicklung der Wissenschaft (genauer gesagt, *seines* Wissenschaftsgebiets) als eine Vorwärtsbewegung, als Fortschritt.

Jedoch ist dies Bewußtsein, das jedem Akt des wissenschaftlichen Schaffens eigen ist, bei vielen Wissenschaftlern nicht allzuweit vom unbewußten psychologischen Erlebnis oder von unbewußter psychologischer Einstellung entfernt. Dies Bewußtsein ist vom Rahmen der Berufsgebundenheit und der Subjektivität begrenzt und von elementarer Natur. Wie man es auch nimmt, das Bewußtsein des Wissenschaftlers hinsichtlich des fortschrittlichen Charakters seiner Arbeit auf dem Gebiet der Wissenschaft *bildet* noch keineswegs die *Idee* vom Wissenschaftsfortschritt.

Die Idee vom Fortschritt der Wissenschaft gehört zum Gesamtergebnis der wissenschaftlichen Arbeit der ganzen Menschheit. Sie bezieht sich somit erstens nicht auf den einzelnen Gelehrten und die Psychologie seines Schaffens und auch nicht auf die einzelne Wissenschaft und das Selbstverständnis ihres Platzes unter den anderen Wissenschaften. Diese Idee stellt die Ansicht von der Wissenschaft als einer objektiven Erscheinung unter anderen Erscheinungen in der geschichtlichen Entwicklung der Menschheit dar und betrachtet die Entwicklung der Wissenschaft als ein Element in der Geschichte der menschlichen Gesellschaft überhaupt. Und darum richtet sich die Idee vom Fortschritt der Wissenschaft zweitens nicht nur auf die Vergangenheit, sondern auch auf die Zukunft. Dieser Idee gemäß bilden nicht nur die heutigen Werke des Gelehrten einen Fortschritt im Vergleich zu den Werken seiner Vorgänger; es wird in den Werken seiner Nachfolger ebenso ein Fortschritt im Vergleich zu seinen heutigen Werken vorausgesehen, sozusagen vorausschauend einkalkuliert.

Die Tatsache, daß der Wissenschaftler sich des fortschrittlichen Charakters seiner Tätigkeit im Vergleich zu den Werken seiner Vorgänger bewußt ist, ist eine *unabdingbare* Voraussetzung für die Idee des Wissenschaftsfortschritts, jedoch ist diese Idee der fortschreitenden Bewegung, die sich bis in die unübersehbare („unendliche") Zukunft der Geschichte der Menschheit erstreckt, an und für sich im Akt und in der Psychologie des wissenschaftlichen Schöpfertums als solche nicht enthalten; die Idee des Wissenschaftsfortschritts muß darum nicht unbedingt die Wissenschaft zu allen Zeiten ihres Bestehens begleiten.

Aber, wie in der Tätigkeit der menschlichen Gesellschaft generell, ist auch hier die logische Voraussetzung zugleich und im Grunde eine historische Voraussetzung. Die Idee des Wissenschaftsfortschritts muß *geschichtlich* entstehen, und dazu ist ein überaus hoher Stand der gesellschaftlichen Entwicklung der Menschheit notwendig. Nur in einer Epoche, in der sich die Struktur der Gesellschaft so formt, daß die Wissenschaft im praktischen Leben Bedeutung erlangt und die wissenschaftliche Tätigkeit in genügendem Maße Verbreitung findet, sind ein hoher Stand der Autorität der Gelehrten im geistigen Leben der Gesellschaft und ein hoher Stand des allgemeinen Interesses an der Wissenschaft zu verzeichnen. Nur unter diesen spezifischen gesellschaftlichen Bedingungen findet das Bewußtsein vom fortschrittlichen Charakter der wissenschaftlichen Tätigkeit, das dem Selbstverständnis von Wissenschaftlern und Gelehrten eigen ist und von ihnen ausgeht, größere Verbreitung, wird verallgemeinert und wächst in eine selbständige philosophische Idee vom Fortschritt der Wissenschaft über. Dies geschah in der Geschichte der Menschheit anscheinend nur einmal, und zwar in Europa im Zeitalter der Renaissance, als nach der im Ausgang des Mittelalters einsetzenden Belebung und dem Aufschwung des wissenschaftlichen Schaffens die Entwicklung der Wissenschaft Mitte des 16. Jahrhunderts eine Breite erreichte und ein Tempo einschlug, wie sie bis dahin nirgends festzustellen waren.[1]

Zu dieser Zeit rief *Ramus* mit Stolz aus: „In hundert Jahren erlebten wir einen größeren Fortschritt in der Tätigkeit der Gelehrten als unsere Vorfahren in den vergangenen vierzehn Jahrhunderten." Cardanus erklärte den Kompaß, den Buchdruck und das Pulver zu den drei Erfindungen der Neuzeit, „denen die gesamte Antike nichts entgegenzusetzen hat"; eine Reihe anderer beachtenswerter Erfindungen bezeichnete er als Weiterentwicklung und Verbesserung von Erfindungen der Antike. Paracelsus widmete sein Buch „denen, die der Meinung sind, daß das Neue mehr wert ist als das Alte, und nur deshalb, weil es neu ist". Bei Rabelais gibt Gargantua seinem Sohn Panta-

1 Der Stammvater des utopischen Sozialismus, Thomas Morus, verbindet in seiner „Utopia" (1516) den Übergang zu einer neuen Gesellschaftsordnung noch nicht mit der Entwicklung von Wissenschaft und Technik.

gruel, als dieser sich nach Paris begibt, um dort die Weisheit der Wissenschaft zu erwerben, mit auf den Weg: „Die Welt ist jetzt voll von Menschen des Wissens, von Gelehrten und Lehrern, von gewaltigen Büchersammlungen, und ich bin der Meinung, weder zu Platos noch zu Ciceros und Papinianus' Zeiten gab es solche Möglichkeiten, die Wissenschaften zu studieren wie in der Gegenwart . . ."[2] Das war ein Jahrhundert, in dem Copernicus, Tycho Brahe, Vesalius, Cardanus, Tartaglia und Gilbert mit ihren Entdeckungen die Überlegenheit der Neuzeit über die Antike fast auf der ganzen Linie der damaligen Wissenschaft praktisch bewiesen und mit ihren Taten die kanonisierte Autorität der Antike gestürzt haben – als der Schöpferin eines angeblich unübertreffbaren und in seiner Vollständigkeit und Wahrhaftigkeit unantastbaren Wissens, der Besitzerin allen Wissens, das dem menschlichen Verstand überhaupt zugänglich sei. In einer solchen *realen* Situation eines immer stärker um sich greifenden und mutigen wissenschaftlichen Schöpfertums war es unausweichlich, daß eine neue und wahrhaft große Idee geboren wurde, die Idee, daß in der Wissenschaft finale Wahrheiten und ein endgültiger Stand überhaupt nicht möglich sind, daß im eigentlichen Wesen der Wissenschaft die Bewegung vom erreichten Stand zum höheren stets miteingeschlossen sein muß. Es fand sich – wie stets in der Geschichte – auch ein Gelehrter, der den Gesamtsinn der noch im Entstehen begriffenen Eindrücke und Mutmaßungen, die vorerst noch sporadisch, zersplittert und subjektiv gefärbt auftraten, erfaßte und ihnen eine klare Form der Idee von der objektiven Notwendigkeit und der Beständigkeit des Wissenschaftsfortschritts gab und somit das zum Ausdruck brachte, was erst im nächsten Jahrhundert zur charakteristischen Idee des Zeitalters wurde.

Dieser Mann – der französische Jurist, Staats- und Geschichtsphilosoph Jean Bodin – war der erste, der das erkannt hatte, und eine lange Zeit war die Klarheit seiner Ansichten über den Fortschritt der Wissenschaft noch eine rühmliche Ausnahme.[3] Der Prozeß des gesellschaftlichen Umdenkens vollzog sich nur langsam, und im Verlauf des ganzen nächsten Jahrhunderts wurde in gebildeten Kreisen der europäischen Länder über die Möglichkeit eines weiteren Fortschritts der Wissenschaften heiß gestritten, wobei der Streit sich hauptsächlich um die Gegenüberstellung der „Weisheit" der Alten und der Erkenntnisse der neuen Gelehrten drehte, um die Fähigkeit dieser wie jener, neue Entdeckungen zu machen und das Wissen vom Universum zu mehren. Das waren wahre Schlachten zwischen den Verfechtern der Gedankenfreiheit und den Verteidigern der autoritären Gebundenheit des Denkens, zwischen dem schöpferischen Skeptizismus und der dogmatischen

[2] J. B. Bury: The Idea of Progress. An Inquiry into its Origin and Growth, London 1924, S. 35, 40.

[3] Über den Inhalt seines Werkes: Methodus ad facilem historiarum cognitionem, o. O. 1566, siehe ebenda, S. 36ff.

Buchstabengelehrsamkeit, zwischen den rational-empirischen und den scholastischen Erkenntnismethoden.

Den Elan der Künder einer neuen Wissenschaft brachte in hervorragender Weise ein Sinnspruch Bacons zum Ausdruck: „Die Bücher müssen ein Ergebnis der Wissenschaften sein, und nicht die Wissenschaft ein Ergebnis der Bücher." Die im Mittelalter jahrhundertelang geprägte Vorstellung – von dem seit Ewigkeit vorbestimmten Verfall der Natur und zugleich mit ihr auch des Menschen und seines Geistes[4] – trat mehr und mehr zurück, und an ihrer Stelle bildete sich die Vorstellung heraus, daß die Jahrhunderte des Verfalls der Welt und somit auch der Wissenschaften eine Abweichung vom Wesen waren und daß im Gegensatz dazu die Vervollkommnung und der Fortschritt als Norm zu gelten haben.

Somit wurde die Überzeugung von der Vorwärtsbewegung der Wissenschaft und die Begeisterung für die Teilnahme an ihr zum Kernstück der Anschauungen der Menschen des 17. Jahrhunderts, und sie gaben der intellektuellen Atmosphäre des Jahrhunderts allmählich eine besondere Prägung.

Bacon rief die Menschheit auf, ihr Wissen über die Natur zu mehren, um ihre Macht über sie zu erweitern, und er glaubte an die unbegrenzte Realisierbarkeit dieses Strebens. Seine wissenschaftliche Tätigkeit begann er mit einem Werk, in dessen Bezeichnung er die Worte einschließt: „Das Voranschreiten der Gelehrsamkeit" (The Advancement of Learning). Pascal schrieb, daß „alle Wissenschaften . . . unendlich sind"[5] und verwandte bereits den Ausdruck „Fortschritt der Wissenschaften". Um diesen zu jener Zeit noch ungewöhnlichen Begriff zu erklären, vergleicht er die ganze Reihenfolge von Generationen, die einander im Laufe der Jahrhunderte abgelöst haben, mit nur einem Menschen, der ununterbrochen studiert und neue Kenntnisse erwirbt.[6] Galilei stellte die rhetorische Frage: „Wer kann es wagen, dem menschlichen Verstand Grenzen zu ziehen?" Descartes berichtete, „. . . daß es keine Wissenschaft in der Welt gebe, die so wäre, als man mich ehedem hatte hoffen las-

[4] Schon nach Bacon schrieb der bedeutende englische Kämpfer gegen die Autorität der Alten, G. Hakewill, in seinem umfangreichen Werk „Apologie" (1627), verfaßt als Widerlegung „des weitverbreiteten Fehlers hinsichtlich des ewigen und allgemeinen Verfalls der Natur": „Die Meinung über den Verfall des Alls genießt eine derart allgemeine Anerkennung nicht nur bei Ignoranten, sondern auch bei gebildeten Menschen, geistlichen und weltlichen, so daß schon wegen ihrer allgemeinen Gültigkeit sie von der Mehrzahl der Menschen ohne Untersuchung und Überprüfung geteilt wird" (zitiert nach R. F. Jones: Ancients and Moderns. A Study of the Rise of the Scientific Movement in 17-th Century England, Berkeley 1965, S. 29).

[5] B. Pascal: Gedanken, in: Geist und Herz, Berlin 1964, S. 164.

[6] Das Vorwort zum „Traktat über die Leere", in dem sich dies berühmte Gleichnis befindet (oder sich wiederholt?), wurde erst 1779 veröffentlicht. Aber es kommt auch bei Bacon vor, und nach fast zwei Jahrhunderten bezeichnete August Comte es als den Beginn des wissenschaftlichen Verständnisses vom Fortschritt.

sen"[7]. Und in seiner Lehre von der Unveränderlichkeit der Naturgesetze, im Suchen nach einem inneren Zusammenhang und nach der Einheit aller Wissenschaften als Ausdruck der Einheit des menschlichen Verstandes sowie in seinem „cogito ergo sum", das die Priorität des Denkens über den Glauben verkündete[8], vermittelte er ein für jene Zeit tiefes Verständnis von den unbegrenzten Möglichkeiten wissenschaftlicher Erkenntnisse der Natur sowie des Menschen selbst und propagierte dies in fanatischer Weise.

Spinoza sah im Fortschritt der Wissenschaften das Mittel und die Garantie für die Erreichung der höchsten menschlichen Vollkommenheit. Campanella machte den Fortschritt und die weite Verbreitung wissenschaftlicher Kenntnisse zum Fundament seiner Utopie „Der Sonnenstaat". Leibniz reinigte systematisch die Sphäre des wissenschaftlichen Denkens von Beimischungen der Künste (als einem Gebiet von geringen und dunklen Vorstellungen, die eine Vorstufe zu wahren wissenschaftlichen Vorstellungen bildeten, im Unterschied zur Wissenschaft aber bar jeder Progressivität seien), damit der Wissenschaft im Einklang mit der nie aufhörenden Vervollkommnung des Alls der Weg zur unbegrenzten Vervollkommnung geebnet werde.

Das war – kurz gesagt – eine Zeit, in der für die Denker, die dem Zeitalter das Gepräge gaben, die Unfehlbarkeit der Errungenschaften des wissenschaftlichen Fortschritts für unbestreitbar und, wie wir uns heute ausdrücken würden, für natürlich galt; im Umlauf war ein geflügeltes Wort (das zwecks größerer Überzeugungskraft den antiken Gelehrten zugeschrieben wurde): die Wissenschaft irrt nicht, es irren die Wissenschaftler.

Und nun, Ende des 17. Jahrhunderts, bereits nach einem Jahrzehnt der Tätigkeit zweier neuer Akademien der Wissenschaften, der von London und der von Paris, und im Besitz von derart erschöpfenden historischen Arbeiten über den Fortschritt der Wissenschaft wie z. B. des Werkes von Glanvill[9] betrat Fontenelle die Bühne. Als Vollender dieses Jahrhunderts der Selbstbestimmung und Bestätigung des philosophischen Rationalismus, als Künder und einer der Wegbereiter einer neuen Epoche, der Epoche der rationalistischen Aufklärung, nahm er alle derartigen Äußerungen des Geistes des Jahrhunderts in sich auf; er ergänzte sie dort, wo sie noch nicht zu Ende gedacht oder nicht voll ausgesprochen waren; und er verband und entwickelte als erster die zerstreuten Ideen über den Fortschritt der Wissenschaft, verwandelte sie aus einem Gegenstand der Überzeugung in einen Gegenstand der logischen Untersuchung.

Fontenelle überwand als erster die Begrenztheit jener Analogie von der

[7] K. Fischer: Descartes' Leben, Werke und Lehre, in: Geschichte der neuern Philosophie, Band 1, Heidelberg 1912, S. 166.

[8] In diesem Zusammenhang sei erinnert an die Formulierung des Anselm von Canterbury: *credo, ut intelligam.*

[9] Vgl. J. Glanvill: Plus ultra, or the Progress and Advancement of Science since the Time of Aristotle, o. O. 1668.

historischen Entwicklung der Menschheit in ihrer Gesamtheit als dem Lebensweg einer einzelnen Person: die Menschheit, heißt es bei ihm, werde nie alt werden und nie eine Degradation erleiden, die mit dem Altern verbunden ist; Kenntnisse, die von neuen Denkern erworben werden, kommen stets zu den vorher erworbenen hinzu.[10] Fontenelle verleiht ferner der Leibnizschen Abgrenzung von Wissenschaft und Kunst konkrete Umrisse: die Kunst hänge hauptsächlich von der Lebendigkeit der Einbildungskraft ab; eine Vollkommenheit in der Kunst könne in einigen Jahrhunderten erreicht werden; und insofern diese Vollkommenheit bereits in der Antike erreicht wurde, könne sie von uns nicht mehr übertroffen werden – wir könnten uns der Antike bestenfalls gleichstellen; die Wissenschaften dagegen verlangten die Mehrung der Erfahrungen und die Vervollkommnung der Methoden des Verständnisses und der Argumentation, und „es ist offenkundig, daß dies kein Ende nehmen kann". Aus dem cartesianischen Grundsatz der Verbundenheit aller Wissenschaften schlußfolgerte Fontenelle, daß eine Tendenz ihres Fortschritts vorhanden sein muß: die gegenwärtig vereinzelten Glieder der einheitlichen Wissenschaft würden sich in Zukunft zu einem einzigen Organismus verbinden. Und aus einem anderen cartesianischen Grundsatz – dem Satz von der Beständigkeit der Naturgesetze – folgert er, daß die Entwicklung der Wissenschaft sich grundsätzlich von der Entwicklung der Theologie und der Philosophie unterscheidet: während diese die verschiedensten Formen annehmen könnten, vermag sich die Wissenschaft nur als eine einzige und allgemeingültige zu entwickeln.[11]

Fontenelle war zweifellos der einflußreichste Literat seiner Zeit, doch war er kein Einzelgänger. Sein älterer Zeitgenosse und Freund Perrault, weniger talentiert und von geringerer Bedeutung, aber dafür von weitaus größerer Publizität, ging noch weiter als Fontenelle. Die Idee von der Überlegenheit der Neuzeit über die Antike in bezug auf die Naturerkenntnisse übertrug er auf Kenntnisse der „seelischen Leidenschaften", mehr noch, von der Wissenschaft auf die Kunst: Wenn wir höher stehen als die antiken Gelehrten in Gebieten, „deren Geheimnisse meßbar und berechenbar sind", so wäre es falsch anzunehmen, daß wir ihnen „in Fragen des Geschmacks und der Phantasie, der Schönheit der Poesie und der Beredsamkeit" unterlegen seien.[12]

10 Siehe insbesondere Fontenelles: Disgressions sur les anciens et les Modernes (1688), in: J. B. Bury: The Idea of Progress . . . , a. a. O.

11 Es wäre jedoch unbegründet, Fontenelle die „Formulierung der Idee vom Fortschritt der Wissenschaft als einer vollendeten Doktrin" zuzuschreiben, wie es Bury tut (vgl. J. B. Bury: The Idea of Progress . . . , a. a. O., S. 110). Sein Verständnis und seine Auslegung des Fortschritts der Wissenschaft brachte Fontenelle in zahlreichen Schriften rhapsodisch zum Ausdruck, ohne sich um ihre Zusammenfassung in eine Formel zu bemühen. Zu einer solchen Formel war noch ein weiter Weg.

12 Vgl. Ch. Perrault: Parallèles des anciens et des modernes, Band 1, Preface 1688

Was aber bemerkenswert und für jene Zeit charakteristisch war, ist folgendes: Weder Fontenelle noch Perrault erblickten im Fortschritt der Wissenschaft einen Teil des allgemeinen Fortschritts der Menschheit, also ein Produkt und eine Erscheinung des *sozialen* Fortschritts.[13] Die mittelalterliche Tradition, den Menschen nicht als Mitglied der Gesellschaft, der von dieser Gesellschaft geformt wurde, sondern als „Krone der Schöpfung" zu betrachten, welche keinerlei Veränderungen unterliegt und folglich auch nicht unterworfen werden kann, die Tradition, den Menschen und somit auch seine Wissenschaft im Kontext mit der Natur zu sehen, ohne die Gesellschaft in Betracht zu ziehen, war noch nicht überwunden. Es ist daher nicht verwunderlich, daß sich im Verlauf von mindestens anderthalb Jahrhunderten die Idee von der vorwärtsschreitenden Entwicklung der Wissenschaft nicht einbürgern konnte, sondern mit der Idee vom zyklischen Charakter des historischen Schicksals der Menschheit in Einklang gebracht wurde. Diese letztgenannte Idee wurde in der Renaissance der mittelalterlichen Kirchendoktrin vom Verfall und von der Unvermeidlichkeit des Weltuntergangs gegenübergestellt, und so wurde Schritt für Schritt der eschatologische Pessimismus überwunden, von dem die Frührenaissance noch nicht frei war. Machiavelli, Montaigne, Bodin und Le Roy[14] zweifelten an allem Denkbaren, nur nicht an der Möglichkeit eines unendlichen wissenschaftlichen Fortschritts, und sie kämpften für diesen Fortschritt, hielten aber zugleich den zyklischen Charakter der Geschichte für ebenso unzweifelhaft. Selbst noch im 17. Jahrhundert war die Idee der Zyklizität durchaus nicht in Mißkredit geraten (so bezog z. B. Bacon seine Behauptung, daß es in der Entwicklung der Wissenschaften keine Grenzen gebe, auf jeden einzeln genommenen Zyklus).

Was aber lag zu jener Zeit der Idee vom wissenschaftlichen Fortschritt zugrunde? Die Weltanschauung jenes Zeitalters forderte, daß diese Idee von der Religion sanktioniert sein mußte oder daß sie die Religion rechtfertigte.[15] Die am

(zitiert nach F. Brunetière: La formation de l'idée de progrès, Paris 1892, S. 191).

13 Es ist durchaus natürlich, daß auch die wissenschaftlich-technische Utopie Bacons „Nova Atlantis" (veröffentlicht nach seinem Tode, 1627) ohne Bezug auf irgendwelche Idee sozialer Veränderungen aufgebaut ist. Derselben Art sind die Erörterungen über den Fortschritt bei Descartes und Hobbes (siehe: H. Marcuse: Der eindimensionale Mensch, Neuwied-Berlin (West) 1974, S. 34f.) sowie bei Locke.

14 L. Le Roy schrieb sogar einen besonderen Traktat („De la vicissitude ou variété des choses en l'univers", 1577), in dem die Idee der Zyklizität entwikkelt wird (siehe: E. L. Tuveson: Millenium and Utopia. A Study in the Background of the Idea of Progress, Berkeley 1949, S. 65).

15 Überliefert ist der Bericht, daß Kepler, als er die elliptischen Bahnen der Planeten entdeckt hatte, entsetzt ausrief: „Wer bin ich denn, ich, Johannes Kepler, daß ich die göttliche Symmetrie der Kreisbahnen zerstöre!"

meisten verbreitete Form der Aussöhnung von Wissenschaft und Religion, die der fortschrittliche Geist gefunden hatte, und der Versuch, beides in Übereinstimmung zu bringen, ging in die Geschichte unter dem Namen Deismus ein. Charron, der Begründer des Deismus, erklärte schon zu Beginn des 17. Jahrhunderts Gott, die Natur und den menschlichen Geist für drei Bestimmungen eines und desselben. Die Descartessche Variante bestand in der strengen Trennung der wissenschaftlichen Methode für die Erforschung der materiellen (aber auch der geistigen) Substanz, welche sich auf das Prinzip des Zweifels, auf logische Kriterien der Zuverlässigkeit des Wissens und auf den gesunden Menschenverstand der „gewöhnlichen Sterblichen" stützt, von metaphysischen Überlegungen über die Existenz und Erscheinungen der Gottheit – eine Trennung wiederum nur mit dem Ziel, Wissenschaft und Religion zu versöhnen. Die Variante Spinozas war ein Pantheismus, der es gestattete, Prinzipien und Erkenntnismethoden der Naturforschung auf den Gegenstand religiösen Glaubens anzuwenden, ohne auf die Religion zu verzichten. Dasselbe tat eigentlich (obwohl von einer anderen Position aus und mit anderer Absicht) auch Pascal, ein philosophischer Widersacher des Materialisten Spinoza, als er den Versuch unternahm, Methoden des wissenschaftlichen Denkens in der Theologie anzuwenden.

Wie dem auch sei, die Idee des wissenschaftlichen Fortschritts stützte sich damals auf die Überzeugung von der von Gott ausgehenden Macht des menschlichen Geistes und der Fähigkeit dieses Geistes zur unbegrenzten Erkenntnis der Natur. Der Fortschritt der Wissenschaft wurde dem Fortschritt der menschlichen Welt gleichgesetzt – einer Welt, die dem Menschen zugänglich, oder, wie es in der damaligen finaldeterministischen Ausdrucksweise hieß, dem Menschen vorbestimmt war. In das Vorwort zu seinem „Novum Organon" nahm Bacon die Worte auf: „Über die Deutung der Natur *oder* die Herrschaft des Menschen".

Diese Auffassung war in ihrer Ursprünglichkeit und gewissermaßen auch in ihrer Instinktivität eigentlich nichts anderes als ein Glaube, der sich – sowohl dem Geiste als auch der Tradition des kartesischen Rationalismus nach – mit einer apriorischen und instinktiven Überzeugung von der Unabänderlichkeit der physischen und moralischen Natur des Menschen und der gegebenen menschlich-sozialen Beziehungen verband, welche als natürliche Folgeerscheinung und Ausdruck dieser Natur galten. Bei Descartes, der als erster die Idee von der Entwicklung der Natur aussprach (das Entstehen des Sonnensystems aus einem „Urwirbel" der Materie), taucht der Gedanke von einer gesetzmäßigen Entwicklung der Gesellschaft nicht auf. Mit einem Wort: die Wissenschaft wurde im 17. Jahrhundert als ein Kind und als Verkörperung der *außersozialen* menschlichen Vernunft betrachtet.

18. Jahrhundert
Das Hinüberwachsen der Idee vom Fortschritt der Wissenschaft in die Idee des gesellschaftlichen Fortschritts

Die Idee vom Wissenschaftsfortschritt war somit genetisch mit der Tatsache verbunden, daß sich die Wissenschaftler selbst der Progressivität ihrer Tätigkeit bewußt waren – einer Tatsache, die soziale Zusammenhänge geradezu ausschloß. Somit mußte und konnte diese Idee auch bedeutend früher entstehen als die allgemeine Idee vom *sozialen Fortschritt*, deren Voraussetzungen erst mit der Verbreitung der kapitalistischen Produktionsweise gereift waren und welche somit dieser Produktionsweise entsprach. Mehr noch, geschichtlich kristallisierte sich diese Idee, welche die Konzeption der Renaissance von der zyklischen Entwicklung ablöste und anstelle der Überzeugung von der Möglichkeit eines gesellschaftlichen Fortschritts die Überzeugung von seiner Notwendigkeit setzte, im *Ergebnis* einer logischen Erweiterung und Verallgemeinerung der bereits fest zum kulturellen Bestand gehörenden Idee vom Fortschritt der Wissenschaft heraus.

Es ist anzunehmen, daß dabei Erwägungen über die Fähigkeit der Menschen, die erworbenen Kenntnisse an andere weiterzugeben – und das nicht nur an Zeitgenossen, sondern auch an die nachfolgenden Generationen – oder, anders ausgedrückt, Erwägungen über das Vorhandensein eines kollektiven Gedächtnisses der Menschheit eine Rolle gespielt haben. Derartige Überlegungen mußten unweigerlich dazu zwingen, sich auch über die Mitwirkung des gesellschaftlichen Organismus Gedanken zu machen – wenn nicht unmittelbar an der Schaffung von Kenntnissen, so zumindest an ihrer Vererblichkeit, an ihrer Verwurzelung in der Vergangenheit und ihrer Erhaltung für die Zukunft, d. h. auch an ihrem Fortschritt. Und tatsächlich, diese Überlegungen verbinden wie mit einem roten Faden die Menschen des 17. Jahrhunderts, wie etwa Descartes[16], Hobbes, Pascal, Fontenelle, Perrault, mit Menschen des 18. Jahrhunderts: Turgot, Voltaire, Diderot, Condorcet, Godwin.

Der gedanklichen Operation, der Verallgemeinerung der Idee vom Fortschritt der Wissenschaft zu einer Idee vom sozialen Fortschritt, lagen selbstverständlich verschiedenartige Prozesse des Verfalls der feudalen Gesellschaft und die immer stärkeren und stürmischeren Volksbewegungen und intellektuellen Strömungen zugrunde, die die materiellen und geistigen Stützen die-

[16] In einer seiner späteren Arbeiten („Préface des éléments de la géométrie de el'infini") schrieb Descartes: „Es gibt eine Ordnung, die unseren Fortschritt lenkt. Jede Wissenschaft entwickelt sich erst, nachdem sich eine bestimmte Anzahl vorangegangener Wissenschaften entwickelt hat und nur in diesem Falle; sie muß warten, bis sie an der Reihe ist, ihre Eierschalen abzuwerfen." In: J. B. Bury: The Idea of Progress . . . , a. a. O., S. 110.

ser Gesellschaft erschütterten. Die Ausdehnung des Gesichtskreises für die Idee des Fortschritts vollzog sich in drei Richtungen. Erstens ging die Idee vom Fortschritt der Wissenschaft auf die praktische Anwendung der Wissenschaft (in der Technik, Produktion, Medizin) über, und je nach dem Grade ihrer Verbreitung fand diese Idee ihrerseits ihre Bestätigung auch im Fortschritt derartiger Anwendungen. Es bildete und festigte sich die Ansicht, daß der Fortschritt der wissenschaftlichen Kenntnisse und ihrer Anwendung ein Mittel für die Erleichterung und Verbesserung der Lebensbedingungen der Menschen sein werde, also ein Mittel des sozialen Fortschritts.[17] Zweitens nahm im Bewußtsein der Menschen die Vorstellung von der Freiheit des Denkens als einer unentbehrlichen Voraussetzung für den Fortschritt der Wissenschaften[18] und zugleich von der grundsätzlichen Veränderung der gesellschaftlichen Zustände als einer notwendigen Vorbedingung für die Durchsetzung der Gedankenfreiheit einen immer breiteren Raum ein und wurde immer unanfechtbarer. Drittens lehrten die ersten zwei antifeudalen Revolutionen – die niederländische und die englische –, daß das Schicksal der Wissenschaften mit den Schicksalen der menschlichen Gesellschaft verbunden ist. Die geistige und moralische Atmosphäre, die in diesen großen Revolutionen geschaffen wurde, und ihre immer weiter um sich greifenden und tiefer eindringenden Lehren mußten sich unweigerlich in den Überlegungen über den Platz und die Wege des Wissenschaftsfortschritts innerhalb der Entwicklung der Gesellschaft widerspiegeln.

So vollzog sich im 18. Jahrhundert die schon im 17. Jahrhundert sich abzeichnende und begonnene Zerstörung des tausendjährigen, von der Religion und der Philosophie geheiligten Vorurteils, daß der Natur des Menschen seit jeher eine vorausbestimmte Ordnung und ein Kodex von Normen des menschlichen Seins und der menschlichen Möglichkeiten vorgegeben sei. Im Gegensatz zu den alten Auffassungen von der göttlichen Vorsehung, die die Geschichte der Menschheit lenkt[19], bestand die neue Ansicht darin, daß die

17 Möge diese Ansicht nicht als Plattheit erscheinen – sie wurde von den Menschen in Europa erst im Ergebnis eines langwierigen und qualvollen Kampfes errungen. Es genügt hier an die mittelalterliche kanonische Auffassung von der Wissenschaft als eines Mittels der umfassenderen Erkenntnis der Vollkommenheit und Allmacht Gottes zu erinnern. Sogar Roger Bacon, der im 13. Jahrhundert dunkel, aber wirklich genial die Idee des Fortschritts vorweggenommen hatte, sah den endgültigen Sinn dieses Fortschritts in der Vorbereitung der Menschheit auf das Kommen des Antichrist.

18 Siehe: R. F. Jones: Ancients and Moderns . . . , a. a. O., S. 142ff, 268.

19 Folgendes schrieb z. B. im 17. Jahrhundert ein einflußreicher Vertreter dieser Anschauung, Bischof Bossuet, in seinem Werk „Discours sur l'histoire universelle" (1681) über den Verlauf der Geschichte – den Aufstieg und Verfall der Reiche u. ä.: „. . . das ist ein Werk Gottes und seiner Vorsehung, die solche allgemeinen Ergebnisse durch Verkettung von entferntesten einzelnen Ursachen hervorruft" (siehe A. J. Todd: Theories of Social Progress, New York 1934,

menschliche Natur, sowohl die physische als auch die moralische, durchaus nicht dazu verurteilt sei, für ewige Zeiten unveränderlich zu bleiben. Im Gegenteil, es stehe in der Macht des Menschen, sie zu vervollkommnen, um damit die gesellschaftlichen Bedingungen und die Normen seines Lebens zu erleichtern und zu verbessern. Als Mittel einer derartigen Vervollkommnung und Verbesserung, eines derartigen Fortschritts im gesellschaftlichen Sein des Menschen, diene die Vervollkommnung des menschlichen Verstandes und der Fortschritt der wissenschaftlichen Kenntnisse, der vom menschlichen Verstand geschaffen werde. Die sporadisch gereiften *Probleme* des gesellschaftlichen Fortschritts mündeten von verschiedenen Seiten her in die Idee vom Fortschritt der Wissenschaften und, indem sie diese von der Gesellschaft bereits erfaßte Idee weiterentwickelten und modifizierten, formten sie sich selbst zu einer für die Gesellschaft neuen *Idee* des gesellschaftlichen Fortschritts.

Es ist nur natürlich, daß der Weg für die Herausbildung einer Idee des sozialen Fortschritts als Ableitung von der Idee des wissenschaftlichen Fortschritts nicht über die Grenzen der bestehenden Gesellschaftsordnung hinausführen konnte. Nur diejenigen, die unmittelbar mit den sozialen Bewegungen der Volksmassen verbunden waren oder den Druck derartiger Bewegungen erlebten, sahen den Weg zur Vervollkommnung der menschlichen Natur und der Existenz des Menschen von Anbeginn im grundlegenden Wandel der sozialen Formen dieser Existenz (die frühen sozialen Utopien). In der Regel blieben die Philosophen und Autoren der Übergangszeit in ihren Gedankengängen und Vorschlägen für die Erleichterung und Verbesserung der Lebensbedingungen des Menschen noch lange auf dem Boden der herrschenden Gesellschaftsordnung. Wie dem auch sei: als die in der Luft liegenden Ideen des sozialen Fortschritts mehr oder weniger klar hervortretende Umrisse einer ideologischen Konzeption annahmen (und das geschah nicht vor dem 18. Jahrhundert), herrschte in wissenschaftlichen Kreisen Europas bereits die feste Überzeugung vom Fortschritt der Wissenschaft. Es ist nur natürlich, daß die allgemein anerkannte Idee vom Fortschritt der Wissenschaft zum Ausgangspunkt der im Entstehen begriffenen Konzeption vom sozialen Fortschritt wurde. Und ebenso natürlich ist, daß die Idee vom wissenschaftlichen Fortschritt zu ihrer Grundlage und zu ihrem Kernstück wurde, nachdem sie in diese Konzeption als ursprünglicher Bestandteil eingegangen war und in dieser Eigenschaft von Anfang an durch die idealistisch-rationalistischen Anschauungen der Philosophen der Aufklärung gefestigt wurde; eine der Hauptquellen dieser Auffassungen war doch gerade der Glaube an die Priorität des Verstandes und der Wissenschaft gegenüber den gesellschaftlichen Verhältnissen. (Der französische Materialismus des 18. Jahrhunderts bildete keine Ausnahme: auf das Verständnis gesellschaftlicher Erscheinungen wurde er bekanntlich nicht angewandt.) Im Fortschritt und in der

S. 442; E. Nagel: Determinism in History, in: W. H. Dray: Philosophical Analisis and History, New York 1966, S. 380).

Verbreitung von wissenschaftlichen Kenntnissen nämlich sahen die Menschen des 18. Jahrhunderts, des Zeitalters der Aufklärung, die Triebkraft für soziale Veränderungen, die „Bewegung zur Vollkommenheit“, wie es damals hieß.

Eine charakteristische Übergangsgestalt vom 17. zum 18. Jahrhundert war Abbé Saint-Pierre. Er war ein Zeitgenosse und Freund des bereits schon alten Fontenelle und dessen geistiger Schüler: das Interesse Saint-Pierres jedoch war nicht auf die Wissenschaft gerichtet, sondern auf die moralischen, rechtlichen und politischen Verhältnisse im Leben des Volkes. Er lehnte die von der Antike ausgehende und zur Tradition gewordene Reihenfolge der „vier Zeitalter“ – des goldenen, silbernen, des Bronze- und des Eisenzeitalters – ab und drehte die Reihenfolge um. Seine Zeit nannte er das silberne Zeitalter und rief die Menschen spekulativen und praktischen Sinnes, vor allem aber die Herrscher, dazu auf, alles zu tun, um das goldene Zeitalter herbeizuführen. Saint-Pierre glaubte fest an die Möglichkeit einer weiteren Besserung der Lebensbedingungen der Menschen und trat mit einer Vielzahl unterschiedlicher, zum Teil bescheidener, zum Teil utopischer Projekte hervor. Anscheinend war er auch der erste, der davon sprach, daß der Fortschritt der Menschheit in einem immer schneller werdenden Tempo vor sich geht; die Grundlage, das Mittel und sozusagen die Garantie für diesen sozialen Fortschritt sah er in der „ständigen und unbegrenzten Mehrung des Verstandes“ – eines „Gesamtverstandes“ –, als deren Teil er den Fortschritt der Wissenschaft bezeichnete.[20]

Was nun das 18. Jahrhundert selbst betrifft, welches in Europa durch einen komplizierten und widerspruchsvollen Reifeprozeß und die Formierung der bürgerlichen Ideologie erfüllt war, so war das geistige Leben damals auch hinsichtlich der Probleme des Fortschritts keineswegs eintönig und ungetrübt. Montesquieu verband z. B. seine Gedanken und seine Hoffnungen auf den Fortschritt der Menschheit mit der Verbesserung der Gesetzgebung; die Idee des gesellschaftlichen Fortschritts als eines sich objektiv entwickelnden Prozesses war ihm fremd. Sehr zurückhaltend verhielt sich zu dieser Idee auch Hume. Er war sich nicht sicher, ob sich die Menschen seiner Zeit in Richtung der menschlichen Vervollkommnung bewegen oder ob sie umgekehrt sich immer weiter davon entfernen, und er zweifelte an der Beständigkeit des zu seiner Zeit zu beobachtenden Fortschritts der Wissenschaft.[21] Mendelssohn hielt den Fortschritt nur für das Individuum für möglich und weigerte sich, „das Ziel der Vorsehung, daß sich die Menschheit in ihrer Gesamtheit hier auf Erden im Laufe der Zeit stets weiterentwickelt und vervollkommnet“, anzuerkennen.[22] Vico unternahm eine wesentliche Begrenzung der Fortschritts-

[20] Eine ausführliche Darlegung des Werkes von Saint-Pierre „. . . Über den ununterbrochenen Fortschritt des Gesamtverstandes“ (1737) siehe: J. B. Bury: The Idea Progress . . . , a. a. O., S. 136ff.

[21] Vgl. ebenda, S. 219; E. L. Tuveson: Millenium and Utopia . . . , a. a. O., S. 199.

[22] Vgl. J. B. Bury: The Idea of Progress . . . , a. a. O., S. 239.

idee, indem er den Fortschritt als eine zyklische Entwicklung darstellte, in der Vorwärtsbewegungen und rückläufige Entwicklungen einander ablösen. Bailly stellte in seiner berühmten „Geschichte der Astronomie“ (1781) die Hypothese auf, daß unsere Wissenschaften nur ein Widerhall und eine Wiederholung von Wissenschaften sind, die in prähistorischer Zeit von einem gewissen nordischen Volk geschaffen wurden, das infolge irgendeines Kataklysmus' vom Erdboden verschwunden sei.[23] Rousseau stellte die Geschichte als eine soziale und moralische Degradierung der Menschheit dar, und den Fortschritt der Wissenschaft (eine Tatsache, die er nicht leugnete) nahm er als eine der Ursachen dieser Degradation an. Mandeville ging noch weiter und erklärte in arroganter Weise eine fortschreitende Lasterhaftigkeit der Menschen für die „wahre Quelle aller Künste und Wissenschaften“.[24] Am weitesten ging anscheinend Berkeley, der den Fortschritt der Wissenschaften fürchtete und gegen die Idee der rationellen wissenschaftlichen Kenntnisse zu Felde zog.

Obwohl die Fortschrittsidee nicht sofort in die Denkweise der Menschen des 18. Jahrhunderts Eingang gefunde hatte – den Ton für das Zeitalter der Aufklärung gaben in bezug auf den wissenschaftlichen Fortschritt nicht die skeptischen, ablehnenden, zuweilen auch feindseligen Stimmen an, ganz gleich von welchen Geistesgrößen sie auch kamen, sondern diejenigen, die an den wissenschaftlichen Fortschritt glaubten, ihn propagierten und aus ihm die Idee des gesellschaftlichen Fortschritts ableiteten.[25]

Da war in erster Linie die Schar der französischen Materialisten, die den Ausdruck „unumkehrbarer Fortschritt“ (progrès ineluctable) prägten und in Umlauf brachten.

Da war Voltaire, dem wir den Begriff „Geschichtsphilosophie“ verdanken.[26] Wie ein roter Faden zieht sich durch seine mannigfaltigen Erwägungen der Gedanke, daß der Fortschritt des menschlichen Geistes den Angelpunkt der

[23] Vgl. P. Larousse: Grand Dictionnaire Universel du XIX. siècle, Band 1, Paris 1866, S. 839; Band 11, Paris 1874, S. 62.

[24] Vgl. J. B. Bury: The Idea of Progress . . . , a. a. O., S. 178.

[25] Und das in einem Maße, daß sogar eine Reihe angesehener Theologen des 18. Jahrhunderts es für nötig hielt, sich dem allgemeinen Strom anzupassen und die Theologie mit der Geschichte zu verbinden. Dieser Art waren Barnett, der eingangs des 18. Jahrhunderts wirkte, ferner Worthington, Edmund Law. „Gott bedient sich der Fortschrittsmethode“, sagte zu jener Zeit ein Theologe. Und Ferguson, ein damals berühmter, der Kirche nahestehender Moralphilosoph, deutete den Fortschritt als eine Methode, durch die sich die Erlösung des Menschengeschlechts nach dem Sündenfall vollziehe (siehe: E. L. Tuveson: Millenium and Utopia . . . , a. a. O., S. VIII, 147, 165). Und sogar Malthus formulierte die Aufgabe seines Werkes als eine Untersuchung von Ursachen, die den Fortschritt der Menschheit hemmen, und der Möglichkeiten, diese, wenn auch nur zum Teil, zu beseitigen.

[26] Titel der Vorrede zu seinem „Essai sur les moeurs el l'esprit des nations“ (1765).

Menschheitsgeschichte bilde; ein wesentlicher Platz in diesem Fortschritt gehöre dem „Fortschritt der Künste und der Wissenschaften".

Da war die Enzyklopädie von Diderot und d'Alembert, in der es noch keinen Artikel „Fortschritt" gab, die aber in ihrem ganzen Schwung und ihrer gesamten Problematik vom Gedanken durchdrungen war, wie man es erreichen könnte, daß der Fortschritt der Wissenschaft (dessen Vorhandensein von der Enzyklopädie als Axiom betrachtet wurde)[27] zur Beseitigung jeder Ungerechtigkeit und zu einer Hebung des Niveaus von Bildung, Moral und Freiheit der Menschen führt.[28]

Da war die Idee Turgots von den drei Erkenntnisstadien – des religiösen, des philosophischen und des wissenschaftlichen – als erster Versuch in der Geschichte unseres Themas, nicht nur den wissenschaftlichen Fortschritt festzustellen und zu begrüßen, nicht nur die Idee des Wissenschaftsfortschritts zu formulieren, sondern seine Gesetzmäßigkeiten aufzudecken und diese auf der Grundlage der geschichtlichen Entwicklung sogar zu einem einheitlichen Gesetz zu verbinden.[29]

Da war Lessing, für den die Idee des unendlichen Fortschritts der Aufklärung und der Sittlichkeit die Seele seines antiklerikalen und antifeudalen Kampfes, seines kämpferischen Demokratismus und seiner humanistischen Ideale war.

Da war Adam Smith, welcher damit begann, die Fortschrittsidee mit der Idee der sittlichen Vervollkommnung zu verbinden, und dann dadurch berühmt wurde, daß er sie mit der Idee von der Natürlichkeit des ökonomischen Wachstums der Gesellschaft verknüpfte.[30]

Da war Franklin, dessen vielseitige staatliche, wissenschaftliche und der Aufklärung gewidmete Tätigkeit aus der Überzeugung von der organischen Verbindung von Wissenschaft und gesellschaftlichem Fortschritt ausging.

Da waren Kant, Fichte und Herder, für die der Glaube an einen unendlichen Menschheitsfortschritt gerade aus der Überzeugung von der Macht der Vernunft und der wissenschaflichen Kenntnisse erwuchs. Bei Kant war es der Glaube an die ständig vollkommener werdende und keine Grenzen kennende Erfüllung des verborgenen weisen Plans der Natur (oder eines höheren We-

[27] Hervorzuheben ist, daß Diderot jeglichen Ausgleich zwischen Wissenschaft und Religion ausschloß.

[28] Vgl. R. Hubert: Les sciences sociales dans l'Encyclopedie, Paris 1923, S. 317, 322.

[29] Vgl. A. R. J. Turgot: Izbrannye filosofskie proizvedenija, Moskau 1937, S. 52; siehe auch: L. Weber: Le rythme du progrès, Paris 1913, S. 68.

[30] Im Jahre 1793 schrieb Dugald Stewart in seinem Werk: „Account of the Life and Writings of Adam Smith", daß Smith von der Frage geleitet wurde, wie die Natur einen „natürlichen Fortschritt des Überflusses im Lande" hervorbringt (siehe: F. J. Teggart: Theory and Processes of Historiy, Univ. of Calif. Press, 1960, S. 92).

sens): durch den Antagonismus unter den Menschen in der Gesellschaft sollten alle im Menschen steckenden Fähigkeiten entwickelt und dadurch die Bestimmung und der Sinn seiner Existenz auf Erden gerechtfertigt werden. Bei Fichte, dem ein ganzer Plan der geschichtlichen Entwicklung der Menschheit als dem Ersteigen von Stufen der geistigen Freiheit vorschwebte, war es der Glaube daran, daß dieser Fortschritt des Menschen als ein unmittelbares Element in der „großen Einheit des reinen Geistes" eingeschlossen sei.[31] Bei Herder war es der Glaube, die Natur der Dinge und des Menschen sei so eingerichtet, daß sich daraus natürlicherweise der Fortschritt der Humanität und der Intellektualität eines jeden Vertreters des menschlichen Geschlechts ergebe.[32]

Da war Robinet, der über den Panpsychismus und die Idee von der ununterbrochenen Entwicklung der Natur „vom Stein bis zum Menschen als dem Gipfel" zu der Behauptung gelangte, daß der Fortschritt auch in der Welt des Menschen nicht zum Stillstand kommt und die Gesellschaft als eine Schöpfung der Natur sich selbst fortschreitend entwickelt: „... die Künste und Wissenschaften, die Gesetze und die verschiedenen Formen der Verwaltung, der Krieg und der Handel, mit einem Wort, alles ist ein Produkt allein der Entwicklung".[33]

Da war Gibbon, der in seinem bekannten Geschichtswerk schrieb: „Nachdem die mechanischen Künste erstmalig erfunden wurden ... verbreiteten sie sich immer weiter und konnten nicht mehr verloren gehen. Darum dürfen wir zu der angenehmen Schlußfolgerung kommen, daß mit jedem Jahrhundert die materiellen Reichtümer, der Wohlstand, die Kenntnisse und vielleicht auch die Tugenden des menschlichen Geschlechts größer wurden und auch weiterhin immer größer werden."[34]

Und schließlich nahm bei denjenigen Denkern am Ausgang des 18. Jahrhunderts, die die radikalen gesellschaftlichen Ideale der französischen Revolution in sich aufgenommen hatten, die Begründung der Idee des gesellschaftlichen Fortschritts durch die Idee des wissenschaftlichen Fortschritts die bisher klarsten und sozusagen unmittelbarsten Formen an, die von keinen individuell-intellektuellen Voreingenommenheiten und Assoziationen, philosophischen Vorsätzen und Kriterien belastet und verdeckt waren. So sah z. B. Godwin den Mechanismus und die Garantie „eines allgemeinen Fortschritts und der sozialen Gleichheit" in der objektiven „Notwendigkeit" des

[31] J. G. Fichte: Die Grundzüge des gegenwärtigen Zeitalters, Hamburg 1956 (vgl. insbesondere die 10. Vorlesung).

[32] Siehe: A. O. Lovejoy: Essays in the History of Ideas, Baltimore 1948, S. 166.

[33] J. B. R. Robinet: De La Nature, Amsterdam 1766, zitiert nach ders.: O prirode, Moskau 1935, S. 21.

[34] E. Gibbon: The history of the decline and fall of the Roman Empire, Band 1.–7, London 1896–1900, zitiert nach: Istorija upadka i razrušenija Rimskoj imperii, Teil IV, Moskau 1884, S. 255.

Fortschritts der Vernunft und des Wissens, und er schrieb den diesen Fortschritt begleitenden Verfall von Gerechtigkeit und Wohlergehen der Existenz des Staates und den Regierungen zu, die er nicht für unentbehrlich hielt.[35] Aber die vollkommenste Form erhielt die Formel, welche den sozialen Fortschritt mit dem Fortschritt von Intellekt und Wissenschaft als dem primären und entscheidenden Faktor verband, wohl bei Priestley, einem älteren Zeitgenossen Godwins, mit dem ihn eine persönliche Freundschaft verband. Priestley schrieb: „Die wissenschaftlichen Kenntnisse werden sich mehren und anhäufen und in die niederen Schichten der Gesellschaft eindringen; diese werden allmählich Muße für Überlegungen finden und über ihre unmittelbare Beschäftigung hinaus weiter vorstoßen, sich in der komplizierten Maschinerie der Gesellschaft zurechtfinden und diese mit der Zeit besser verstehen als diejenigen, die in unseren Tagen darüber schreiben."[36]

Auf diese Weise ist der mächtige gesellschaftliche Gedankenstrom des 18. Jahrhunderts durchdrungen von der philosophischen oder von der soziologischen Idee des Fortschritts der Wissenschaft. Er ist auf die Zukunft ausgerichtet. Es war wohl Diderot, der einmal sagte: Die Nachkommenschaft ist für den Philosophen dasselbe wie das Jenseits für die Gläubigen. Im 17. Jahrhundert war die Idee vom wissenschaftlichen Fortschritt im wesentlichen noch ein Mittel zur Zerschlagung der Autorität der Alten (die von der Kirche unterstützt wurde), als es um die Erkenntnis der Naturerscheinungen (und des Menschen als eines Teils der Natur) und nicht der gesellschaftlichen Umwelt ging. Jetzt aber, im 18. Jahrhundert, tritt diese Idee stets als Grundlage auf für den Glauben an die Notwendigkeit und Möglichkeit, das Leben des Menschen als eines Mitglieds der Gesellschaft zu bessern, d. h. als Grundlage für die Idee vom sozialen Fortschritt.

Kann man aber behaupten, daß das 18. Jahrhundert mit der Verbindung der Idee vom Fortschritt der Wissenschaft mit der Idee des gesellschaftlichen Fortschritts bereits eine *Theorie* vom wissenschaftlichen Fortschritt geschaffen hatte, d. h. eine Konzeption, die ein *Gesetz* des Fortschritts oder etwa in ein System gefaßte feststellbare *Gesetzmäßigkeiten* enthielt? Nein, so weit ist keiner der erwähnten Denker des 18. Jahrhunderts gekommen. Selbstverständlich stand dem auch der Umstand im Wege, daß nicht nur die Humaniora, sondern auch die Naturwissenschaften sich damals noch ohne Kenntnis davon entwickelten, daß der Gegenstand dieser Wissenschaften, die Natur, sich selbst in der Entwicklung befand.[37] Entscheidend war aber die Unmöglichkeit, das Gesetz vom Fortschritt der Wissenschaft auf der Grundlage der

35 W. Godwin: An Enquiry Concerning Political Justice, 1791–1793 (siehe: V. Volgin: Social'nye idei V. Godvina, in: Godvin: O sobstvennosti, Moskau 1958).

36 Siehe J. B. Bury: The Idea of Progress . . . , a. a. O., S. 363–364.

37 Zwei oder drei Ausnahmen ändern diesen allgemeinen Hintergrund des wissenschaftlichen Denkens nicht. Wir meinen damit die Vorstellungen Buffons von

aufklärerischen Vorstellungen vom „Naturzustand“, der „menschlichen Natur“, dem „Wesen der Menschheit“ zu formulieren – lauter Vorstellungen, die immer noch (wie im 17. Jahrhundert) nicht in der menschlichen Gesellschaft, sondern im einzelnen Menschen wurzelten; zwar betrachtete man den Menschen (im Unterschied zum 17. Jahrhundert) bereits schon in seiner Beziehung zur Gesellschaft, als einen „gesellschaftlichen Menschen“[38], jedoch machte man sich keine Gedanken über den Fortschritt der Gesellschaft, sondern nur über den Fortschritt des Individuums in der Gesellschaft.[39]

Die Wissenschaft ist jedoch ihrem Wesen nach nicht die Summe von Gedanken und Erfindungen einzelner Menschen, sondern das Ergebnis der Kommunikation und Zusammenarbeit der Menschen als Glieder der Gesellschaft, ein „Gesamtwerk der Menschheit“ (wie Marx sich ausdrückte), die in Form von Gesellschaften existiert. Die Gesetzmäßigkeiten des wissenschaftlichen Fortschritts können nur aufgedeckt werden (ja selbst der Gedanke über die Möglichkeit solcher Gesetzmäßigkeiten kann nur entstehen) im Kontext mit dem Gesamtfortschritt der Menschheit, also auf der Grundlage und als Teil einer Theorie vom sozialen Fortschritt. Zu diesem Zweck mußten zwei Probleme – der soziale Fortschritt und der wissenschaftliche Fortschritt – ihre Plätze wechseln: nicht im Fortschritt der Wissenschaft ist die Erklärung

der Geschichte der Erdkruste, die „Allgemeine Naturgeschichte und Theorie des Himmels“ des jungen Kant und vielleicht noch die Schwankungen und Vermutungen des späteren Linné, der, nachdem seine Idee von der Beständigkeit der Arten zum Dogma geworden war, etwa um 1760 Gedanken über die Möglichkeit der Bildung von neuen Arten äußerte und in den nachfolgenden Ausgaben seines „System naturae“ die Stellen wegließ, in denen die Rede von der Unmöglichkeit der Artenbildung war (zu Linné vgl. A. R. Hall: The Scientific Revolution 1500–1800, Boston 1962, Kapitel X). Was nun die Vermutungen betrifft, die in der Theorie vom Materialwirbel bei Descartes und unter den vereinzelt auftretenden Ideen bei Leibniz enthalten sind, so bleiben diese vom Fortschritt der Naturwissenschaften anscheinend unberücksichtigt, eine Tatsache, die an und für sich den Stil und das Niveau der damaligen Wissenschaft charakterisiert.

38 Ein von Robinet verwendeter Ausdruck (siehe J. B. R. Robinet: De La Nature, a. a. O., S. 58).

39 Helvétius definiert z. B.: „. . . die Öffentlichkeit ist . . . die Gesamtheit aller einzelnen Menschen“ (C. A. Helvétius: Vom Geist, Berlin 1973, S. 116). Auf derselben Ebene bewegen sich sowohl das System „des egoistischen Interesses“ Benthams, die von unsichtbarer Hand der Vorsehung gelenkte (aber nicht in der Gesellschaft entstandene) ökonomische Konkurrenz der Individuen bei A. Smith als auch die rationalistische Ethik Kants, in der alles Schlechte von den „Leidenschaften“ der Individuen herrührt, alles Gute dagegen von der „Weisheit der Natur“ (aber nicht von der Gesellschaft) kommt, die „Bienenfabel“ von Mandeville mit ihrem Untertitel „Laster des Einzelnen – der Allgemeinheit Wohl“, und – dem Wesen nach – auch der Gesellschaftsvertrag von Rousseau usw.

für den gesellschaftlichen Fortschritt zu suchen, sondern umgekehrt: die Erklärung des wissenschaftlichen Fortschritts im Fortschritt der Gesellschaft.[40]

Die Literatur des Zeitalters der Aufklärung, die das Problem des wissenschaftlichen Fortschritts auf das Niveau eines sozialen Problems gehoben hatte, führte unmittelbar bis zu einer solchen Wende und bereitete sie in diesem Sinne vor, aber sie war nicht in der Lage, sie durchzuführen. Diese Aufgabe wurde dem bürgerlichen Denken des 19. Jahrhunderts zuteil. Wurde sie von ihm gelöst?

19. Jahrhundert
Die Gemeinsamkeit der Idee vom gesellschaftlichen Fortschritt und der Idee vom Fortschritt der Wissenschaft

Die Beziehung zwischen der Idee des gesellschaftlichen Fortschritts und der Idee vom Fortschritt der Wissenschaft, die für die westliche Ideologie unseres Jahrhunderts charakteristisch ist und eine ihrer unverrückbaren und lehrreichsten Züge darstellt, bildete sich nicht im Prozeß einer gradlinigen Entwicklung und Fortsetzung einer im vorangegangenen Jahrhundert bestehenden Beziehung heraus; sie ist auch nicht auf dem Wege der Leugnung dieser Beziehung, sondern in der direkten und polemischen Konfrontation mit ihr entstanden. Es ist deshalb nicht möglich, den historischen und logischen Sinn der gegenwärtigen Situation zu erfassen, ohne sich vorher mit ihrer unmittelbaren Vorgeschichte, mit der Situation im 19. Jahrhundert, vertraut gemacht zu haben.

Das 19. Jahrhundert beginnt mit der Frage nach der Beziehung zwischen der Idee vom sozialen Fortschritt und der Idee vom Fortschritt der Wissenschaft bereits in den neunziger Jahren des 18. Jahrhunderts, und zwar mit dem Werk „Entwurf eines historischen Gemäldes der Fortschritte des menschlichen Geistes“ von M. J. A. de Condorcet, das in den Jahren der Großen Revolution entstanden und 1795 erschienen war. Im Titel des Werkes sowie in dem größten Teil der Kapitel offenbart sich das Ergebnis des Aufklärungszeitalters; der Breite der geschichtlichen Konzeption und der Anlage des Werkes nach ist sein Verfasser jedoch ein Künder, ja sogar Stammvater

[40] Man kann die Meinung Mousniers in seinem Werk über den wissenschaftlichen und technischen Fortschritt im 18. Jahrhundert, daß zu jener Zeit die sozialen Verhältnisse wohl einen Einfluß auf die Technik, nicht aber auf die Wissenschaft ausübten, kaum für überzeugend halten. Aber noch schwerer kann man der Herabsetzung des wissenschaftlichen Wertes der französischen Enzyklopädie zustimmen, die dieser Verfasser, der heutigen Mode folgend (Gerlach, Gillispie usw.) dem Leser einzureden versucht (vgl. R. Mousnier: Progrès scientifique et technique au XVIII siècle, Paris 1957).

einer neuen Richtung in der Geschichte unseres Themas, einer Richtung, die mit dem Liberalismus des 19. Jahrhunderts verknüpft ist.

Im Zentrum dieser Konzeption steht die Idee, daß die Natur den Fortschritt der Wissenschaft (und darunter versteht Condorcet die Naturwissenschaften, die Physik und Mathematik) durch unzerreißbare Bande mit dem sozialen Fortschritt zu einer Einheit verband, welche in der Vorwärtsbewegung der menschlichen Wesen zur Wahrheit und zum Glück keine Grenzen kennt. Indem Condorcet die Geschichte der Menschheit in zehn Epochen auf dem Wege zu einem immer höheren Niveau des Geistes gliedert, verbindet er sie mit zehn Epochen des gesellschaftlichen Lebens der Menschen[41] – der wirtschaftlichen Tätigkeit, der Produktionstechnik, den rechtlichen Beziehungen, den politischen Einrichtungen, den Sitten –, und zwar nicht durch das Primat der Wissenschaft, sondern durch Verflechtung des Fortschritts der Wissenschaft mit dem Fortschritt der Gesellschaft.[42] Und gerade darin besteht die Besonderheit in der Auslegung der Entwicklungswege der Wissenschaft im 19. Jahrhundert.

Bevor man sich aber damit beschäftigt, müßte man vielleicht daran erinnern, daß zwischen dem aufklärerischen Optimismus des 18. und dem liberalen Optimismus des 19. Jahrhunderts eine Periode der Enttäuschungen, des Pessimismus und Skeptizismus liegt[43], hervorgerufen durch den Zusammenbruch der radikalen Hoffnungen und des Elans der französischen Revolution. Bereits im Jahre 1799 schrieb Godwin, der noch kurz zuvor auf der Grundlage der Idee vom wissenschaftlichen Fortschritt Pläne für soziale Umgestaltungen schmiedete, in seinem Roman „St. Leon" voller Bitternis darüber, daß Vernunft und Wissen im Leben des Menschen nichts zum Besseren wenden könnten. Zur selben Zeit (1797–1799) ließ Hölderlin seinen Hyperion sagen: „Die Wissenschaft . . . hat mir alles verdorben. Ich . . . bin nun vereinzelt in der schönen Welt"; und Schelling erklärt im „System des transzendentalen Idealismus" (1800), daß die Wissenschaft nur mit Verzögerung und unvollständig das aufzudecken vermag, was vor ihr und ohne sie den Künsten zugänglich war und ist. Byrons Manfred (1816–1818) gelangt zu der Überzeugung, daß „der Baum der Erkenntnis nicht ein Baum des Lebens" sei.

[41] Vgl. J. A. N. de Condorcet: Entwurf einer historischen Darstellung der Fortschritte des menschlichen Geistes, Hrsg. W. Alff, Frankfurt/Main 1963, S. 29ff.

[42] Natürlich war an dieser *Vorbereitung* der Verschmelzung der Idee des gesellschaftlichen Fortschritts mit der Idee vom Fortschritt der Wissenschaft auch das abstrakte philosophierende Denken beteiligt. Bereits in der deutschen klassischen Philosophie (Kant u. a.!) tritt die schöpferische Tätigkeit des Geistes nicht als Prozeß des individuellen Bewußtseins auf, sondern als eine Tätigkeit des Gesamtgeistes des menschlichen Geschlechts, obwohl er noch nicht als „gesellschaftlicher Geist" empfunden wird.

[43] Es war die Periode einer „ansteckenden Verzagtheit", wie Percy Shelley im Vorwort zur „Empörung des Islams" schrieb.

Mary Shelley entwirft 1818 ihren „Frankenstein", ein Buch, in dem die Wohltat, ja sogar die Realität des Fortschritts von Wissenschaft und Technik in Zweifel gestellt werden. Eigentlich steht der überwiegende Teil der gesamten multinationalen „romantischen" Literatur mit ihrer edelmütigen Ablehnung der Habsucht, der Banalität und der geistigen Armut des nach der französischen Revolution triumphierenden Spießbürgertums mit ihren moralischen und ästhetischen Träumereien und ihrem Wirrsal an Gedanken und Gefühlen hinsichtlich der Wege der Menschheitsgeschichte auf gleicher Stufe. Auch Goethe vertraute 1828 seinen Skeptizismus bezüglich der Entwicklung der Menschheit Eckermann an: „Aber laß die Menschheit dauern solange sie will, es wird ihr nie an Hindernissen fehlen, die ihr zu schaffen machen, und nie an allerlei Not, damit sie ihre Kräfte entwickle. Klüger und einsichtiger wird sie werden, aber besser, glücklicher und tatkräftiger nicht, oder nur auf Epochen. Ich sehe die Zeit kommen, wo Gott keine Freude mehr an ihr hat und er abermals alles zusammenschlagen muß, zu einer verjüngten Schöpfung."[44]

Aber das alles ist, wir möchten es unterstreichen, eine Episode[45]; Bury fand

[44] Goethes Gespräche mit Eckermann, Berlin 1955, S. 429.

[45] Es war eine Episode im Strom der bürgerlichen Gedankengänge. Die Ideologen der feudalen und klerikalen Reaktion auf die französische bürgerliche Revolution und auf die mit ihr verbundene Aufklärungstätigkeit und ihrem Glauben am Fortschritt, jene Kirchendiener, Philosophen, Politiker und Schriftsteller, die von einer Rückkehr zum mittelalterlichen Leben träumten, stehen außerhalb der Umrisse unseres Themas. Um zu verdeutlichen, was damit gemeint ist, genügt es, den berühmten „Propheten der Vergangenheit" Joseph de Maistre zu erwähnen. Ingrimmig haßte er die gesamte neue Wissenschaft und persönlich (nach 200 Jahren!) Bacon als ihren Begründer. Er hielt die Erfolge der Wissenschaft nicht für Fortschritt, sondern für Entartungen; ihr entgegen stellte er die gottgefällige Wissenschaft des Mittelalters. Ein Obskurant in der Politik und der Philosophie, ergießt er sich in begeistertes Geschwätz über die angeblich gewaltigen Kenntnisse der Menschen der Vorsintflutzeit. J. de Maistre kehrte nicht nur zum Dogma vom goldenen Zeitalter zurück, sondern ergänzte es noch durch die These, daß das Leben der Wilden kein Urzustand, sondern Folgeerscheinung der Degeneration ehemaliger Kulturen sei.

Was nun Schopenhauer betrifft, so trug er eine apolitische Einstellung zur Schau, und ihm war die Sehnsucht nach der feudalen Vergangenheit scheinbar fremd. Aber auch seine Philosophie mit ihrem Pessimismus, ihrer Antigeschichtlichkeit und ihrer antisozialen Einstellung, die an die Stelle des Fortschritts der Gesellschaft eine konsequente Objektivierung der Stufen des *individuellen* Willens setzte, und mit ihrer Idee, daß nur die Künste in die Tiefe der Dinge eindringen, die Wissenschaft aber nur Kenntnisse für das Subjekt – nach Maßen dieses Subjekts – vermittelt, war gegen den Fortschritt gerichtet. Es ist auch kein Zufall, daß Schopenhauer von seinen Zeitgenossen nicht zur Kenntnis genommen wurde (sein Werk „Die Welt als Wille und Vor-

z. B. allein in der englischen Literatur des 19. Jahrhunderts die Worte „Fortschritt der Gesellschaft“ in den Überschriften von mindestens drei Werken, die bereits in den zwanziger Jahren geschrieben wurden.[46]

Nimmt man aber die philosophische, soziologische und historische Literatur des 19. Jahrhunderts in ihrer Gesamtheit und Breite, so wird als eine dominierende Linie in der Frage nach dem Verhältnis vom Fortschritt der Wissenschaft und Fortschritt der Gesellschaft die Idee einer gewissermaßen ursprünglichen, in der Natur der Sache wurzelnden Zusammengehörigkeit des einen mit dem anderen entstehen, sei es in Form eines Parallelismus, einer Verflechtung, eines Zusammenflusses oder auch einer Identität: kein Primat des Fortschritts der Wissenschaft, aber auch kein Primat des sozialen Fortschritts. Es genügt, einige der einflußreichsten Namen unter denen zu nennen, die (von verschiedenen Positionen aus!) diesen bürgerlichen Gedanken des vergangenen Jahrhunderts formten.[47]

stellung“ erschien 1819) und für lange Zeit in Vergessenheit geraten war. Für die Geschichte ist Schopenhauer dadurch interessant, daß er ein Vorläufer der später – Ende des Jahrhunderts – vollzogenen Abkehr des bürgerlichen Denkens von der Fortschrittsidee war.

Es könnte auch von Interesse sein, hier daran zu erinnern, daß in Rußland an der Spitze der Verfolgung der Fortschrittsidee Zar Nikolaus I. stand, der sogar das Wort „Fortschritt“ unter Verbot stellte.

46 J. B. Bury: The Idea of Progress . . . , a. a. O., S. 325ff., 370. Vielleicht müßte man hier auch die seinerzeit berühmte Wandlung Chateaubriands erwähnen, der im „Geist des Christentums“ (1802) als Gegner der Fortschrittsidee auftrat und sie in „Etudes ou Discours historique sur la chut d'Empire“ (1831) voll und ganz übernahm, sowie die nicht weniger berühmte Wandlung Lamennais', der ebenfalls nach der Julirevolution aus einem leidenschftlichen Gegner der Fortschrittsidee zu ihrem radikalen Verfechter wurde.

47 Gewiß stoßen wir hier auf Schritt und Tritt auf Gedanken über das Primat des Fortschritts der Wissenschaft im Gesamtprozeß des Fortschritts der Menschheit, und solche Reminiszenzen und Wiederholungen des 18. Jahrhunderts entstehen in den mannigfaltigsten ideologischen Gewändern im Verlaufe fast des ganzen 19. Jahrhunderts. So versteht der zum Mystizismus neigende Jouffroy jeden Fortschritt als den Ausdruck einer „Fatalität der intellektuellen Entwicklung“. Bei dem Positivisten Buckle wird das Ausgangsgebiet, der treibende Faktor, die Notwendigkeit und die Endlosigkeit des menschlichen Fortschritts in der „intellektuellen Tätigkeit“ vor allem der Menschen der Wissenschaft in ihrer Wißbegierde und ihrem Skeptizismus gesehen. J. Stuart Mill behauptet, daß die Ordnung, zu der der menschliche Fortschritt schreitet, die „Entwicklung aller Seiten des Lebens der Menschheit hauptsächlich von der Entwicklung des geistigen Lebens der Menschen, d. h. vom Gesetz der nacheinanderfolgenden Veränderungen in den Meinungen der Menschen abhängt“ (J. S. Mill: System of Logic, ratiocinative and inductive, London 1843, zitiert nach: Sistema logiki, St. Petersburg 1914, S. 845). Littré, der beharrlich den philosophischen Materialismus vertrat, erkennt als Fortschritt vor allem (und

Beginnen wir mit Hegel. Bei ihm trat als Inhalt des Fortschritts ein logischer Weltprozeß der Selbstentwicklung des absoluten Geistes zutage. Die höchste Frucht dieses Prozesses ist das philosophische Bewußtsein, das von Hegel als wissenschaftliches Wissen betrachtet wurde. Sowohl der Fortschritt dieses Wissens als auch dieses Bewußtsein bildeten das Wesen der einheitlichen, vorwärtsstrebenden Linie der menschlichen Geschichte, in der die Geschichten der einzelnen Völker aufeinanderfolgende Stufen „des Fortschritts im Bewußtsein der Freiheit" bilden.

Anders sah diese Linie beim Stammvater des Positivismus, bei Auguste Comte aus. Nachdem er von Turgot (über Saint-Simon) die Idee vom Aufsteigen jedes Wissens über die drei immer vollkommeneren Stadien – des theologischen (fiktiven), des metaphysischen (abstrakten) und des wissenschaftlichen (positiven) Wissens – übernommen hatte, verband er sie „soziologisch" mit der Idee vom unbedingten Fortschritt in der gesellschaftlichen Organisation der Menschheit. Beide Ideen leitete er von der Natur des menschlichen Verstandes ab und von seinem „fundamentalen" instinktiven Streben nach „ununterbrochener Verbesserung" der Existenzbedingungen.

Der Historiker Guizot hielt den Fortschritt für den Wesenskern des Wortes „Zivilisation". Die „Idee des Fortschritts" erhob er zur „Grundidee der Zivilisation"; wenn man „die Zivilisation als Ganzes betrachtet, als die Geschichte der Beziehungen zwischen den Menschen und als Geschichte der Ideen", so handelt es sich hier um zwei „Merkmale", „Elemente", „Faktoren" der Zivilisation: eines gesellschaftlichen und eines geistigen.[48] Michelet und Quinet konkretisierten dies, indem sie den Fortschritt im Sinne einer Bewegung zu einer immer größeren gesellschaftlichen und geistigen Freiheit auslegten.

Spencer leitete die Fortschrittsidee vom kosmischen Gesetz der Erhaltung der Energie ab. Sie werde durch eine Auswahl von Regeln gebildet, die miteinander formal logisch verbunden sind und insgesamt den schematischen

möglicherweise auch nur) die intellektuelle Entwicklung an. Laut Renan befindet sich die Zukunft der Menschheit in den Händen der Wissenschaft („L'avenir de la science", 1848); und mehr noch: „. . . die gewaltige Tat (des Fortschritts im Gedeihen der Menschheit) wird von der Wissenschaft und nicht von der Demokratie vollbracht" (E. Renan: Dialogues et fragments philosophique, Paris 1896, S. 103). Das wurde im Jahre 1871 geschrieben! Auch der Mathematiker Clifford, der im letzten Drittel des vergangenen Jahrhunderts wirkte, war der Auffassung, daß „. . . der wissenschaftliche Gedanke nicht einer der begleitenden Umstände oder Bedingungen des gesellschaftlichen Fortschritts, sondern der gesellschaftliche Fortschritt selbst ist" (W. K. Clifford: On the Aims and Instruments of Scientific Thought, in: Lectures and Essays, Band I, London 1901, S. 180).

48 F.-P. Guizot: Histoire de la civilisation en Europe, Band I, Bielefeld-Leipzig 1907, zitiert nach: Istorija civilizacii v Evrope, St. Petersburg 1892, S. 8ff.; ders.: Histoire de la civilsation en France depuis la chute de l'empire romain, Paris 1846, zitiert nach: Istorija civilizacii vo Francii, Band I, Moskau 1877, S. 26.

Begriff des „Evolutionsprozesses“ als solchen bilden. Die wichtigste und formbildende Regel ist die von „der Umwandlung des Einzigartigen in Verschiedenartiges, worin das Wesen des Fortschritts liegt“, eine Umwandlung, die auf der universellen Tatsache beruhe, daß jede wirksame Ursache (Kraft) mehr als nur ein Ergebnis (Veränderung) hervorruft. In Anwendung auf die menschliche Gesellschaft und die Wissenschaft gelten diese kosmischen (in erster Linie biologischen) und logischen Regeln wie in Sonderfällen.

Der amerikanische Naturforscher und Kulturhistoriker, der Positivist Draper war der Auffassung, daß das große Ziel der Natur die geistige Vervollkommnung sei. Sie erreiche dieses Ziel, weil zwischen dem sozialen und individuellen Leben Beziehungen physiologischer Untrennbarkeit bestünden. Das Wachstum des Menschen sei der Prototyp für das Wachstum der Gesellschaft, so daß der reale Fortschritt der Zivilisation in der gleichzeitigen und der gemeinsamen Entwicklung der gesellschaftlichen Ordnung und der Wissenschaft bestehe.[49]

Für den Psychologen und Philosophen Wundt waren die Gesetzmäßigkeiten des Fortschritts der sozial-psychologischen Problematik zugeordnet: der Fortschritt sei ein Prozeß, der sich in der Sphäre der geistigen Tätigkeit des kollektiv existierenden Menschen vollziehe (Prozeß des „Wachstums seiner geistigen Energie“), und jede geschichtliche Entwicklung, darunter auch die der gesellschaftlichen Ordnung und der Wissenschaft, erhalte kraft ihrer Zugehörigkeit zur geistigen Sphäre die Möglichkeit, zum Fortschritt zu werden.[50]

Es ist nicht schwer, diese Aufzählung fortzusetzen, wodurch die Fülle der (nur der Zuordnung nach gemeinsamen) Vorstellungen über den gesellschaftlichen und den wissenschaftlichen Fortschritt bei verschiedenen bürgerlichen Ideologen des 19. Jahrhunderts noch viel unübersichtlicher würde. Quellen, Grundlagen und der Mechanismus dieser Zuordnung sehen manche in der Gesellschaft selbst, andere außerhalb der Gesellschaft; manche in den logischen Forderungen des absoluten Geistes, andere in den kosmischen (physikalischen oder biologischen) Gesetzen der Materie; manche in den verborgenen Instinkten der menschlichen Natur, andere im Sieg der Vernunft über die Instinkte; manche in den Gespenstern der Teleologie, andere in der Wechselwirkung realer Faktoren des historischen Prozesses; manche im Schöpfertum der Massen und in der Summierung ihrer Alltagswerke, andere in der Tätigkeit der Führer der Gesellschaft und der genialen Gelehrten; manche in technischen und überhaupt in praktischen und nützlichen Ergebnissen der Wissenschaft, andere in der „moralischen Arbeit der Wissenschaft“, in den von ihr geschaffenen und sie hervorbringenden allgemeingültigen moralischen und kogniti-

49 Vgl. J. W. Draper: A History of the intelectual development of Europe, Band I–II, London 1891.

50 Vgl. P. Petersen: Der Entwicklungsgedanke in der Philosophie Wundts, Leipzig 1908, S. 101, 106.

ven Werten; manche lösen die Idee vom Fortschritt sowohl der Gesellschaft als auch der Wissenschaft in den naturwissenschaftlichen Prinzipien des „Evolutionismus“ auf, andere in den humanistischen Konzeptionen des „Historismus“ usw. usf. Es gibt sogar Denker, welche die Idee von der Vorwärtsbewegung der Gesellschaft und der Wissenschaft auf der Grundlage der katholischen Glaubenslehre aufbauen und an die göttliche Vorsehung appellieren (z. B. im zweiten Viertel des 19. Jahrhunderts der französische christliche Sozialist Ph. J. B. Buchez oder im letzten Viertel der englische christliche Liberale Acton, der den Satz prägte: „Die Weisheit der göttlichen Führung offenbart sich nicht in der Vollkommenheit der Welt, sondern in ihrer Vervollkommnung“).

Aber trotz aller Meinungsverschiedenheiten dieser philosophischen, soziologischen und historischen Konzeptionen sind das alles Konzeptionen über den Fortschritt; sie alle erkennen nicht nur das Vorhandensein, sondern auch die objektive Notwendigkeit sowohl des sozialen als auch des wissenschaftlichen Fortschritts an; fast alle bekräftigen die Endlosigkeit des einen und des anderen Fortschritts oder erblicken zumindest kein Ende dafür in der denkbar fernen Zukunft. Das ist auch verständlich. An der Spitze des Fortschritts der Menschheit und seiner Kultur stand im 19. Jahrhundert der Kapitalismus. Die bürgerlichen Denker brachten die Ideologie einer Gesellschaft zum Ausdruck, die sich im Zustand eines bisher undenkbar schnellen und sich immer weiter beschleunigenden materiellen und geistigen Fortschritts befand; sie betrachteten den Verlauf der Geschichte als die Äußerung oder Realisierung eines gewissen universellen Prinzips des Fortschritts, der zwar verschieden verstanden und verschieden interpretiert wurde, aber dennoch ein Fortschritt war, und zwar ein obligatorischer und alles umfassender Fortschritt. Die vielleicht ausdrucksvollste und zugleich lakonische Definition in diesem Strom von Ideen gab Victor Hugo: „Als Fortschritt bezeichnet man das Leben des menschlichen Geschlechts in seiner inhaltlichen Gesamtheit.“[51]

Den allgemeinen und wesentlichen Inhalt des Lebens der menschlichen Gattung verstand jeder auf seine Art, aber keiner zweifelte daran, daß dieses Allgemeine und Wesentliche innerlich unzertrennlich mit dem Fortschritt verbunden war. Zu jeder dieser Konzeptionen vom menschlichen Fortschritt

[51] Siehe: P. Larousse: Grand Dictionnaire Universel du XIX siècle, Band 13, Paris 1875, S. 224. Federici drückt in seinem zweibändigen Werk über die „Naturgesetze“ dasselbe mit anderen Worten aus: „Unter Fortschritt verstehen wir eine natürliche Ordnung, den einzig denkbaren Zustand, eine allgemeine Regel . . . , Fortschritt und Sein sind äquivalente Begriffe . . .“ (zitiert nach: A. J. Todd: Theories of Social Progress, New York, S. 102). Und in der berühmten „Cambrigde Modern History“ (Vorwort Actons zu Bd. 1) finden wir eine positivistische Variante desselben: Der Fortschritt wäre „eine wissenschaftliche Hypothese, welcher die Geschichtsschreibung zu folgen hat“ (Cambridge Modern History, Band 1, Cambridge 1902, S. 4).

gehöre – mit einer psychologischen und logischen Konsequenz – in dieser oder jener Form, stärker oder schwächer begrenzt, offen oder versteckt diese oder jene Vorstellung vom Fortschritt der Wissenschaft. Geflügelte Worte wie „Ära der Zivilisation", „Epoche des Fortschritts", „Jahrhundert der Wissenschaft" waren in der damaligen Sprache, sowohl in der Wissenschaft als auch in der Presse, Synonyme. Man darf übrigens nicht vergessen, daß für den Liberalismus des 19. Jahrhunderts jene Zeit auch ein „Jahrhundert der Ordnung" und des „gesunden Menschenverstandes" war und der gesellschaftliche Fortschritt nur als Entwicklung der kapitalistischen Gesellschaftsordnung auf der Grundlage eines gesunden bürgerlichen Menschenverstandes erschien.

Mit einem Wort, für bürgerliche Denker des 19. Jahrhunderts, die die Idee des wissenschaftlichen Fortschritts vertraten, gibt es kein besonderes und selbständiges Problem des Wissenschaftsfortschritts: es zerfließt und geht auf in dem Problem des Gesamtprozesses, der vorwärtsschreitenden Bewegung der menschlichen Gattung. Parallelismus, Verflechtung, Verschmelzung, Identität des Fortschritts der Gesellschaft und des Fortschritts der Wissenschaft sind nur verschiedene Stufen und Erscheinungsformen dieser charakteristischen Seite in der fortschrittlichen Weltanschauung des 19. Jahrhunderts, in der gemeinsamen Betrachtung des sozialen und des wissenschaftlichen Fortschritts.

Die genannten Autoren gehörten den bürgerlichen akademischen und literarischen Kreisen an. Die gemeinsame Betrachtung wurde bei ihnen durch ihre unkritische Haltung gegenüber dem Fortschritt in der kapitalistischen Gesellschaft des 19. Jahrhunderts, durch die Verabsolutierung dieser spezifischen und geschichtlich begrenzten Form des Fortschritts hervorgerufen.[52] Eine derartige Betrachtungsweise wurde zweifellos auch von der idealistischen Philosophie gefördert, die in dieser oder jener Variante die Denkweise beherrschte und sowohl die Untersuchungsmethoden als auch die theoretischen Positionen bestimmte. Bezeichnend ist aber, daß die gemeinsame, ungeteilte Betrachtung des gesellschaftlichen Fortschritts und des Fortschritts

[52] Wir können diese Frage hier nicht genauer untersuchen. Der Versuch, den Fortschritt mit seiner kapitalistischen Form zu identifizieren, wurde einer entschiedenen Kritik seitens Marx, Engels und ihrer Nachfolger unterzogen. Wir wollen nur darauf hinweisen, daß die Kritik der Verabsolutierung der kapitalistischen Form des Fortschritts und der bürgerlichen Spekulationen mit der Fortschrittsidee sich wie ein roter Faden durch das gesamte revolutionäre und antikapitalistische Gedankengut des 19. Jahrhunderts hindurchzieht. Die Kritik bezieht sich auf die beiden Beschränktheiten einer derartigen Verabsolutierung: 1. die finalistische Konzeption einer gewissen ideellen Grenze für den Fortschritt, zu der die gegebene (d. h. kapitalistische) Gesellschaft führt, und 2. das Ignorieren des antagonistischen Widerspruchs des kapitalistischen Fortschritts, jenes Ignorieren, das Paul Lafarque seinerzeit als „Kramladenevolu-

der Wissenschaft auch in den Werken der Vertreter des vormarx'schen und des nichtmarxistischen – des utopischen, revolutionären und kleinbürgerlichen – Sozialismus des 19. Jahrhunderts enthalten ist: bei Saint-Simon[53] und Bazard, Fourier und Considerant, Laroux und Cabet, Proudhon, Louis Blanc, bei dem jungen Renan, bei Blanqui, Henry George usw. bis z. B. zu Jaurès.

Trotz aller Unterschiede (denken wir daran, wie weit voneinander Fourier und Henry George, Blanqui und Louis Blanc usw. stehen!) verbindet alle diese Persönlichkeiten der Umstand, daß das sozialpolitische Interesse sowie diese oder jene Form (und Schärfe!) der Kritik, mit der sie die Rolle, die Lage und die Perspektive der Wissenschaft in der kapitalistischen Gesellschaft unterziehen, im Zentrum ihrer Betrachtungen stehen. Hierin unterscheiden sich ihre Überlegungen prinzipiell von den liberalen Überlegungen über den Fortschritt der Wissenschaft in der damaligen kapitalistischen Gesellschaft. Nicht selten kommen sie mit einer bestimmten Gewißheit bis zur Anerkennung des Primats des gesellschaftlichen Fortschritts gegenüber den Wegen und Möglichkeiten des wissenschaftlichen Fortschritts. Aber, wir wiederholen, auch bei ihnen finden wir keine Untersuchung des Fortschritts der Wissenschaft als eines besonderen Problems mit seinen besonderen Gesetzmäßigkeiten. In der Regel besteht auch bei ihnen kein Bedürfnis und kein Interesse, dies Problem als solches zu erforschen.

Das trifft auch für die Wissenschaftler selbst zu. In einer Zeit, in der sich die kapitalistische Gesellschaft noch im Einklang mit dem geschichtlichen Fortschritt der Menschheit befand, als die Ideologie des Fortschritts noch zum Alltag gehörte, verband sich auch die Überzeugung der Gelehrten von der vorwärtsschreitenden Entwicklung der Wissenschaft mit dem Glauben an die Unbedingtheit der vorwärtsschreitenden Entwicklung der Gesellschaft. Und in der Tat, die Weltanschauung der großen Naturforscher dieser Zeit war von der Idee des sozialen Fortschritts durchdrungen, ganz gleich wie be-

tionismus" bezeichnete. Den Grundstein für diese kritische Linie legte Fourier und in der schöngeistigen Literatur Balzac; großartige Seiten schrieb hierzu die russische Literatur von Herzen und Belinskij, Dobroljubov und Černyševskij, Saltykov-Ščedrin und Gleb Uspenskij bis (in anderer Weise) zu Tolstoj und Dostoevskij.

53 Hier z. B. seine Worte aus „L'organisateur", die Plechanov in seiner Arbeit „K voprosu o razvitii monističeskogo vzgljada na istoriju" anführt: „Dem obersten Gesetz des Fortschritts des menschlichen Geistes wird alles untergeordnet, es beherrscht alles; die Menschen sind ihm nur Werkzeuge . . . Und obwohl diese Kraft, d. h. dieses Gesetz von uns ausgeht, können wir uns von seinem Einfluß ebensowenig befreien oder es uns unterordnen, wie wir nach eigenem Gutdünken auch das Wirken der Kraft nicht verändern können, die die Erde zwingt, sich um die Sonne zu drehen" (G. V. Plechanov: Sočinenija, Band VII, Moskau 1925, S. 89).

grenzt und wie wenig konsequent ihre Auslegung dieser Idee, ja selbst ihre Weltanschauung war.

Das betraf besonders jene Schöpfer der Wissenschaft, die ihre Tätigkeit als Gelehrte leidenschaftlich und voller Überzeugung mit gesellschaftlichem Wirken verbanden wie z. B. Berthelot, Claude Bernard, Heackel usw.[54] Bei keinem der Männer der Wissenschaft dieser Epoche folgte der *Idee* vom wissenschaftlichen Fortschritt der Versuch, die Gesetze der Vorwärtsbewegung der Wissenschaft aufzudecken, sie zu erforschen und systematisch darzulegen; mit einem Wort: diese Idee wuchs nicht in eine *Theorie* vom wissenschaftlichen Fortschritt über. Und sogar solche Forscher, die in der Wissenschaft den Schlüssel für die Entwicklung der Menschheit sahen und sich dessen bewußt waren, daß dieser Schlüssel von der Gesellschaft geschmiedet wurde, betrachteten diesen Umstand als Gemeinplatz, der zu keinerlei Überlegungen über die sozialen Gesetzmäßigkeiten des wissenschaftlichen Fortschritts Anlaß gab.

Wir stellen uns die Frage: hat das bürgerliche wissenschaftliche und gesellschaftliche Denken des 19. Jahrhunderts die Aufgabe *gelöst,* die ihm vom 18. Jahrhundert überliefert wurde? Hat es in Gesetzen, die den sozialen Fortschritt der Menschheit lenken, eine Erklärung für den Tatbestand und die Gesetzmäßigkeiten des Fortschritts der Wissenschaft finden können? Auf diese Frage können wir jetzt antworten: *nein,* es hat sie nicht gelöst. Mehr noch: weder das im 19. Jahrhundert herrschende bürgerliche Denken, das nicht über die Grenzen der bestehenden kapitalistischen Gesellschaftsordnung hinauskam und im Banne der idealistischen Philosophie sowie der idealistischen Konzeption von der Vorwärtsbewegung der menschlichen Gesellschaft stand, noch das sozialistische und dem Sozialismus nahestehende Gedankengut, das sich dem bürgerlichen entgegenstellte, aber keine klaren Vorstellungen von den Gesetzen der Bildung, vom Aufbau und dem historischen Aufeinanderfolgen der sozialen Formationen hatte, und schließlich auch nicht der Gedanke derjenigen, die die Wissenschaft repräsentierten und ihren Fortschritt bewirkten, den Philosophen, Soziologen und Historikern jedoch zutrauten, die Gesetze dieses Schaffens und dieses Fortschritts auszulegen – weder die einen noch die anderen und auch nicht die dritten waren in der Lage, diese Aufgabe auch nur zu erkennen und sie als ein selbständiges wissenschaftliches Problem zu verstehen. Mit klarem Blick verwiesen darauf allein die Schöpfer des Marxismus.

Die Situation mag paradox erscheinen: Der Fortschritt der Wissenschaft

54 So vertrat Berthelot – auf dessen Meinung man, wie Sarton berichtet, wie auf Orakelsprüche hörte – im Brief an Renan 1863 die Auffassung, daß die geschichtliche Forschung ununterbrochenen Fortschritt der menschlichen Gesellschaft in der Wissenschaft, in den materiellen Bedingungen und in der Moral festgestellt habe (E. Renan: Dialogues et fragments philosophiques, Paris 1896, S. 233).

gewinnt erstmalig in der Geschichte universelle Breite und erlangt ein nie zuvor gekanntes Tempo; Wissenschaft dringt vollständiger und tiefer in alle Bereiche der menschlichen Tätigkeit ein und erreicht dadurch auch hinlänglich die Reife, um selbst Gegenstand der Erforschung durch die Wissenschaft zu werden. Und in einer derartigen Periode erhält der Wissenschaftsfortschritt nicht nur keine wissenschaftliche Erklärung, sondern ruft auch keinerlei wissenschaftliches Interesse hervor, das auch nur im entferntesten mit seiner realen Bedeutung vergleichbar wäre – mit dem zentralen Platz, den er bereits (je weiter, um so mehr) im Leben der Gesellschaft und in seiner Ideologie einnimmt.

Jedoch hat dieses scheinbare Paradoxon einen historischen und sogar einen theoretischen Sinn. Den Fortschritt der Wissenschaft aus dem einheitlichen Prozeß der menschlichen Geschichte abzuheben und in ihm mit allen seinen inneren Besonderheiten und spezifischen Gesetzmäßigkeiten einen selbständigen Gegenstand von Überlegungen und wissenschaftlichen Untersuchungen zu erblicken, setzt tiefes Eindringen in die gesellschaftlichen Prozesse voraus. Es muß dazu die Struktur der menschlichen Gesellschaft (ihre Elemente, der Platz eines jeden Elements in der Gesamtstruktur, ihre Beziehungen untereinander) bekannt sein; und es müssen die Gesetze der Herausbildung und Entwicklung dieser Struktur in jeder historisch bestimmten Gesellschaftsformation sowie die Veränderungen dieser Gesetze bei den einander folgenden Übergängen von einer Formation zur anderen ebenfalls bekannt sein.

Ohne diese Kenntnisse und somit ohne Verständnis von der Wissenschaft als eines besonderes Elementes in der gesellschaftlichen Struktur und des gesellschaftlichen Fortschritts ist es nicht möglich, die Gesetzmäßigkeiten des Wissenschaftsfortschritts zu erfassen; und es ist solcherart schon gar nicht möglich, das Grundgesetz zu finden und zu formulieren, in dem sich alle einzelnen Gesetzmäßigkeiten des Wissenschaftsfortschritts vereinen und damit die soziale Bestimmung des wissenschaftlichen Fortschritts erhellt wird. Aber das 19. Jahrhundert verfügte über solche Kenntnisse und ein derartiges Verständnis nicht; die Literatur dieser Zeit gebrauchte, wenn in ihr vom Fortschritt die Rede war, allein die apriorische Überzeugung von der „Vernünftigkeit", „Natürlichkeit", „Fatalität" usw. der vorwärtsschreitenden Entwicklung der Menschheit.

Diese Überzeugung besaß einerseits eine zu dieser Zeit bereits jahrhundertealte Tradition, andererseits wurde sie von unkritischer Betrachtung der sich fortschreitend entwickelnden bürgerlichen Gesellschaft genährt. Es ist daher nicht verwunderlich, daß diese Literatur nicht in der Lage und nicht fähig war, in dem sich unter ihren Augen vollziehenden wissenschaftlichen Fortschritt eine Erscheinung zu erkennen, welche über die Grenzen des an und für sich Selbstverständlichen hinausging – eine durchaus komplizierte soziale Erscheinung sui generis –, und daß die Autoren in ihren Überlegungen über den Fortschritt nicht über ganz allgemeine und recht abstrakte Erörterungen und inhaltslose, oft auch tautologische Formulierungen hinauskamen, in denen es viel Emotionales und nicht wenig Bücherweisheit gab, wo aber auch kaum von realen Untersuchungen des eigentlichen Fortschritts der Wissenschaft die Rede war.

2. Die Grenze vom 19. zum 20. Jahrhundert Die Krise der Idee vom gesellschaftlichen Fortschritt und der Beginn der Absonderung der Idee vom Fortschritt der Wissenschaft

Die Situation des 20. Jahrhunderts begann sich hinsichtlich unseres Problems bereits im letzten Drittel des 19. Jahrhunderts abzuzeichnen. Es nahte das monopolistische Stadium des Kapitalismus, dessen fortschrittliche Potenzen als Gesellschaftsformation vor dem reaktionären Charakter seiner sozialen Verhältnisse und seiner Ideologie zurücktraten. Die dem Kapitalismus zugrundeliegenden und in seiner Frühzeit verborgen gebliebenen, stets aber hemmenden und verzerrenden, gegen die freie Entwicklung der Menschheit gerichteten Kräfte, die nun immer deutlichere Formen und immer massiveren Umfang annahmen, gewannen Überhand. Es stellte sich heraus, daß die Gesellschaft in allen ihren Sphären mehr und mehr von den „Sinnlosigkeiten des Fortschritts" befallen und durchdrungen wurde, wovon L. N. Tolstoj unter seelischer Qual und voller Abscheu und Unversöhnlichkeit bereits zu Beginn der sechziger Jahre berichtet hatte.[55] Es mehrten sich die sozialen und geistigen Symptome davon, daß die kapitalistische Gesellschaft allmählich aufhörte, die fortschrittlichste unter den in der gegebenen historischen Epoche möglichen Gesellschaftssystemen zu sein. Die Ideologen dieser Gesellschaft wandten sich – zunächst und gelegentlich schwankend, später immer öfter und entschiedener – von der Idee des sozialen Fortschritts ab; immer weniger und immer seltener bekannten sie sich zu seinem historischen Sinn und seinen objektiven Tendenzen. In dem zunächst noch vorherrschenden Chor der bürgerlichen Anhänger der Idee des sozialen Fortschritts erklangen immer öfter die Stimmen der bürgerlichen Skeptiker und Pessimisten, die die Fortschrittsidee begrenzten, abschwächten oder gar ablehnten, und sie gewannen einen immer größeren Einfluß, darin mit der feudal-klerikalen Kritik des gesellschaftlichen Fortschritts übereinstimmend und sogar die Argumentation von ihr übernehmend.

Gerade in den Übergangsjahrzehnten vom 19. zum 20. Jahrhundert entstand eine intellektuelle Atmosphäre des Verzichts auf die Idee vom gesell-

[55] L. N. Tolstoj: Polnoe sobranie sočinenij, Band 48, Moskau 1952, S. 40.

schaftlichen Fortschritt; es bildeten sich fast alle Hauptrichtungen heraus, die für das im 20. Jahrhundert charakteristische Suchen nach Gesetzmäßigkeiten des wissenschaftlichen Fortschritts außerhalb seiner Beziehung zum gesellschaftlichen Prozeß bestimmend waren. Wir nennen hier einige der Künder und Stammväter jenes massiven Feldzuges gegen die Fortschrittsidee, der später im 20. Jahrhundert im intellektuellen Leben des Westens vorherrschend wurde.

Beginnen wir mit denen, die die Fortschrittsidee durch die Idee einer zyklischen Entwicklung ersetzten. Anscheinend hat Nietzsche als erster die Konzeption von der kreisartigen Bewegung der Geschichte („des ewigen Kreislaufs“ nach seiner Terminologie) auferstehen lassen und sie beharrlich propagiert, mit dem Gesetz von der Erhaltung der Energie begründet und den Fortschritt geradezu für eine falsche apriorische Idee, für eine Illusion erklärt, welche von der Illusion eines Weltziels erzeugt werde. Im Abschnitt „Fortschritt“ schrieb er: „Daß wir uns nicht täuschen! Die Zeit läuft vorwärts, – wir möchten glauben, daß auch alles, was in ihr ist, vorwärts läuft, – daß die Entwicklung eine Vorwärts-Entwicklung ist ... Die ‚Menschheit‘ avanciert nicht, sie existiert nicht einmal. Der Gesamt-Aspekt ist der einer ungeheuren Experimentier-Werkstätte, wo einiges gelingt, zerstreut durch alle Zeiten, und Unsägliches mißrät, wo alle Ordnung, Logik, Verbindung und Verbindlichkeit fehlt.“[56]

Der Historiker E. Meyer erhob die zyklische Theorie von der gesellschaftlichen Entwicklung zu seiner Devise, um mit ihrer Hilfe die Geschichte der antiken Welt zu modernisieren, und er folgerte, daß die Menschheit in Zukunft zu der Sklavenhalterordnung zurückkehren werde.

Mit großem Lärm schoß der Dilettant Le Bon mit der zyklischen Theorie gegen die sozialistische Bewegung: die Geschichte, meinte er, sei keine vorwärtsschreitende Entwicklung, sondern „ein verhängnisvoller Kreislauf der Dinge“, und der Gedanke an verschiedene Zivilisationen sei ein Produkt von Illusionen, die zunächst verehrt werden; später aber, zu gegebener Stunde, enttäuschten diese Illusionen und würden mit derselben Beharrlichkeit zerstört, mit der sie vorher herausgebildet worden waren.[57]

Natürlich war die Abkehr von der Fortschrittsidee in diesen Übergangsjahrzehnten nicht allein durch die Idee von der zyklischen Entwicklung genährt. Das historisch-philosophische und soziologische Denken suchte den Bruch mit der Fortschrittsidee auf verschiedensten Wegen zu vollziehen.

E. Hartmann, der lange Zeit die Gedanken bedeutender Schichten der Intelligenz beherrschte, welche von dem vor ihren Augen verlaufenden gesellschaftlichen Fortschritt enttäuscht waren, konstruierte auf der Idee des Unbewußten als eines Urgrundes, eines Wesens und Schöpfers der Welt (des

[56] F. Nietzsche: Der Wille zur Macht, Stuttgart 1939, S. 65.
[57] G. Le-Bon: Psichologija socializma, St. Petersburg 1908, S. 360.

„Weltprozesses"), ein kompliziertes System des „metaphysischen Pessimismus". In Anwendung dieses philosophischen Systems auf die Sphäre des Menschen stellte Hartmann die soziale Entwicklung als eine Evolution ihrer unbewußten Grundlage dar, die weder erfaßt noch gelenkt werden kann, und resümierte: „Wie weit auch die Menschheit fortschreitet, nie wird sie die grössten der Leiden loswerden oder auch nur vermindern."[58] Der Wissenschaft, der Kunst und den eudämonischen Idealen prophezeite er Entartung. Der wissenschaftliche und technische Fortschritt führe Hartmann zufolge zu einer Situation, aus der der Menschheit nur ein Ausweg verbleibt: mittels irgend eines kollektiven Selbstmords der Sinnlosigkeit ihrer Existenz ein Ende zu bereiten und damit dem „Unbewußten" den Weg zu einer neuen Evolution frei zu machen.

Ch. Renouvier, ein einflußreicher französischer Philosoph, entwickelte eine pragmatistische Auffassung von der wissenschaftlichen Wahrheit, welche objektiv-notwendige Kriterien für die Unterscheidung von Wahrheit und Irrtum ausschloß. Er erklärte die Fortschrittsidee als „Glauben" (und in den letzten Jahren seines Lebens als „Illusion und Unsinn"), der das gesellschaftliche Leben des Menschen und die Geschichtswissenschaft demoralisiere, und er sah in den Erscheinungen des Fortschritts zufällige geschichtliche Tatsachen, die ebensogut auch nicht existieren könnten: Zum wahren Gesetz sowohl der gesellschaftlichen als auch der individuellen Entwicklung erklärte er die Gleichheit der Möglichkeit von Fortschritt und Rückschritt.[59]

Eine weitere Säule des französischen philosophischen Idealismus, J. Lachelier, stellte die rhetorische Frage, warum man der Geschichte, die vom Fortschritt der Menschheit kündet, mehr Glauben schenken sollte als den Legenden. Sein Schüler E. Boutroux trat mit einem programmatischen Werk über die Zufälligkeit der Gesetze auf, das sowohl gegen die Ideologen des gesellschaftlichen Fortschritts als auch gegen die Ideologen des Fortschritts der Wissenschaft gerichtet war.[60]

G. Simmel erkannte im Begriff des Fortschritts überhaupt keinen objektiven Gehalt: ein Urteil darüber, ob es einen Fortschritt gebe (und er bezieht das auch auf den wissenschaftlichen Fortschritt), hänge seiner Meinung nach

58 E. Hartmann: Philosophie des Unbewußten, Berlin 1873, S. 736.

59 Vgl. Ch. Renouvier: Introduction à la philosophie analytique de l'histoire, Paris 1896, S. 552f. Zur Erhärtung seiner Leugnung der Notwendigkeit eines Fortschritts verfaßte Renouvier sogar eine Utopie der Vergangenheit, eine „Uchronie", wie er sie nannte, in der er in einem geräumigen Abschnitt die „Entwicklung der europäischen Zivilisation" – von Kaiser Nerva bis zu Karl dem Großen – darlegte: „. . . nicht so, wie es war, sondern, wie es hätte sein können", und zwar „ . . . radikal ausgezeichnet" (Ch. Renouvier: Uchronie. L'Utopie dans l'histoire, Paris 1876, siehe besonders das Resumé, S. 410f.).

60 Vgl. E. Boutroux: O slucajnosti zakonov prirody, Moskau 1900 (Original v. 1874).

„von einem Ideal ab, dessen Wert als solches nicht aus jener Reihenfolge der Tatsachen hervorgeht, sondern unvermeidlich durch die Subjektivität zu ihr hinzugebracht wird“[61].

H. Rickert stellte die Natur und die Naturwissenschaft der Kultur und den Kulturwissenschaften gegenüber und gelangte von dieser Gegenüberstellung aus zur Negierung der Möglichkeit der Existenz eines Gesetzes des Fortschritts. Es gehe „das Entstehen des Neuen, noch nicht Dagewesenen in kein Gesetz ein; denn ein Gesetz enthält nur das, was sich beliebig oft wiederholt. Versteht man daher unter Fortschritt erstens das Entstehen von etwas Neuem und zweitens eine Wertsteigerung, und versteht man unter Gesetz ein Naturgesetz, so ist der Begriff des *Fortschrittsgesetzes* zweifach logisch widersinnig“. Und er erklärte weiter: „Erstens sind nämlich Fortschritt oder Rückschritt *Wertbegriffe*, genauer Begriffe von Wertsteigerungen oder Wertverminderungen, und von Fortschritt kann man daher nur dann reden, wenn man einen *Wertmaßstab* besitzt.“[62]

G. Tarde erklärte die Nachahmung zur Grunderscheinung des sozialen Lebens und schloß allein damit die Allgemeinheit der kulturellen Entwicklung und der Einheit der Menschheitsgeschichte aus. Von diesem Standpunkt her schlug er vor, die Theorie und den Begriff „Weltrevolution“ durch die Theorie und den Begriff „Weltwahrnehmung“, die Fortschrittsidee durch formale Klassifizierung verschiedener Kombinationen des Fortschritts und des Rückschritts zu ersetzen.[63]

Der Rechtswissenschaftler und Eklektiker in der Soziologie L. Gumplovič läßt den Gedanken zu, daß vielleicht in der fernen Zukunft die Geschichte sich nach den Gesetzen des Fortschritts bewegen werde, streitet aber eine derartige Bewegung für die bisherige Geschichte in ihrer Gesamtheit ab (er verneigt sich hier vor der Idee der Zyklizität); denn der menschliche Intellekt blieb angeblich derselbe, wie er schon vor viertausend Jahren war – sowohl seiner Qualität als auch seiner Entwicklung und Vollkommenheit nach.[64]

Der Kulturhistoriker J. Burckhardt nannte den Fortschritt eine „optische Illusion“, die Fortschrittsidee „einen lächerlichen Hochmut“. Seine Ablehnung des Fortschritts bezog er nicht nur auf die gesellschaftlichen Verhältnisse und die Moral, sondern auch auf alle Bereiche der Kultur, darunter auch auf die intellektuelle Entwicklung und die Wissenschaften.[65]

Im letzten Drittel des vergangenen Jahrhunderts kam Ferron, der Verfasser einer zweibändigen Untersuchung, die speziell der faktischen Geschichte und der Theorie des gesellschaftlichen Fortschritts gewidmet ist, beim Vergleich

[61] G. Simmel: Die Philosophie der Geschichtsphilosophie, Leipzig 1907, S. 156.

[62] H. Rickert: Die Probleme der Geschichtsphilosophie, Heidelberg 1924, S. 105f.

[63] G. Tarde: Social'naja logika, St. Petersburg 1901, S. 331f.

[64] Vgl. L. Gumplovič: Osnovy sociologii, St. Petersburg 1899, S. 348ff.

[65] J. Burckhardt: Weltgeschichtliche Betrachtungen, Gesammelte Werke, Band IV, Berlin, S. 182ff.

des Fortschritts im gesellschaftlichen Leben mit dem Fortschritt im individuellen Leben eines Mitglieds der Gesellschaft (er nennt das: Fortschritt des Staates und Fortschritt der Freiheit) zu der Schlußfolgerung, daß der gesamte Fortschritt – auch jeder Fortschritt unserer Wissenschaften und unserer Erfindungen – sich in nicht geringerem Maße in den Händen böser Kräfte als in den Händen der Kräfte des Guten befinde.[66]

Der französische Positivist L. Weber ersetzte Anfang unseres Jahrhunderts in einer speziellen Monographie über den Fortschritt die Theorie des Fortschritts (vor allem des intellektuellen Fortschritts) durch die Theorie eines „Rhytmus des Fortschritts" mit der Begründung, daß die Erscheinung, die mit dem Wort „Fortschritt" bezeichnet werde, außerordentlich kompliziert sei und daß der Fortschrittsbegriff Werturteile mit einschließe, wodurch er nicht streng objektiv dargelegt und in einem wissenschaftlichen Gesetz erfaßt werden könnte.[67]

Eine Reihe von hauptsächlich amerikanischen Soziologen entfernte sich vom Problem des gesellschaftlichen Fortschritts noch in eine andere Richtung, die ebenfalls im 20. Jahrhundert entstand. Den historischen Weg der menschlichen Gesellschaft deuteten sie als einen Weg des menschlichen *Geschlechts* im Kosmos, als einen Bestandteil der Existenz des Kosmos. Sie schlugen vor, die Quellen, Ursachen und Gesetzmäßigkeiten der menschlichen Geschichte nicht in den qualitativen Merkmalen dieses Teils des Kosmos zu suchen, da er angeblich dazu nicht genügend isoliert und selbständig sei, sondern außerhalb des gesellschaftlichen Lebens der Menschen. Sie wären nur in dem Falle und nur unter der Bedingung bereit, über den Fortschritt der Menschheit zu reden, wenn feststünde, daß die kosmische Evolution einen Fortschritt darstellt oder daß im kosmischen Prozeß (der an und für sich ja keinen Fortschritt darstellt) Erscheinungen auftreten, die zum menschlichen Fortschritt als zu ihrem Ergebnis führten. Dabei ordneten manche dieser Autoren die gesellschaftlichen Erscheinungen den Gesetzen der kosmischen Materie unmittelbar unter, andere auf einem Umweg über die spezielleren Gesetze der lebenden Natur. Zu diesen Soziologen gehören z. B. F. H. Giddings[68], Henry Adams[69], sein Bruder Brooks Adams[70] und von den Europäern P. Lacombe[71].

[66] Vgl. H. Ferron: Théorie du progrès, Band II, Paris 1867.

[67] Vgl. L. Weber: Le rythme du progrès, a. a. O., S. XI, 102, 120, 304f.

[68] Vgl. F. H. Giddings: Prinzipien der Soziologie, Leipzig o. J., S. 181ff.

[69] Vgl. H. Adams: A Dynamic Theory of History. – The Education of H. Adams. An Autobiography, Boston-New York 1924, S. 474 (der Artikel ist 1904 geschrieben worden); siehe auch den Artikel von H. Adams: The Rule of Phase. Applied to History, 1909 und A Letter to American Teachers of History, 1910, in: H. Adams: The Degradation of Democratic Dogma, New York 1958, S. 146.

[70] B. Adams: The Law of Civilization and Decay, New York 1955, S. 5ff. (Vorrede zur Ausg. von 1896); ders.: The Emancipation of Massachusetts, Cambridge 1962, S. 3ff. (Vorrede zur Ausg. von 1919).

[71] P. Lacombe: De l'Histoire considerée comme science, Paris 1894, S. 267.

Schließlich kann man nicht an der Tatsache vorbeigehen, daß in diesen Jahrzehnten auf Schritt und Tritt auch ein Hinwenden zu religiösen Argumenten anzutreffen war, wobei damit das Ziel verfolgt wurde, die Kompetenz und die Perspektiven des gesellschaftlichen und des wissenschaftlichen Fortschritts zu begrenzen.[72] Aber auch Rassisten aller Schattierungen blieben nicht abseits der neuen Tendenzen: der Anthropologe Lapouge erklärte z. B. die durch geringere Anpassungsfähigkeit bedingte schnellere Vernichtung der Vertreter von höheren Rassen zum „Gesetz" und leitete davon die Tendenz zum Verlust des „eugenetischen Kapitals" der Menschheit, zur Verkümmerung und zur rückläufigen Bewegung der Zivilisation ab.[73]

Es ist anzunehmen, daß diese Aufzählung nur einige Vertreter aus der Reihe der einflußreichsten Verfasser jener Zeit schon ausreicht, um die Überzeugung zu gewinnen, daß wir einen komplizierten und selbstverständlich einen objektiv bedingten Prozeß der Herausbildung einer *neuen Richtung* von Ideen in der bürgerlichen Gesellschaft vor uns haben. Am eindrucksvollsten zeugt davon wohl die hohe Zahl der Fälle, in denen Denker, die für die Fortschrittsidee eingetreten waren, ihre Einstellung zu ihr nunmehr änderten; zu ihnen gehörten die eben genannten Autoren: Renouvier, Boutroux, Brooks Adams und Burckhardt. Aber auch der victorianische Herold des Fortschritts H. Spencer verzichtete bereits in den sechziger Jahren auf den Begriff des Fortschritts (er mied sogar das Wort „Fortschritt") und setzte an seine Stelle den Begriff der Evolution; später verzichtete er auch auf diesen Begriff und löste ihn durch die Idee von der Stagnation ab, die als ein abschließender Zustand der menschlichen Gesellschaft gedacht wurde. Auch Renan kennzeichnete 1890 in der Vorrede zu der 15. Ausgabe seines Werkes „L'avenir de la science", das erstmalig 1848 erschienen war, seine damaligen Hoffnungen auf Fortschritt als Illusion, denn die Widersprüche zwischen dem Glück des Menschen und dem menschlichen Fortschritt, so hieß es bei ihm, seien unüberbrückbar. Er sah nach wie vor in der Wissenschaft das alleinige Mittel, um etwas für die Verbesserung der Lebensbedingungen des Menschen zu tun; den Sinn und den Wert der Wissenschaft suchte er aber in ihr selbst und nicht in der Gemeinsamkeit ihres Fortschritts mit dem Fortschritt der Gesellschaft.[74]

72 Wir nennen nur einen dieser Autoren – F. Brunetière, der mit einer speziellen Arbeit über die Fortschrittsidee hervorgetreten war (F. Brunetière: La formation de l'idée de progrès, Paris 1892).

73 P. Lapouge: Les selections sociales, Paris 1896.

74 Vgl. E. Renan: Sobranie sočinenij v 12 tomach, Band I, Kiew 1902, S. 8ff. Im vorrevolutionären Rußland schrieb vor dem ersten Weltkrieg sogar ein solcher mit der Tradition des Fortschritts großgewordener und durch seine Propagierung bekannter Wissenschaftler wie Maxim Kovalevskij: „Man kann nicht behaupten, daß die Entwicklung in Richtung einer Heilung gesellschaftlicher Leiden und in Richtung des Wachstums des gesellschaftlichen Wohlergehens

Zu Beginn dieses Abschnitts ist festgestellt worden, daß die sozialen Ursachen dieses Umbruchs der bürgerlichen Idee vom gesellschaftlichen Fortschritt in den Veränderungen begründet sind, die der eingetretene Übergang der kapitalistischen Gesellschaftsordnung in ihr monopolistisches Stadium dem gesellschaftlichen Leben und dem gesellschaftlichen Fortschritt entgegensetzte. Dies ist von der damaligen marxistischen und besonders von der sowjetischen Literatur vollauf geklärt worden. Es käme aber einer Simplifizierung und einer Ungerechtigkeit gegenüber vielen Kritikern der Fortschrittsidee in dieser Übergangszeit gleich, wollte man sich mit der Feststellung dieser unabstreitbaren Tatsache begnügen. Die Enttäuschung von der Idee des gesellschaftlichen Fortschritts wurde in vielerlei Hinsicht durch die Primitivität, Unvollkommenheit und Widersprüchlichkeit jener Form hervorgerufen, welche diese Idee seit ihrer Herausbildung in den vergangenen Etappen der Geschichte angenommen hatte, da sie eine fast monopolistische Geltung beanspruchte und worauf sie auch später aufdringlicherweise pochte. Darum war ein Nichteinverstandensein mit der Fortschrittsidee nicht ohne weiteres schon eine Verurteilung des Strebens nach Fortschritt. Und wenn bei einem Teil der Autoren die Ablehnung der Fortschrittsidee Ausdruck einer ideologischen Reaktion gegenüber der nahenden sozialen Revolution war, so bestand bei anderen Autoren ein natürliches und in vielerlei Hinsicht vernünftiges Bedürfnis nach einer Kritik des platten und dem Wesen nach antihistorischen Evolutionismus, nach Kritik und Überwindung der schulmeisterlichen Schematik und der Dogmatik des Positivismus, der sich gedankenlos abseits alles Neuen und der immer neu auftauchenden Widersprüche und Konflikte des realen Fortschritts stellte und in ein steriles Sektierertum verfiel. Verschieden waren die Ausgangspositionen, verschieden auch die Wege der Abkehr vom liberalen Optimismus des 19. Jahrhunderts – verschieden war auch der Sinn der erreichten Ergebnisse, auch wenn sie alle äußerlich ähnlich schienen.[75]

voranschreitet. Es wäre daher besser, anstelle des Begriffs ‚Fortschritt‘ den mehr unbestimmten Begriff ‚Entwicklung‘ zu gebrauchen“ (M. Kovalevskij: Sociologija, Band I, 1910, S. 7). Ungefähr zur gleichen Zeit trat A. R. Wipper mit der Formulierung „Scheitern der Fortschrittstheorie“ auf.

75 Vollständigkeitshalber müßte man noch hinzufügen, daß eine Reihe völlig verschiedener westlicher Dichter und Schriftsteller jener Zeit, die sich mit dieser Idee mehr oder weniger gründlich befaßt hatten, mit einer stärkeren oder geringeren Emotionalität diesen oder jenen sozialen Aspekt berührten, sich zur Fortschrittsidee skeptisch verhielten. Rimbaud und France, Hardy und Wilde, Ibsen und Strindberg sind nur einige von ihnen. Natürlich muß auch Samuel Butler mit seiner wunderbaren Utopie erwähnt werden, die voll eines ironischen Skeptizismus ist und in der alles verkehrt dargestellt wird. Wir wollen nicht von der verschiedenartigen und bunten, wenn nicht immer seelenlosen, so doch meisten verantwortungslosen dekadenten Literatur sprechen,

So sahen die letzten fünfzig Jahre des 19. und die ersten fünfzig Jahre des 20. Jahrhunderts aus. Schritt für Schritt bildete sich in dieser Übergangszeit eine immer breiter werdende Front des Zweifels an der Idee des gesellschaftlichen Fortschritts, und auch die Zahl der direkten Angriffe gegen sie stieg erheblich an. Aber das waren immerhin Jahrzehnte der *Übergangszeit*, und unmittelbar bis zum ersten Weltkrieg waren die vorherrschenden Formen der Ideologie der kapitalistischen Gesellschaft nicht mit dieser Front, sondern mit der Fortschrittsidee verbunden.

Im letzten halben Jahrhundert vollzieht sich eine radikale Veränderung: es kommt zu einer ideologischen Kehrtwendung historischen Ausmaßes. Das, was bisher in der Philosophie und der Politik als anrüchige Reaktion galt und in soliden Kreisen der bürgerlichen Gesellschaft für einen schlechten Ton gehalten wurde, oder was als Vorsichtigkeit im Urteil und als intellektueller Skeptizismus erschien, was zuweilen auch als Extravaganz des geistigen Snobismus und als modisches Paradoxon in Erscheinung trat, wird jetzt zum Stil par exellence der sozialhistorischen Denkweise. Mit einem Wort, es beginnt unsere Gegenwart. Das Ziel dieses Abschnittes ist es, Wege und Methoden für die Erforschung der Gegenwart festzulegen.

3. Das 20. Jahrhundert
Der gegenwärtige Stand des Problems

Wir wenden uns einer Epoche zu, in der die Krise der Idee vom gesellschaftlichen Fortschritt, die im bürgerlichen Denken des 19. Jahrhunderts geherrscht hatte, dazu führte, daß die Verbindung der Idee des Wissenschaftsfortschritts mit der Idee vom Fortschritt der Gesellschaft zu einem Ganzen sich auflöste und eine Heraustrennung der Idee vom Fortschritt der Wissenschaft erfolgte. Die Verbindung beider Ideen trat immer seltener und episodenhafter auf. Einerseits kann es in einer Zeit, die man mit voller Berechtigung als Periode der explosiven Entwicklung der Wissenschaft bezeichnet, in der ihr Vorwärtsdrang unaufhaltsam ist und sich in stürmisch einander ablösenden Etappen der wissenschaftlich-technischen Revolution äußert, keinen Menschen geben, der die Tatsache des wissenschaftlichen Fortschritts negieren wollte. Andererseits wird es immer schwieriger und bedenklicher, die

die das Fortschrittsthema mied und sogar fürchtete. Treffend äußerte sich dazu P. Gaidenko in ihrer Monographie über den Existentialismus: „Die Idee, daß die Erkenntnis keine Befreiung des Menschen bedeute, wird zum Gemeingut nicht nur der Philosophie: sie dringt auch in die schöngeistige Literatur ein" (P. Gaidenko: Ekzistencializm i problema kul'tury. Kritika filosofii M. Chajdeggera, Moskau 1963, S. 6), Das alles steht im unmittelbaren Zusammenhang mit der Frage, welchen Platz die Wissenschaft in der menschlichen Gesellschaft einnimmt.

Entwicklung der gesellschaftlichen Verhältnisse und der Lebensbedingungen der Menschen in der kapitalistischen Welt des 20. Jahrhunderts unter die Kategorie des Fortschritts einzustufen.

Die Diskreditierung der Idee des gesellschaftlichen Fortschritts durch die Ideologen der gegenwärtigen kapitalistischen Gesellschaft ist reichlich erörtert worden – sowohl in den wissenschaftlichen und wissenschaftsnahen Untersuchungen als auch in philosophischen und philosophienahen Traktaten, sowohl in der Publizistik und in Agitationsschriften als auch in Werken der schöngeistigen Literatur aller Schattierungen. Die allgemeinsoziologischen und konkreten Ursachen sowie die Begleitumstände dieser charakteristischen Richtung der bürgerlichen Ideologie des 20. Jahrhunderts – eines fast allgemeinen Feldzuges gegen die Idee der fortschrittlichen Entwicklung der Menschheit[76]– sind heute bereits mehr oder weniger vollständig geklärt.

Der Strom von Literatur, der gegen die Fortschrittsidee gerichtet ist, ist buchstäblich unübersehbar. Enorm ist auch ihre Mannigfaltigkeit, allerdings sind originelle Ansichten hierbei selten. Meistenteils handelt es sich um Entlehnungen und Variierungen (natürlich im Gewand moderner wissenschaftsartiger Schemata und Phrasen) dessen, was schon von den Gegnern der Konzeption des gesamtgeschichtlichen Fortschritts erdacht wurde, welche im vergangenen Jahrhundert und zu Beginn dieses Jahrhunderts gewirkt haben. Eine chronologische Zusammenstellung von Beispielen (eine Methode, die im gewissen Sinne für die Literatur vom 17. bis zum 19. Jahrhundert angebracht war) ist hier nicht am Platze, da sie keine Vorstellung von dem Übermaß von Schriften der verschiedensten Verfasser vermitteln könnte, der Bücher, Broschüren und Aufsätze, der zahlreichen Philosophen und Soziologen, Gelehrten und Theologen, Publizisten und Belletristen aller möglichen Richtungen: der neopositivistischen und der „metaphysischen“, der agnostischen und der „ontologischen“, der pragmatistischen und der existentialistischen usw. usf. Eine derartig gestaltete Auswahl würde nicht nur kein Gesamtbild vermitteln, sondern würde auch kaum als Richtschnur dienen können, uns auch nur einigermaßen befriedigend zu orientieren. Hier kann nur eine Klassifikation helfen. Wir wollen versuchen, eine derartige Klassifikation so vorzunehmen, daß sie uns hilft, die Beziehungen zwischen der Idee vom Fortschritt der Wissenschaft und der Idee des gesellschaftlichen Fortschritts in der bürgerlichen Literatur des 20. Jahrhunderts aufzudecken.

[76] In den letzten Ausgaben der Britischen Enzyklopädie, im „Wörterbuch der Soziologie“ in der BRD von W. Bensdorf und F. Bülow (1955) fehlt das Wort „Fortschritt“ gänzlich, und in der amerikanischen Enzyklopädie wird vorgeschlagen, den Begriff „Fortschritt“ durch den Begriff „Meliorismus“ zu ersetzen. In der „Encyclopedia of the Social Sciences“ (Band XII, erschienen vor dem zweiten Weltkrieg) gibt es noch den Beitrag „Fortschritt“, aber dessen Verfasser (C. Becker) versucht zu beweisen, daß es sich hier um keinen wissenschaftlichen Terminus handelt, und er empfiehlt, auf ihn zu verzichten. Bailey

Drei Strömungen der gegenwärtigen Abwendung von der Idee des gesellschaftlichen Fortschritts und ihre Bedeutung für die Herausbildung der Idee des Wissenschaftsfortschritts

Die wichtigsten Richtungen des gegenwärtigen Verzichts auf die Fortschrittsidee äußern sich in drei Strömungen, die sich in den von uns untersuchten Jahrzehnten des Übergangs abgezeichnet bzw. herausgebildet haben. In der ersten Strömung wird die Antwort auf die Frage, ob „die Idee vom Fortschritt der menschlichen Gesellschaft richtig oder falsch" ist, in den außergesellschaftlichen Gesetzen der Existenz und der Entwicklung des Kosmos gesucht. In der zweiten Strömung wird die Antwort in der Wiederbelebung und Erneuerung der Konzeption vom zyklischen Verlauf der Menschheitsgeschichte gesucht. Die dritte Strömung ist durch ihre Negierung jeder eindeutigen Richtung und jeder notwendigen Gesetzmäßigkeit in der Entwicklung der menschlichen Gesellschaft charakterisiert. Wir werden diese drei Strömungen untersuchen und dabei nicht vergessen, daß bei den einzelnen Verfassern verschiedene, sich sogar widersprechende Richtungen nicht selten einander überlagern, sich verflechten und ineinanderfließen, so daß sie zuweilen ganz sonderbare und völlig unerwartete theoretische und quasitheoretische Konstruktionen bilden.

Die erste Strömung: Für diese Strömung gilt es als illusorisch und falsch, in der Geschichte der Menschheit nach Kriterien, nach Notwendigkeiten und nach dem Sinn unabhängig von der Ordnung und den Evolutionsgesetzen des Kosmos zu suchen. Die sogenannten Entwicklungsgesetze der Menschheit, heißt es, seien nichts anderes als eine Ableitung oder ein Sonderfall universeller Gesetze. Manche Verfasser ordnen dabei die gesellschaftlichen Erscheinungen unmittelbar den allgemeinen Gesetzen der kosmischen Materie unter, andere über die Vermittlung spezieller Gesetze der lebenden Natur.

stellt eine Tabelle auf, in der es eine Zusammenfassung für die Wandlung des „Geistes der Zeit" in der kapitalistischen Welt in den letzten hundert Jahren – des Übergangs vom Optimismus zum Pessimismus – gibt, und von den dort enthaltenen 14 Gegenüberstellungen betreffen zumindest 7 den Verzicht auf die Fortschrittsidee (R. B. Bailey: Sociology Faces Pessimism. A Study of European Sociological Thought, The Hague 1958). Russel trat 1953 mit einem Artikel unter dem Titel: Ende der Fortschrittsidee" hervor (B. Russell: The End of the Idea of Progress, in: The Manch. Guard. Weekly, March, 19, 1953). Mit ihm stimmt R. Aron überein und bezeichnet die Fortschrittsidee lediglich als Widerhall eines großen Mythos, der gegenwärtig jedweden Sinn und Wert verloren habe. (R. Aron: L'opium des intellectuels, Paris 1955, S. 106). Von den neueren Publikationen kann man einen inhaltsreichen Artikel erwähnen, dessen Verfasser zu der Schlußfolgerung gelangt, daß „Fortschritt, als Postulat der historischen Entwicklung, nur eine Hypothese – und dabei recht fraglicher Natur – sei" (G. G. Iggers: The Idea of Progress; a Critical Reassessment, in: American Historic Review, Band 71, Nr. 1, New York 1965, S. 16).

Immer wieder werden die bereits erwähnten Soziologen der Übergangszeit, Giddings und Henry Adams, herangezogen.[77] Giddings definierte die Soziologie als eine Wissenschaft, „die bestrebt ist, die Gesellschaft als eine Ganzheit zu verstehen und die den Versuch unternimmt, sie mit Hilfe kosmischer Gesetze und Ursachen zu erklären"; nach Giddings ist die „soziale Evolution eine der Formen der kosmischen Evolution"; danach ist „jede soziale Kraft eine modifizierte physische Kraft". Henry Adams konstruierte noch zu Beginn des Jahrhunderts eine „dynamische Geschichtstheorie" auf der Basis des zweiten Hauptsatzes der Thermodynamik und der Gibbsschen Wärmefunktion; denn „der Mensch ist Energie, wie die Sonne, wie ein mathematischer Punkt". In dieser Theorie wird der „Fortschritt als eine Entwicklung und Einsparung von Energien" bestimmt, wobei für die Geschichte eine besondere Form der Lebensenergie, und zwar „der Gedanke als soziale Energie" eingeführt wird. Diese Energie durchläuft in ihrer Entwicklung „Phasen entweder einer Veränderung oder eines Zustandes des Gleichgewichts" ähnlich den physikalischen Phasen des festen, flüssigen und gasartigen Zustandes nach Gibbs. Das ist aber keine zyklische, sondern eine unumkehrbare Bewegung; ihr Ergebnis muß Stagnation sein.

Um nun zu Schlußfolgerungen zu gelangen, die gegen die Idee des gesellschaftlichen Fortschritts gerichtet sind oder sie zumindest in Zweifel ziehen, wird die Frage nach dem Entwicklungsweg der menschlichen Gesellschaft nicht allein über den zweiten Hauptsatz der Thermodynamik unmittelbar in die Gesetze des kosmischen Seins eingebunden.[78] Nach M. Kohen ist der historische Prozeß einem gewissen universellen kosmischen Gesetz der Ablösung

[77] Siehe die weiter oben angeführten Werke dieser Verfasser.

[78] Es sei hier darauf verwiesen, daß z. B. N. Wiener, der so gern vom Wärmetod des Weltalls, vom Eintreten eines Temperaturgleichgewichts irgendwann in der Zukunft spricht, für die menschliche Gesellschaft daraus keine Entwicklungswege und Perspektiven ableitet, und zwar, weil erstens der zweite Hauptsatz der Thermodynamik ein Wahrscheinlichkeitsgesetz ist, und zweitens, weil infolgedessen im Weltsystem der allgemein zunehmenden Enthropie örtliche und zeitliche Inseln einer abnehmenden Enthropie vorkommen, so daß wir berechtigt sind, vom Vorhandensein des Fortschritts in der sozialen Welt zu sprechen, die zu einer dieser Inseln gehört und in jedem Falle sich in eine Periode einfügt, die recht kurz im Vergleich zu der Zeit ist, die für das Eintreten des Temperaturgleichgewichts im Gesamtkosmos notwendig wäre (N. Wiener: Mensch und Menschmaschine. Kybernetik und Gesellschaft, Frankfurt a. M.-Bonn 1964). Ungefähr dieselben Gedanken äußern auch B. Russell (Mysticism and Logic, New York 1957, S. 45) sowie J. Jeans (The Universe around Us, Cambridge 1933, S. 287; ders.: Eos, or the Wider Aspects of Astronomy, London 1930). Weder der eine noch der andere stellt, wenn er von den eschatologischen Perspektiven spricht, die mit Hilfe des zweiten Hauptsatzes der Thermodynamik vorhergesagt werden, diese der Idee des sozialen Fortschritts entgegen.

jeder Wirkung durch Gegenwirkung und infolgedessen der Polarisation und Schwankungen zwischen den zwei Polen unterworfen.[79] R. Wheeler leitet den Verlauf der Menschheitsgeschichte aus den zyklischen Perioden des Klimawechsels auf der Erde ab, die keinen Platz für die Fortschrittsidee bieten.[80] Sogar Toynbee begründet seine Ablehnung der historischen Aufeinanderfolge menschlicher Gesellschaften und die Ablehnung der Fortschrittsidee mit einem kosmischen Argument: Im Kontext und in den Maßstäben von Milliarden Jahren der Existenz unseres Planeten und von Millionen Jahren des Bestehens des Lebens auf ihm kann man die uns bekannten Kulturen einiger Jahrtausende als gleichzeitige Erscheinungen betrachten.

Aber die Angriffe auf die Idee des gesellschaftlichen Fortschritts mit Hilfe einer außergesellschaftlichen Argumentation werden in unserer Zeit in erster Linie nicht unmittelbar von der Position allgemeiner (lies: physikalischer) Gesetze des Weltalls, sondern über Gesetze der Biologie, über eine Reduktion der gesellschaftlichen Beziehungen der Menschen auf einen bestimmten Teil der Biosphäre geführt. So erklärt z. B. Rashewsky, daß die menschlichen Widersprüche im Biologischen wurzeln und betrachtet die Soziologie und die Entwicklung der Gesellschaft als ein Gebiet der Biologie.[81] T. Parsons konstruiert die Begriffe „verallgemeinerte Anpassungsfähigkeit" und „evolutionäre Universalien", um die Entwicklung des Lebens und die Entwicklung der Gesellschaft zu einer Ganzheit zu verbinden.[82] Der Biologe und Nobelpreisträger Ch. Nicolle erblickt die Haupttriebkraft der gesellschaftlichen Entwicklung im Gesetz vom biologischen Gleichgewicht, das die Erscheinungen der lebenden Natur und die menschlichen Institutionen und ihre Beziehungen in gleicher Weise regelt.[83] Und so geht es weiter. Wir behandeln schon gar nicht die aus dem 19. Jahrhundert übernommene Konzeption, derzufolge die Evolution der Biosphäre und der menschlichen Gesellschaft als eines ihrer Teile sich mittels des ihr innewohnenden Prozesses der Differenzierung und der Bewegung vom einfachen zum komplizierten vollziehe. Diese Konzeption ist auch zu unserer Zeit nicht in Vergessenheit geraten und taucht zuweilen in modernisierten und manchmal völlig unerwarteten Formen auf (Teihard de Chardin!).

Was bleibt dann aber von der Idee des gesellschaftlichen Fortschritts noch übrig?

[79] Vgl. M. Kohen: The Meaning of Human History, New York 1961, S. 273 (die erste Ausgabe erschien 1947).

[80] Vgl. R. H. Wheeler: The Effect of Climate on Human Behaviour in History. – „Cycles", Found for the Study of Cycles, Pittsburgh 1963.

[81] Vgl. N. Rashewsky: Outline of Mathematical Approach to History, in: Bull. Math. Biophysics, 1953, Band 15, N 2.

[82] T. Parsons: Evolutionary Universals in Society, in: American Sociological Review, 1964, Band 29, N 3.

[83] Vgl. Ch. Nicolle: La Nature, conception et morale biologique, Paris 1934 (siehe besonders S. 43ff.).

Von den einen wird die Tatsache eines derartigen Fortschritts glatt geleugnet: Nicolle spricht z. B. vom Fortschritt nicht anders als von einer „Fiktion“, und der ehrwürdige Inge beruft sich in Übereinstimmung mit dem alten Sozial-Darwinismus (denken wir an Gumplovič) einfach darauf, daß in der gesamten geschichtlichen Zeit der Mensch als eine biologische Art keinen einigermaßen wesentlichen Veränderungen unterlag.[84]

Von den anderen wird (und das kommt bedeutend öfter vor!) der menschliche Fortschritt als Erscheinung in einem gewissen Sinne anerkannt, aber entsozialisiert dargeboten. Von dieser Art Fortschrittsbetrachtung ist bekanntlich die Strömung des Emergentismus – aber nicht nur diese allein.

G. Mead deutet die gesellschaftlichen Beziehungen und Institutionen als eine auf der sozialen Leinwand vergrößerte Widerspiegelung von Prozessen, die im zentralen Nervensystem des Menschen vor sich gehen.[85]

Darlington vertritt die Auffassung, daß die in den Chromosomen enthaltene Erbsubstanz diejenige Grundlage bildet, die im Endergebnis den Lauf der Geschichte bestimmt.[86]

Der bereits erwähnte Parsons erblickt den grundlegenden Unterschied zwischen der Entwicklung der Gesellschaft und der Entwicklung des Lebens darin, daß der von ihm erdachte Gen der „verallgemeinerten Anpassungsfähigkeit“ in der menschlichen Sphäre weitestgehend durch ein „Symbol“ ersetzt wird.

Bergson meint, daß die Evolution des Tierreichs in zwei auseinandergehenden Richtungen verläuft, der Intuition und des Verstandes, und daß der Fortschritt in der menschlichen Sphäre dieser biologischen Evolution in einer außerräumlichen Zeit vor sich geht und den Prozeß einer gewissen Dematerialisierung des Bewußtseins darstellt, einer gewissen Befreiung aus den Fesseln der realen und logischen Notwendigkeit und eines Zielgerichtetseins, den Prozeß einer Auflösung dieses Bewußtseins im Strom der unmittelbaren Freiheit und Intuition; dieser Prozeß ist folglich jeder Bestimmtheit bar und besteht aus einer Aufeinanderfolge unerwarteter Überraschungen.

Seidenberg, der als Neobergsonianer eine sensationelle Berühmtheit erlangt hatte, betrachtet die Geschichte als eine verhältnismäßig kurze Übergangsphase zwischen der bedeutend längeren Ära der „Vorgeschichte“, die durchweg vom „Instinkt“ geleitet wurde, und der wahrscheinlich noch längeren Ära der „Nachgeschichte“, die ganz und gar von der „Vernunft“ geleitet werden wird; er sieht folglich in der Geschichte eine Übergangsphase des

[84] W. R. Inge: The Idea of Progress, Oxford 1920, S. 22f. Darüber sprechen auch z. B. C. Becker: Progress and Power, New York 1963, S. 104f. und Vannevar Bush: Science and Progress in: Science in Progress, ed. H. Taylor, 10-th series, New York 1957).

[85] Vgl. G. H. Mead: Mind, Self and Society, Chicago 1934, S. 242.

[86] Vgl. C. D. Darlington: The Facts of Life, London 1953, S. 404.

Kampfes und des instabilen Gleichgewichts zwischen dem Instinkt und der Vernunft.[87]

Selbstverständlich stellen auch die neofreudistischen soziologischen Schöpfungen eine Entsozialisierung der Idee vom gesellschaftlichen Fortschritt dar.[88] So ist Brown der Auffassung, daß die Fortschrittsidee nur dann Sinn habe, wenn man die Menschheitsgeschichte als einen Krankheitsverlauf betrachtet, als eine Art von Neurose, die darin besteht, daß ein unterdrückter Eros die Energie der Geschichte bildet und die Arbeit als sublimierter Eros verstanden wird.[89]

Wie wir sehen, hat bei allen diesen Autoren der Appell an die Wissenschaft und ihres Fortschritts einen völlig anderen Sinn und eine gänzlich andere Tendenz als im 18. Jahrhundert. Erinnern wir uns daran, daß im 18. Jahrhundert die Wissenschaftler von der Idee des Fortschritts der Wissenschaft ausgingen und von da aus zu der Idee vom gesellschaftlichen Fortschritt gelangten. Stellen wir diese Tatsache der gegenwärtigen Ausnutzung der Errungenschaften des wissenschaftlichen Fortschritts für die Widerlegung oder zumindest Einengung der Idee vom gesellschaftlichen Fortschritt gegenüber,

87 Seidenberg weigert sich, in den unumkehrbaren Veränderungen, die diese Übergangsphase bilden, einen Fortschritt anzuerkennen. Im Gegenteil deutet er sie als Rückschritt, in dessen Endergebnis der Mensch der nachhistorischen Ära sich in einer Reihe von Vorgängen verstrickt findet, welche ihrem Routinecharakter nach denen ähnlich sein werden, die wir heute bei den Ameisen, Bienen und Termiten beobachten können. Die Gemeinschaften dieser Insekten unterliegen bereits seit mehr als 60 Millionen Jahren keinerlei Veränderungen, und das zeugt von der Vollkommenheit ihrer inneren und äußeren Anpassung an die Lebensbedingungen; die Menschheit kann auf genau dieselbe Weise dahin kommen, daß sie sich in einem ewigen Kreislauf von begrenzt angepaßten Reaktionen, aus dem es kein Entrinnen gibt, in der Starrheit eines abschließenden Stadiums ihrer Geschichte begraben findet (R. Seidenberg: Posthistoric Man. An Inquiry 1957, S. 20f., 56, 179f., 238 (die erste Ausgabe erschien 1950). Mit ähnlichen Gedanken traten bereits in den zwanziger Jahren W. R. Inge (siehe seinen zusammenfassenden Artikel im Sammelband „Science, Religion and Reality", London 1925) und W. M. Wheeler hervor. (W. M. Wheeler: Emergent Evolution and the Development of Societies, New York 1928, S. 43 ff.). Aber keiner der drei Autoren der Gegenwart gedachte ihres Vorgängers (ihrer Quelle?) aus dem 19. Jahrhundert – Cournot.

88 Freud selbst lehnte bekanntlich die Fortschrittsidee nicht ab.

89 Brown behauptet, daß die Psychoanalyse die Grundlage für theoretische Untersuchungen gibt, einen Ausweg zu finden, um sich vom Alpdruck eines unendlichen „Fortschritts" zu befreien, um diese menschliche Neurose loszuwerden, einen Ausweg aus der Geschichte zu finden – einen Weg, der es gestatten würde, nur zu leben, ohne Geschichte zu machen (vgl. N. O. Brown: Life against Death: The Psychoanalytic Meaning of History, New York 1965, siehe besonders S. 17ff.).

so tritt mit frappanter Deutlichkeit die Gegensätzlichkeit der zwei Epochen der Ideologie der kapitalistischen Gesellschaft zutage.

Es ist unter diesen Umständen verständlich, daß mit der Ableitung der Prozesse der gesellschaftlichen Entwicklung von außergesellschaftlichen kosmischen Prozessen auch solche Richtungen des Verzichts auf die Idee vom sozialen Fortschritt einander näherkommen und zusammenfließen, die sich nicht so sehr auf das Außergeschichtliche in der Welt der Menschen als vielmehr auf das Über-der-Geschichte-Stehende berufen, und die die außermenschlichen Kräfte als über den Menschen stehende Kräfte deuten. Das trifft auch auf diejenigen zu, die ihre dem Wesen nach trivialkirchlichen eschatologischen Prophezeiungen durch einen ultramodernen Rationalismus und mit Quasiwissenschaftlichkeit tarnen; das trifft auch auf die Mystiker kirchlicher und weltlicher Prägung zu, die die Unfähigkeit der Menschen behaupten, selbst ihr Schicksal zu bestimmen, und die fromme Demut vor den unerforschlichen Kräften der Vorsehung predigen, die angeblich die Welt regieren (Dawson und K. Löwith, der sein Referat auf dem Philosophenkongreß der BRD im Jahre 1962 „Das Schicksal des Fortschritts . . .“ betitelt). Das gilt auch für die jüngsten Adepten des „theozentrischen Humanismus“ eines Thomas von Aquino, die nicht den sozialhistorischen Fortschritt als Bedingung und Wesen der Erlösung der Menschheit, sondern die Bewegung zum vorbestimmten Endziel deklarieren, das nur außerhalb der Geschichte, jenseits ihres Fortschritts, nach „Vollendung und Geschichte“ erreicht werden kann (J. Maritain). Das betrifft auch jene, die in der Menschheitsgeschichte nur eine Fortschrittslinie der „Bewegung von Gott als Quelle, zu Gott als Ziel“, d. h. einfach nur den „Fortschritt“ der Religion und der zu ihr gehörenden Institutionen anerkennen (Toynbee). Das trifft schließlich auch auf solche zu, die den Umstand zu einem Unglück der Menschheit erklären, daß ihre Geschichte „unter der Last der Fortschrittsidee“ verlief (der amerikanische Theologe Niebuhr).

Wir finden hier das gleiche Bild wie in der Argumentation zu den Errungenschaften des wissenschaftlichen Fortschritts: Dem optimistischen Fatalismus des 18. Jahrhunderts steht der pessimistische Fatalismus des 20. Jahrhunderts gegenüber; und den Theologen des 18. Jahrhunderts, die selbst Gott zum Vorkämpfer des Fortschritts erklärten, stehen moderne religiöse Schriftsteller gegenüber, die angesichts des Fortschritts in Panik versetzt werden und ihn verdammen.

Die zweite Strömung: Es wird durch die Vertreter dieser Strömung anerkannt, daß die Entwicklung der menschlichen Gesellschaft einer eigenen und durchweg einer bestimmten fundamentalen Gesetzmäßigkeit unterworfen ist, die nicht von den physikalisch-chemischen oder biologischen Gesetzen der Existenz des Kosmos abgeleitet ist, aber es wird bestritten, daß diese Gesetzmäßigkeit Fortschritt verkörpert. Für eine derartige Gesetzmäßigkeit wird die Zyklenbewegung gehalten, in der Phasen des Fortschritts von Phasen des Rückschritts abgelöst und zuweilen ausgelöscht werden. In einem Falle wird ein Nacheinanderfolgen von geschlossenen und jedesmal dem Wesen nach neuen Zyklen mit ihrem Charakter nach irreversiblen Beziehungen und Werten angenommen; die Frage, welche von diesen Zyklen höher, welche niedriger stehen, entbehre jedoch jedes logischen Sinnes. Im zweiten Falle wird eine gewisse Wiederholung des vorherigen Zyklus im nächstfolgenden postuliert, und zwar in einer solchen Weise, daß die Ausweitung und Bereicherung bestimmter Seiten und Teile des gesellschaftlichen Lebens mit einer Einengung und Verarmung anderer ihrer Seiten und Teile verbunden ist; die Antwort auf die Frage nach dem Aufstieg oder Niedergang, nach Fortschritt oder Rückschritt hängt von diesem oder jenem Standpunkt ab.

Hier können wir die „Kulturkreise" von Leo Frobenius erwähnen, die geschlossenen „historischen Kulturen" Spenglers, die „lokalen Zivilisationen" von Toynbee, den Wechsel der Seeherrschafts- und Kontinentalzivilisationen von Pirenne, die neopositivistisch aufgebauten „Kultursupersysteme" von P. Sorokin, welche sich räumlich und zeitlich nicht bestimmen lassen, ferner die „kulturpolitischen Einheiten" Northrops, die zeitlich isolierten „sozialen Strukturen" von E. Brehier, die „geistigen Synthesen" von B. Landherr, die „Konfiguration des Kulturwachstums" von Kroeber, die „Elitezirkulation" von Pareto. Es handelt sich stets um bedingte „Einheiten" oder „Konstruktionen" einer völlig bedingten Geschichte, und die Weltgeschichte selbst wird als eine Art „Laboratorium experimenteller Zivilisationen" dargestellt, wie das ein Anhänger dieser Konzeption, Casson, zum Ausdruck brachte.[90] Nur chronologisch (und auch das nur mit Vorbehalt), keinesfalls innerlich, keinesfalls organisch sind sie mit den realen Einheiten der realen Menschheitsgeschichte und der geschichtlichen Menschheit verbunden; sie stimmen weder mit der Rasse, der Nation, dem Staate, noch mit dem sozialen Aufbau überein.

Und wieder haben wir einen prinzipiellen Unterschied zwischen der westlichen Ideologie des 20. Jahrhunderts und der Ideologie des 17. und 18. Jahrhunderts, einen Unterschied und eine Gegensätzlichkeit von historischem Sinn und historischer Tendenz. Dort war der Zyklismus eine Form für die Überwindung der eschatologischen Denkrichtung, die seit dem Mittelalter vorgeherrscht hatte, und eine Form des Übergangs zu der Überzeugung von der Unerschütterlichkeit und der Wohltat des menschlichen Fortschritts; psychologisch und logisch gesehen war das die erste Form eines derartigen Übergangs. In unserer Zeit dagegen ist der Zyklismus eine pseudowissenschaftliche Form des Übergangs von der fortschrittlichen Ideologie des 19. Jahrhunderts zu einer Ideologie des Unglaubens an den gesellschaftlichen Fortschritt, zu einer neuen weltlichen und zuweilen auch religiösen Eschatologie.

Die Konzeption der zyklischen Entwicklung bedeutet, daß selbst der Be-

90 S. Casson: Progress and Catastrophe, London 1937, S. 114.

griff „Menschheit“ vorübergehend ist. In ihrem Kern enthält diese Konzeption stets diese oder jene Form einer multilinearen Interpretation der historischen Wege der Menschheit und die Nichtanerkennung der Einheit der Weltgeschichte, einer „einheitlichen Geschichtswelt“, wie dies unlängst W. Gallie, der Erforscher von Ch. S. Peirce, formulierte. So sieht das z. B. bei Spengler aus: “Menschheit“ sei ein zoologischer Begriff oder aber ein leeres Wort, ein Phantom, das aus dem Kreis der Probleme historischer Formen verschwinden möge. Es gäbe nur eine Vielfalt von Kulturen, von denen jede ihre eigene Idee und eigene Leidenschaften, ihr eigenes Leben, ihren eigenen Willen, ihre eigenen Gefühle und einen eigenen Tod habe.[91]

Toynbee drückt sich einfacher aus: „Die These von der Einheitlichkeit der menschlichen Kultur ist eine falsche Konzeption.“[92] Wir sahen schon, daß Toynbee die Geschichte der Menschheit im Lichte von Millionen Jahren der Existenz des Menschen auf Erden betrachtet, um mit den Dimensionen dieses Maßstabs die uns bekannten Kulturen einiger Jahrtausende als gleichzeitige und sich nicht nacheinander entwickelnde Kulturen zu bestimmen, welche untereinander nicht durch ihren Entwicklungsprozeß und ihre gesetzmäßige Folgerichtigkeit, sondern nur durch die Tatsache ihrer Existenz verbunden sind. In den letzten Jahrzehnten verbreitete sich die Idee von der Äquivalenz der Zivilisationen, und das bedeutet bereits die Negation der Einheitlichkeit menschlicher Kultur nicht nur in zeitlicher, sondern auch in räumlicher Hinsicht. Der angesehene französische Ethnologe Lévi-Strauss behauptet, daß verschiedene Kulturen unvereinbar seien und daß sie, indem sie nebeneinander bestehen und miteinander verkehren, sich nicht hierarchisch einordnen lassen. Auch der englische Historiker Barraclough, der in den Theorien der zyklischen Entwicklung Spenglers und Toynbees den einzigen Versuch in unserer Zeit sah, den Verlauf der menschlichen Geschichte zu rekonstruieren, behauptet geradewegs, daß es unter den Zivilisationen keine Nachfolge gibt, und wenn schon über Beziehungen zwischen den Zivilisationen die Rede sein soll, so nur über parallele Entwicklungen und parallele Zyklen, keinesfalls über Glieder irgend einer einheitlichen Kette, auch nicht über einen einheitlichen Geschichtsprozeß.[93]

[91] Vgl. O. Spengler: Der Untergang des Abendlandes, Band I, Berlin 1923, S. 28.

[92] A. Toynbee: A Study of History. Abridgement, New York 1947, S. 36.

[93] Gewöhnlich wird die Idee von der Äquivalenz der Zivilisationen unter dem Vorwand der Objektivität vorgetragen, angeblich um der Forderung nach einer „Enteuropäisierung“ der Menschheitsgeschichte zu genügen. In ihrer vollendeten Form setzte die Fortschrittsidee einen einheitlichen Fluß der Menschheitsgeschichte voraus, und die Theorie eines solchen Flusses müsse unweigerlich „europazentrisch“ erscheinen. Bereits Spengler spielte darauf an, und dasselbe finden wir bei Toynbee, Northrop, bei den amerikanischen Kulturanthropologen R. Benedict, bei Herskovits und Kroeber. Kroeber schreibt z. B., die Vermutung vom menschlichen Fortschritt beruhe darauf, daß auf die Geschichte

Wenn man aber die Auffassung vertritt, daß es zwar eigene, und nicht kosmisch vorbestimmte Gesetzmäßigkeiten der Entwicklung der menschlichen Gesellschaft gibt, jedoch keine „einheitliche Geschichtswelt", keine einheitliche Linie des gesellschaftlichen Fortschritts der Menschheit, so muß die Suche nach Begründung der Einheit der Weltwissenschaft und der einheitlichen Linie für den Fortschritt *dieser* Welt in den Gesetzmäßigkeiten der Entwicklung der Gesellschaft als unmöglich und als sinnlos erscheinen.

Die dritte Strömung: Sie wird von Autoren gebildet, die das Vorhandensein jeder eindeutigen Bestimmbarkeit und einer einheitlichen Gesetzmäßigkeit der gesellschaftlichen Entwicklung abstreiten, ganz gleich, ob das eine kosmogene oder soziogene Bestimmbarkeit ist, ob es sich um einen fortschreitenden oder zyklischen Charakter der Entwicklung handelt. Im historischen Prozeß erblicken sie nur empirisch miteinander verbundene, wechselseitige Beziehungen und Regelmäßigkeiten, die sich auf keine allgemeinen und objektiv wirkenden Gesetze des Fortschritts stützen und durch sie nicht verbunden sind; diese Beziehungen und Regelmäßigkeiten ließen sich erst im Vollzug ihres Werdens und dem Wesen der Sache nach erst post factum aufdecken und klassifizieren. Was nun die allgemeinen *Gesetze* der sozialen Entwicklung betrifft, die von anderen Verfassern formuliert werden, so werden diese für eine Illusion erklärt. Schon die Idee eines solchen Gesetzes sei eine apriorische oder eine metaphysische, empirisch nicht überprüfbare Idee oder sie sei ein Postulat, dessen Realität nicht geklärt ist und auch kaum geklärt werden könnte. Es sei sogar unmöglich, das Prinzip eines solchen *Gesetzes* zu formulieren: ein solches Prinzip ist einfach nicht gegeben. Die Idee eines Gesetzes der geschichtlichen Entwicklung und somit die Idee eines Gesetzes des Fortschritts sei bestenfalls eine nutzlose Idee, und in keinem Falle kann sie in der Geschichtsforschung und in der praktischen Tätigkeit als Leitfaden dienen.

Das ist eine der gegenwärtig am meisten verbreiteten und verzweigten Strömung des westlichen soziologischen und sozialphilosophischen Denkens, wobei diese Tatsache dem Umstand zu verdanken ist, daß gerade eine solche Einstellung zu den Problemen und Wegen des Fortschritts der theoretischen Anspruchsarmut pragmatistischer, operationalistischer und existentialistischer Denkhaltungen und des entsprechenden Philosophierens entspricht, das gegenwärtig in der sog. geisteswissenschaftlichen und wissenschaftsnahen Literatur des Westens vorherrscht. Es gibt davon zahlreiche Varianten, die hier genauer untersucht werden müssen.

Beginnen wir mit den Verfassern, die das Problem der objektiven Bestimmbarkeit des historischen Prozesses auf eine pluralistische Interpretation

in ihrer Gesamtheit der besondere Verlauf der Entwicklung der westlichen Zivilisation in den letzten fünf Jahrhunderten übertragen wird.

zurückführen.[94] Die gegenwärtige Form dieser alten Doktrin der Vielfalt von Faktoren ist die Theorie des „sozialen Wandels“[95], in der als Wandel das Auftreten einer jeden neuen Tatsache im Leben der Gesellschaft verstanden wird, jede „Variation“ in dem Sinne, in welchem dies Wort von den Mathematikern und Statistikern gebraucht wird, d. h. in einem gewissen allgemeinen Sinn, unabhängig davon, auf welchem Gebiet sich ein Wandel vollzieht. Dabei wird das wichtigste und älteste Element der Faktorendoktrin, der Faktor „Entlehnung“, in „Diffusionismus“ umgetauft, und in dieser Modifikation wird das Ganze als der letzte Schrei der positiven Wissenschaft serviert.[96]

Die nächste Linie der dritten Strömung ist die prinzipielle Ablehnung jeder, sogar der pluralistischen Determiniertheit des gesellschaftlich-historischen Prozesses, und, davon ausgehend, in noch stärkerem Maße die Negierung seiner objektiven Notwendigkeit.

Selbstverständlich trifft man hierbei auch auf verschiedene Formen eines zurückhaltenden und begrenzten Indeterminismus. So vermuten manche, daß der Fortschritt als eine Erscheinung der gesellschaftlichen Evolution nicht existiere, aber die Evolution selbst durchaus stattfinde, so daß ihre Gesetzmäßigkeiten zu untersuchen seien. Allerdings müsse der wissenschaftliche Begriff Fortschritt durch den wissenschaftlichen Begriff Evolution (M. Ginsberg) oder durch den allgemeinen Begriff Prozeß (St. Clogh)[97] ersetzt werden.

94 Der bekannte englische Soziologe Ginsberg umschreibt die Determinismusauffassung des Marxismus als „nebelhafte Vorstellung der dialektischen Notwendigkeit und irrationalen Hang zu monistischen Erklärungen“ (M. Ginsberg: Towards a Theory of Social Development, in: Le Development Social, Paris 1965, S. 35).

95 Ginsberg nennt sie auch Doktrin der Vielfalt von „Faktoren des sozialen Wandels“. Ihre Varianten sind in unserer Zeit unübersehbar: von der Doktrin einer objektiven „sozialen Evolution“ bei Ogburn, Nimkoff und Mac-Ivera, Page bis zur Theorie der multilinearen psychologischen Evolution (d. h. der Entwicklung selbständiger und nicht mal paralleler psychischer Reihen) bei E. A. Ross. Letztlich kommt auch P. Sorokin zu dieser Auffassung, obwohl er an die „inneren“ Faktoren des sozialen Wandels appelliert. „Sozialer Wandel“ war gleichfalls das offizielle Thema des III. Soziologischen Weltkongresses in Amsterdam (1956).

96 Der Begriff „sozialer Wandel“ wurde vom Amerikaner F. Ogburn bereits 1923 eingeführt und von ihm im Titel seines Buches erwähnt, das über ein Dutzend Mal neuaufgelegt und vom Verfasser mehrfach ergänzt wurde. Vor einigen Jahren stellte L. von Wiese mit Genugtuung fest, daß solche Begriffe, wie „Evolution“, „Entwicklung“ und besonders „Fortschritt“ im letzten Vierteljahrhundert fast gänzlich durch den Begriff des sozialen Wandels verdrängt wurden. Was nun den Diffusionismus betrifft, so ist er bei solchen Autoren wie Frobenius und Graebner dazu eingeführt, die Evolutionskonzeption zu ersetzen. Von den englischen Autoren wird dieser Begriff nicht selten sogar von theologischen, kreationistischen Positionen dargeboten.

97 Vgl. St. Clogh: The Rise and Fall of Civilization, New York 1961, S. 11.

Nach Meinung anderer Autoren gibt es zwar einen Fortschritt, aber das sei kein ununterbrochener Fortschritt, und er entstehe nur bei einem Zusammentreffen von entsprechenden, nicht unbedingt notwendigen Umständen (Simon)[98]. Wieder andere erkennen den Fortschritt als eine objektive Notwendigkeit nur in einigen einzelnen Sphären des gesellschaftlichen Lebens an: Fortschritte in der Gesellschaft, sagen sie, kommen schon vor, sie seien sogar notwendig, aber es gebe keinen Fortschritt der Gesellschaft insgesamt (Collingwood, Inge)[99]. Der Meinung auch anderer Autoren zufolge stellte der Fortschritt für die reale vergangene Geschichte eine Notwendigkeit dar; aber daraus folge nicht, daß er auch in der Zukunft unvermeidlich sein wird. Und wieder andere deuten die Determiniertheit der gesellschaftlichen Entwicklung als Quelle von Möglichkeiten.[100]

Zugleich verbreiten sich gegenwärtig in den kapitalistischen Ländern radikale militante Varianten des sozialen Indeterminismus, die man vielleicht mit größerer Berechtigung als *Anti*determinismus bezeichnen müßte. Der Historiker Fisher sieht z. B. in der Geschichte „nur einen Wechsel von Überraschungen, die hintereinander so folgen, wie eine Meereswelle der anderen"; damit seien keine Verallgemeinerungen möglich, so daß es für einen Geschichtsschreiber nur eine zuverlässige Regel gibt – in der Entwicklung der menschlichen Schicksale „das Spiel des Zufalls und des Nichtvorhersehbaren" zu sehen.[101]

98 Vgl. Yves Simon: Community of the Free, New York 1947, S. 95f. (zitiert nach: Ch. Van Doren: The Idea of Progress, New York 1967, S. 249f.). W. P. Wepp verneint eine derartige Notwendigkeit sogar für die Periode des Übergangs zur neuen Geschichte von Westeuropa, die er als eine „sonderbare Wendung der Geschichte" deutet, als eine zufällige, glückliche Abweichung von der Norm, nicht als Ergebnis und Etappe der vorwärtsschreitenden Entwicklung, die der Menschheit eigen ist (W. P. Wepp: The Great Frontier, Boston 1964, S. 141).

99 Vgl. R. G. Collingwood: The Idea of History, New York 1956, S. 327, 333; W. R. Inge: The Idea of Progress, a. a. O., S. 24. Besonders wurde dieser Standpunkt auf dem BRD-Philosophenkongreß im Jahre 1962 hervorgehoben.

100 Hier gibt es Deutungen des sozialen Wandels als Mutationen, die den Wahrscheinlichkeitsgesetzen unterworfen sind, bei Lévy-Strauss; die Darstellung der Rolle von Grundfaktoren eines Kulturprozesses als historische Zufälligkeiten durch Herskovits und Webb; die These Ginsbergs (und auch Rintelens), daß die gleiche Möglichkeit für Fortschritt und Rückschritt das wirkliche Gesetz in der Geschichte sei; der direkte Vorschlag von Vendryès an die Historiker, „eine Theorie der Möglichkeiten zu schaffen, die in der Geschichte dieselbe Rolle spielen müßte wie die Wahrscheinlichkeitstheorie in der Physik und der Biologie" (P. Vendryès: De la probabilité en histoire, Paris 1952, S. 285).

101 H. A. Fisher: A History of Europe, London 1965, Vorwort.

Ein anderer englischer Historiker, Berlin, tritt in seinem Buch über die historische Unvermeidlichkeit, welches viel Aufsehen erregt hat und mehrmals neu aufgelegt wurde, gegen alle Theorien einer allgemeinen Gesetzmäßigkeit des historischen Prozesses auf – ganz gleich, um welche Gesetze es sich dabei handelt: die Gesetze des Klassenkampfes oder der Ablösung geschlossener Kulturen, die Gesetze der geradlinigen, kreisförmigen oder spiralen Bewegung, die dialektischen oder metaphysischen, die fatalistischen oder relativistischen Gesetze, die Gesetze Hegels, Spenglers oder Marx' usw.; sie alle bezeichnet er als apriorische Konstruktionen und als Flucht vor der Verantwortung in die Welt der Phantasie und der Fata Morgana, in die Welt der unpersönlichen Kräfte.[102] Der Wissenschaftsphilosoph Popper stellt zur Widerlegung und Entlarvung des „Elends des Historizismus" (er gebraucht ironisch den ausgesprochen akademischen Terminus „Historizismus") folgende positivistische (seinen Worten nach „streng logische") Erwägungen an: Wesen und Ziel des Historizismus ist es, Voraussagen zu treffen. Der Verlauf der menschlichen Geschichte hänge jedoch im höchsten Maße vom menschlichen Wissen ab. Nun gebe es aber keine wissenschaftlichen und überhaupt keine rationellen Methoden, um das künftige Wachstum der Wissenschaft vorauszusagen, folglich kann man auch nicht den künftigen Verlauf der Geschichte voraussagen. Es sei gar nicht möglich, im historischen Prozeß irgendwelche „Rhythmen", „Richtungen", „Strömungen", „Tendenzen" und „Gesetze" zu entdecken – es gebe sie einfach nicht und könne sie auch nicht geben. In der Geschichte gebe es nichts, was über die Grenzen „der Logik der Situation" hinausgeht, und in dieser entscheiden unsere eigenen Taten, die keineswegs von einer geschichtlichen Unvermeidlichkeit diktiert werden. Der Historizis-

[102] Vgl. F. Berlin: Historical Inevitability, London 1959 (siehe besonders S. 78). Führen wir noch einige Beispiele an: Der bereits erwähnte englische Geschichtsschreiber Barraclough, der die alte Rickertsche Gegenüberstellung von gesellschaftlichen Erscheinungen und Naturerscheinungen weiterentwickelte (die ersten wären angeblich im Unterschied zu den anderen nicht determiniert), ist der Auffassung, daß das, was für „Wissenschaftlichkeit" der Geschichtsschreibung herausgestellt wird (die Erforschung von Gesetzen einer bestimmten Nacheinanderfolge der Entwicklung und in erster Linie die Fortschrittsidee), unter dem Einfluß der Erfolge der Naturwissenschaften entstanden war, und daß nun aus Analogie zu ihnen die Gesellschaftswissenschaftler auf den Determinismus als auf eine zurückliegende Etappe der Unreife und Unselbständigkeit verzichten müßten. Der französische Soziologe J. Gurwitch erklärt, daß auf dem Gebiet, mit dem die Soziologie zu tun hat, weder Gesetze der Evolution noch Gesetze der zyklischen oder wellenartigen Bewegung Platz haben. Das Haupt der amerikanischen Schule der Sozial- und Kulturanthropologie, Kroeber, meint, daß es keine Beweise für irgendeine Notwendigkeit oder für ein Gesetz der Geradlinigkeit oder der Zyklizität für die Entwicklung der menschlichen Gesellschaft gibt.

mus, schlußfolgert Popper in Übereinstimmung mit Berlin, sei ein Versuch, der Verantwortung auszuweichen und sie der Geschichte zu übertragen.[103]

Schließlich begnügt man sich auch nicht allein mit der Negierung der objektiven Determiniertheit des gesellschaftlichen Fortschritts. Oft geht diese Linie in eine andere, noch radikalere über – in die Negierung des Vorhandenseins eines Sinnes für den Fortschrittsbegriff. Die Fortschrittsidee gehört angeblich nicht zum Gebiet des rationalen, logisch aufgebauten Wissens, nicht zum wissenschaftlichen Bewußtsein, sondern zum Gebiet des Glaubens und der Mythen. Man müsse deshalb nicht von einer Fortschrittsidee sprechen, sondern von einem Glauben an den Fortschritt, von einem Aberglauben, der mit dem religiösen Bewußtsein verwandt ist.[104] (Aber, fügen einige hinzu, einem Aberglauben mit umgekehrtem Vorzeichen, einer „atheistischen Irrlehre"). In diesem Falle wird das Problem einer objektiven Gesetzmäßigkeit des Fortschritts, eines Fortschrittsgesetzes, von allein gegenstandslos. Eine Variante dieser Irrationalisierung der Fortschrittsidee ist die Darstellung, daß sie ihrer logischen Struktur nach teleologisch sei: Fortschritt sei angeblich nicht anders denkbar als nur in Richtung auf irgend etwas, auf irgendein Ideal. Da die Fortschrittsidee aus diesem Grunde subjektiven Interessen und Wertungen unterliege, könne sie keinen Anspruch auf eine objektive Bedeutung, auf den Rang eines Gesetzes erheben.

103 Vgl. K. Popper: The Open Society and Its Enemies, Band 1, London 1957 (siehe besonders S. 3), Band 2 (siehe besonders S. 264); ders.: The Poverty of Historicism, London 1960, S. VIf. Wir können noch hinzufügen, daß das in der modernen westlichen Literatur ein weitverbreitetes Motiv für die Ablehnung der Fortschrittsidee ist: sie wird prinzipiell als fatalistisch dargestellt, die dem Menschen keinen Platz für eine freie Wahl und freie Gestaltung seines historischen Weges läßt und dadurch den „menschlichen Geist" pauperisiert und einschläfert. Oder (in einer anderen Variante): sie entwertet angeblich die Gegenwart, indem sie diese einer unvermeidlichen Zukunft opfert. „Dadurch, daß die Fortschrittsidee die Wahrheit in die nebelhafte Zukunft verlegte, erwies sie sich als ein Verdummungsnarkotikum der Menschheit", schrieb Ortega y Gasset im Jahre 1936.

104 So schreibt Bury, daß die Idee vom Fortschritt der Menschheit zu jenen Ideen gehöre, die „auf den Geheimnissen des Lebens beruhen – solcher wie Schicksal, Vorsehung oder persönliche Unsterblichkeit", und daß man keinen Beweis erbringen könne, ob dies alles, wie auch die Fortschrittsidee, wahr oder falsch sei; „die Überzeugung von ihrer Richtigkeit sei Sache des Glaubens" (J. B. Bury: The Idea of Progress . . . , a. a. O.); der Gedanke, daß die Überzeugung von der Gesetzmäßigkeit der gesellschaftlichen Entwicklung und somit auch des Fortschritts letztlich auf dem Glauben beruhe und damit begründet sei, daß die Geschichtsforschung ihrem Wesen nach nicht in der Lage ist, eine derartige Anhäufung von Wahrscheinlichkeiten zu bringen, die eine theoretische Bestimmbarkeit gewährleisten könnte (vgl. H. J. Marrou: De La connaissance historique, Paris 1954, S. 133f.).

Ihres angeblich teleologischen Charakters wegen wird die Fortschrittsidee nicht selten für finalistisch erklärt und so dargestellt, als trüge sie in sich den unlösbaren Widerspruch eines jeden Fatalismus (entweder ist das innere Ziel des menschlichen Fortschritts niemals erreichbar – dann habe die Fortschrittsidee keinen rationalen Sinn; oder aber das Ziel werde für erreichbar gehalten – dann ergäbe sich die Frage, was mit der Fortschrittsidee geschieht, wenn dieses Ziel erreicht ist).[105]

So also steht es mit der dritten Strömung im gegenwärtigen Verzicht auf die Idee vom gesellschaftlichen Fortschritt. Es sei gestattet zu erwähnen, daß alle diese Begrenzungen oder gar die völlige Ausschließung einer Möglichkeit, die Fortschrittsidee wissenschaftlich zu formulieren (sowie die Leugnung eines logischen Sinnes der Idee eines derartigen Fortschritts an sich), die Denkrichtung des soziologischen Agnostizismus ausdrücken und dieser Denkrichtung Gestalt geben. Selbstverständlich ist dieser Agnostizismus bei verschiedenen Autoren graduell unterschiedlich; er ist verschieden motiviert und verschieden begründet. Wir finden diese Denkrichtung in der Behauptung Ginsbergs von der Unmöglichkeit, das Fortschrittsproblem aus dem Problem der gesellschaftlichen Evolution herauszulösen; in der Behauptung Fishers von der Unmöglichkeit, selbst eine Evolution der Gesellschaft im Verlaufe ihrer Geschichte festzustellen; wir finden sie bei Popper in seinem absoluten Antihistorismus; in der Überzeugung Burys, daß die Fortschrittsidee eine Sache des Glaubens sei usw. Wir finden sie auch in der relativistischen These des Soziophilosophen Collingwood[106] von der Unhaltbarkeit historischer Kriterien für die Unterscheidung von Perioden des Aufschwungs und von Perioden des Verfalls; bei dem Rickertianer Gallie[107], der von vornherein jedwedes Theoretisieren über den Verlauf der Geschichte ablehnt und nur eine einzige Logik der geschichtlichen Forschung anerkennt, die Logik der Darlegung; ferner in der funktionalistischen Soziologie Mertons, der dem Fortschrittproblem keinerlei Bedeutung beimißt; auch bei dem Antipositivisten Croce (der die Soziologie unter ästhetischem Aspekt aufbaut), für den alles in der Welt Geschichte ist, aber jede Philosophie der Geschichte zum Reich der Mythen gehört[108]; auch bei T. Lessing, der die Auffassung

[105] In diese sophistische Sackgasse gerät auch Bury, der Verfasser des von uns schon zitierten Buches über die Fortschrittsidee, des beinahe besten Werkes zu diesem Thema (siehe den Epilog). Camus allerdings sieht hier keine Sackgasse: „In seiner Revolte (gegen den Fortschritt) setzt der Mensch der Geschichte eine Grenze; an dieser Grenze entsteht die Verheißung des Wertes", schreibt er (A. Camus: L'homme révolté, Paris 1951, S. 307).

[106] Vgl. R. G. Collingwood: The Idea of History, New York 1956, S. 327.

[107] Vgl. W. B. Gallie: Philosophie and Historical Understanding, New York 1964.

[108] Vgl. B. Croce: Die Geschichte als Gedanke und als Tat, Bern 1944, Kapitel 4; ders.: Theorie und Geschichte der Historiographie und Betrachtungen zur

vertritt, die Geschichte sei bar aller Gesetze und allen Sinnes, und daß alle sogenannten Gesetze und jeder historische Sinn von den Historikern erdacht seien[109]; auch bei Jaspers, der geradeaus erklärt, daß die Geschichte unerforschbar sei und wir keine Ahnung davon hätten, woher sie komme und wohin sie gehe[110]; und bei vielen anderen.

Der soziologische Agnostizismus – gleich welchen Grades und welcher Gestalt er auch ist – bildet eine Barriere zwischen der Idee vom gesellschaftlichen Fortschritt, die für ihn organisch nicht annehmbar ist, und der Idee vom Fortschritt der Wissenschaft, deren Tatsache nicht geleugnet werden kann. Indem der soziologische Agnostizismus die objektive Determiniertheit der gesellschaftlichen Entwicklung ignoriert, verhindert er die Erklärung des wissenschaftlichen Fortschritts in seiner objektiven Gesetzmäßigkeit und damit in seiner sozialen Bedingtheit – verhindert er die Erklärung der Wege und Formen der Wissenschaftsentwicklung.

Die Idee des Wissenschaftsfortschritts im Kontext des Verzichts auf die Idee des gesellschaftlichen Fortschritts

Die Wissenschaft entsteht und entwickelt sich in der menschlichen Gesellschaft und niemals anders als in ihr; sie wird von Menschen als Mitgliedern der Gesellschaft betrieben und genutzt, und es ist völlig unmöglich, das Phänomen der Wissenschaft und des wissenschaftlichen Fortschritts außerhalb des gesellschaftlichen Zusammenhangs zu suchen. Derjenige, der die objektive Notwendigkeit des Fortschritts der Gesellschaft leugnet, zugleich aber den Fortschritt der Wissenschaft begreifen möchte, braucht darum einen Kompromiß – einen weltanschaulichen und einen logischen Kompromiß.

Allein schon eine Untersuchung der vorher nur angedeuteten typischen und individuellen Richtungen, die in die drei Hauptströmungen des Verzichts auf die Idee des gesellschaftlichen Fortschritts münden, ergibt die Schlußfolgerung, daß sie alle trotz ihrer Verschiedenheit nur einen (wenngleich wiederum mannigfaltig variierten) Ausgang zum Problem des Fortschritts der Wissenschaft übriglassen. Das wäre der Ausgang über die Beziehungen und die Kategorien des Wertes, durch eine Verlagerung des Problems aus der Ebene der Untersuchung von realen Beziehungen und Prozessen in die Ebene der Wertungen. Auch hier gibt es nichts Überraschendes; denn die Abkehr von der Idee des gesellschaftlichen Fortschritts und die Verbreitung axiologischer

Philosophie der Politik, Tübingen 1930, zitiert nach: History as the Story of Liberty, Bari 1928, S. 140ff, 310ff.

109 Das ist im Titel eines der Bücher von T. Lessing zum Ausdruck gebracht worden (vgl. T. Lessing: Geschichte als Sinngebung des Sinnlosen), das bereits 1919 erschienen ist und mehrmals neu aufgelegt wurde.

110 Vgl. K. Jaspers: Vom Ursprung und Ziel der Geschichte, München 1949, S. 187.

Kriterien und Erwägungen sind zwei Seiten derselben allgemeinen Wendung, die für die Geistesverfassung und die Denkweise der kapitalistischen Welt des 20. Jahrhunderts charakteristisch ist.

Tiefe, krisenhafte Widersprüche im gesellschaftlichen Leben der Menschen und im gesamten Verlauf des gesellschaftlichen Fortschritts, hervorgerufen durch die sich selbst aufhebende kapitalistische Ordnung, werden dabei als Erscheinungen wahrgenommen, die dem Fortschritt als solchem eigen sind, ohne Beziehung zu den sozialen Verhältnissen, innerhalb deren sie vonstatten gehen. Eine auf dieser Linie erfolgende wertende Einschätzung ist schon dem Wesen nach nicht nur mit dem Verzicht auf die Idee des gesellschaftlichen Fortschritts vereinbar und mit diesem Verzicht sozusagen logisch verbunden (was wir aus einer Reihe von Beispielen entnehmen konnten, die in den vorherigen Abschnitten angeführt wurden), sondern sie ist vielmehr auch mit der Idee eines einheitlichen und allgemeinen Fortschritts unvereinbar. Sie macht den Begriff des Fortschritts zu einem bedingten („die Wertung höher – niedriger, besser – schlechter ist subjektiv"!) und relativen Begriff („jede Zeit und jeder Ort hat seine eigenen Wertungskriterien, die alle rechtmäßig und wahr sind"!); sie verwandelt ihn in einen speziellen Begriff („der Fortschritt auf einigen Gebieten des gesellschaftlichen Lebens wird vom Stillstand oder gar Rückschritt in anderen Gebieten begleitet"!). Eine solche Position erzeugt und begünstigt die Konzeption eines „Fortschrittswertes", die die Vorzüge und sogar die Rationalität des Fortschritts in Zweifel zieht; schließlich unterschiebt sie dem objektiven Problem der Gesetze historischer Entwicklung das subjektive und bestenfalls quasi-objektive Problem des „Sinnes der Geschichte".

Was nun jene Funktion betrifft, die von der axiologischen Untersuchungsmethode getragen wird, indem sie die Anerkennung der Tatsache des wissenschaftlichen Fortschritts mit der Leugnung des gesellschaftlichen Fortschritts zu verknüpfen hilft (und nur diese Funktion kann uns hier interessieren), so entsteht sie aus dem Widerspruch von Wissenschaft und ihrer Anwendung. Dieser Widerspruch, wie ihn der Marxismus wissenschaftlich erklärt, ist organischer Bestandteil des Kapitalismus. In unserem Zeitalter nimmt er jedoch Maßstäbe und Formen an, die nicht nur das materielle und geistige Leben der Menschen, seine Interessen und Ideale irrationalisieren, nicht nur zu einer tiefen Kluft zwischen dem Wachstum der Wissenschaft und der geistigen Werte führen, sondern eine Gefahr für die Existenz der Menschheit bilden. Die Ideologen der Bourgeoisie, deren Gedanken über die Korrelation des Fortschritts der Gesellschaft und des Fortschritts der Wissenschaft nicht über die Grenzen der Beziehungen und Möglichkeiten, nicht über den Gesichtskreis der untergehenden kapitalistischen Gesellschaft hinausgehen – diesen Ideologen ermöglicht die Wertungsmethode den von ihnen benötigten Kompromiß, von dem vorhin die Rede war. Eine solche Methode gibt ihnen die Mittel, den Verzicht auf die Idee von der objektiven Notwendigkeit des gesellschaftlichen Fortschritts mit der Anerkennung der Tatsache des Wissenschaftsfortschritts weltanschaulich miteinander zu vereinbaren und logisch zu verbinden.

Die Gegenüberstellung von wissenschaftlichem und gesellschaftlichem Fortschritt wurde durch den modernen Kapitalismus hervorgerufen, und die durch bürgerliche Ideologen axiologisch gestützten Kompromisse stellen (freiwillig oder gezwungenermaßen) eine Verteidigung der kapitalistischen Gesellschaftsordnung dar, wobei die Schuld für vorhandene Unzulänglichkeiten entweder auf die Natur des Menschen oder auf die Wissenschaft abgewälzt wird. Theoretisch sind drei Arten solcher Gegenüberstellungen und Kompromisse möglich, und sie alle werden in der gegenwärtigen bürgerlichen Literatur auch tatsächlich in jeder der vorher aufgezeigten Strömungen des Verzichts auf die Idee vom gesellschaftlichen Fortschritt vorgetragen. Die Kompromisse der ersten Art lehnen den Fortschritt der Wissenschaften ab – man könnte sie als antiwissenschaftlich bezeichnen; die Kompromisse der zweiten und dritten Art erkennen den Fortschritt der Wissenschaft an und begrüßen ihn – das wären prowissenschaftliche Kompromisse. Untersuchen wir sie in dieser Reihenfolge.

Antiwissenschaftliche Gegenüberstellungen und Kompromisse, die auf axiologischer Grundlage beruhen, negieren die Vereinbarkeit der Begriffe des gesellschaftlichen und des wissenschaftlichen Fortschritts und lehnen jegliche Verbindung von gesellschaftlicher Entwicklung und wissenschaftlichem Fortschritt ab. Sie berufen sich auf menschliche geistige Werte, proklamieren ihr Primat im Leben der Gesellschaft und halten den Antagonismus zwischen dem Wohl (und dem Sinn!) der Gesellschaft und dem Fortschritt der Wissenschaft für natürlich; den siegreichen Vormarsch der Wissenschaft nennen sie schädlich und verderblich für die Gesellschaft, eine „Todeskrankheit der Menschheit“.[111] Diese ethische und ästhetische Opposition zum wissenschaftlichen Fortschritt hält die Vervollkommnung der Gesellschaft, der menschlichen Beziehungen in ihr und des Menschen selbst als eines Mitglieds der Gesellschaft nur durch Einschränkung der Autorität und der Macht der Wissenschaft, nur im Kampfe gegen den Fortschritt der Wissenschaft für möglich. Diese Opposition sieht alles Böse gewöhnlich in der unzertrennlichen Verbindung von Wissenschaften und Technik – darin, daß die Wissenschaft ihrem „Wesen“ nach ein Phänomen der Technik darstellt; sie wendet sich gegen das „technologische Diagramm des menschlichen Fortschritts“, gegen den „technischen Eros“, und ruft auf, die „Technik zu zähmen“ und hinsichtlich der Wissenschaft „zur Besinnung zu kommen“. Von dieser Verbindung der modernen Wissenschaft mit der Technik ausgehend, übertragen manche dem Wissenschaftsfortschritt die Verantwortung für die „zivilisierte Barbarei“,

[111] Erinnern wir uns daran, daß Spengler das Aufblühen der Wissenschaft im 19. Jahrhundert als den „Winter der geistigen Kultur“ bezeichnete.

für das Verschieben des Sinns des Lebens von der Wahrheit und Schönheit zum Komfort und zur „glücklichen Sklaverei", für den „Triumph der Mittel über das Ziel", für die „quantitative Zivilisation". (Dazu gehören Dessauer, Toynbee, Aldous Houxley, Heidegger, Mumford, Jünger, Ellul u. a.) Andere stellen die Erkenntnisse der Wissenschaft (die von ihnen „Aberglauben der Wissenschaften" tituliert werden) einer „höheren Weisheit" der Mystik und der Religion entgegen und erklären die Wissenschaft für unfähig, dem Menschen „die letzten Wahrheiten der Weltschöpfung" und das „wahrhafte Wesen des Menschen" zu erschließen und ihm „ewige Werte" zu sichern. Einige gehen so weit, daß sie zur Rückkehr vom „spätmenschlichen angelernten Denken" zu den Symbolen der Mythen und der „Urwirklichkeit" aufrufen (Maritain, Dingler, Jaspers, Seidenberg, Keyserling, Klages usw.).

Es ist offensichtlich, daß es für eine derartige Anschauung überhaupt kein Problem eines Bruches zwischen den Entwicklungswegen der Gesellschaft und der Wissenschaft *als eines Gegenwartsproblems* gibt: Der Bruch, heißt es, sei schon von Anfang an in der Natur der menschlichen Existenz und den menschlichen Taten verkörpert, und wenn irgend etwas einer Erklärung bedarf, so beträfe das nicht den Bruch selbst, sondern den Umstand, daß unsere sinnlose menschliche Welt, die die Wissenschaft so vergöttert, nicht schon längst untergegangen ist.

Ebenso offensichtlich ist auch, daß eine derartige Ansicht einen Wandel sowohl im Begriff der Gesellschaft (der gesellschaftlichen Beziehungen und des gesellschaftlichen Fortschritts), als auch im Begriff der Wissenschaft und des wissenschaftlichen Fortschritts fordert.

Obwohl einerseits die Tatsache (oder zumindest die Tendenz und die Möglichkeit) des menschlichen Fortschritts anerkannt wird, werden andererseits jedoch aus der Zahl der Elemente und Faktoren, die für ihn wesentlich sind, die kumulativen Erscheinungen, solche wie der Umfang der Produktivkräfte und die Technik, das Niveau des materiellen Lebens, die Breite und die Intensität der Kommunikation, der Umfang des menschlichen Wissens über die Welt, seine Verbreitung unter den Volksmassen und das Niveau der Wissenschaft usw. ausgeschlossen oder auf die Rolle untergeordneter und nicht obligater Erscheinungen herabgesetzt. Als Kriterium für die Progressivität der Entwicklung wird nur die Vervollkommnung von moralischen, ästhetischen oder anderen, quantitativ nicht erfaßbaren „Werten" des menschlichen Lebens gezählt.

Obwohl dabei die Tatsache der vorwärtsschreitenden Entwicklung der Wissenschaft nicht bestritten wird, werden jedoch dem Wesen der Wissenschaft selbst und ihrer Entwicklung jene negativen Folgeerscheinungen zugeschrieben, welche die Anwendung und der Mißbrauch des wissenschaftlichen Fortschritts in der Klassengesellschaft, in erster Linie in der gegenwärtigen kapitalistischen Welt, für das Leben der Menschen und die menschliche Persönlichkeit mit sich bringen. Hierbei wird die Auffassung vertreten, daß der Fortschritt der Wissenschaft, ganz gleich in welcher Gesellschaft er sich vollzieht, die Persönlichkeit des Menschen unterdrücke, seine Ideale, seine Moral, seine Vorstellung vom Glück verzerre, seine „innere Welt" verheere, die Kultur degradiere und sie auf das Niveau einer technisierten Gesellschaft von Robotern mit einer kümmerlichen „Massenkultur" herabdrücke. Und in jedem Falle wird angenommen, daß gemäß der Natur der Wissenschaften alle ihre Errungenschaften in einer beliebigen Gesellschaft in gleichem Maße sich als gut oder als böse erweisen könnten: Ihr Fortschritt werde unvermeidlich vom Anwachsen der „Freiheit zum Bösen" und von der Möglichkeit begleitet, Böses zu tun.

Die Optimisten halten die Parallelität und die Gemeinsamkeit der Vorwärtsbewegung von Gesellschaft und Wissenschaft für natürlich und obligat, aber durchaus nicht in dem universellen und gewissermaßen nicht in dem apriorischen und absoluten Sinne, wie wir das bei den Ideologen des 19. Jahrhunderts feststellen konnten. Um die von ihnen geforderte Parallelität und Gemeinsamkeit zu erreichen, suchen oder konstruieren die Optimisten des „Jahrhunderts der enttäuschten gesellschaftlichen Fortschrittsideen" solche Auslegungen der Gesellschaftsentwicklung, die mit der Idee vom Fortschritt der Wissenschaft auszusöhnen oder in Übereinstimmung zu bringen wären. Wie bei den Pessimisten, so dient auch hier die Hinwendung zu den Werten als Kriterium für die Zugehörigkeit zum gesellschaftlichen Fortschritt. Wie bei den Pessimisten bildet auch hier die Verbindung der modernen Wissenschaft mit der Technik den Ausgangspunkt. Aber die Pessimisten identifizieren, wie wir gesehen haben, das Problem des Fortschritts der Gesellschaft mit dem Problem des Fortschritts in der Sphäre der geistigen Werte, und, indem sie das erste im zweiten auflösen, schließen sie aus ihm die Wissenschaft und die Technik aus. Dagegen stellen die Optimisten das Problem des gesellschaftlichen Fortschritts dem Problem der Werte gegenüber. Während sie den Werten die Rolle wesentlicher und in jedem Falle selbständiger Elemente und Fakten des gesellschaftlichen Fortschritts absprechen, schließen sie den wissenschaftlichen und den technischen Fortschritt in den gesellschaftlichen Fortschritt mit ein. Und wenn bei den Pessimisten die Verbindung der Wissenschaft mit der Technik als eine Untugend der Wissenschaft gedeutet wird und eine Verurteilung des wissenschaftlichen Fortschritts hervorruft, so sehen die Optimisten in dieser Verbindung eine Rechtfertigung der Wissenschaft und ihrer Würde, und sie lobpreisen den wissenschaftlichen Fortschritt über die Maßen. Untersuchen wir dies etwas gründlicher.

Ihren axiologischen Kompromiß zwischen der Anerkennung des wissenschaftlichen Fortschritts und der Unmöglichkeit, die Idee des gesellschaftlichen Fortschritts für die gegenwärtige kapitalistische Gesellschaft anzuwenden, bauen sowohl die Optimisten als auch die Pessimisten auf der Begrenzung des eigentlichen Begriffs vom gesellschaftlichen Fortschritt auf; nur treten sie an die Sache von gegensätzlichen Seiten heran. Den Inhalt und den Bestand dieses Begriffs bauen die Anhänger des optimistischen Kompromisses so um, daß eine Möglichkeit entsteht, über den Fortschritt der gegenwärtigen kapitalistischen Gesellschaft im positiven Sinne zu sprechen und damit den Bruch zwischen den Entwicklungsbewegungen der Gesellschaft und der Wissenschaft zu entschärfen. Sie lehnen die Berechtigung der Anwendung des Begriffs Fortschritt auf Wertkategorien und Wertbeziehungen ab, wobei sie zu diesen Kategorien und Beziehungen die individuelle und kollektive Psychologie, die Moral, Religion, Philosophie, Kunst sowie den gesellschaftlichen Aufbau, das politische Leben u. a. m. hinzuzählen. Das Suchen und Formulieren von Kriterien der fortschreitenden Entwicklung für diese Gebiete des menschlichen Lebens („höher", „besser") wird für ein Unterfangen erklärt, das jedes objektiven Sinnes entbehrt; hier, so heißt es, sind lediglich subjektive Wertungen und Bevorzugungen möglich. Dadurch wird der Begriff des gesellschaftlichen Fortschritts auf den Begriff des Wachstums oder auch der Kumulation, d. h. einer quantitativen, unumkehrbaren Anhäufung, reduziert. In die Kategorien der sich auf diese Weise progressiv entwickelnden Bereiche gelangen nun dieselben Gebiete, die von der pessimistischen Richtung als für den menschlichen Fortschritt unwesentlich deklariert werden wie Umfang der materiellen Güter, die vom Menschen genutzt werden, die Maßstäbe ihrer Produktion, die Technik dieser Produktion, die Naturwissenschaften im Sinne der Summe von Informationen über die Welt, die Kommunikation und Mobilität der Bevölkerung, die Verbreitung des Wissens unter den breitesten Massen, die Anzahl der wissenschaftlich Tätigen usw. usf.

Das Verfahren, mittels dessen das Problem des Bruches zwischen den Entwicklungswegen der Gesellschaft und dem Fortschritt der Wissenschaft umgangen wird, besteht hier folglich darin, daß der Frage nach dem *Fortschritt der Gesellschaft* die Frage nach *Fortschritten in der Gesellschaft* unterschoben wird, d. h. die Frage nach einem Fortschritt in diesen oder jenen Erscheinungen, die in der Gesellschaft auftreten. Eine gewisse Gesamtheit solcher Erscheinungen wird zum Wesen der gesellschaftlichen Natur und des gesellschaftlichen Lebens erklärt, die Gesamtheit ihrer Fortschritte daher zum Fortschritt der Gesellschaft selbst. Diese Fortschritte sollen den Fortschritt der Gesellschaft in ihrer Ganzheit bestätigen – selbstverständlich ohne Bezug zu ihrer spezifischen sozialhistorischen Form.

Das Spektrum der optimistischen Kompromisse ist recht breit. Wir finden hier die Technokraten und ihre recht eintönigen Theoretiker, bei denen das Problem des sozialen Fortschritts einfach vom Problem des technischen und somit auch vom wissenschaftlichen Fortschritt absorbiert wird (es genügt hier J. Fourastié zu nennen); wir finden hier die Intellektualisten, die gesellschaftlichen Fortschritt in Analogie zu den Appellen des 18. Jahrhunderts an die Rolle der Vernunft in der menschlichen Geschichte erklären und die sie in neuen Formen und Ausdrücken auferstehen lassen (M. Ginsberg, O. Becker,

E. Kapp, W. Rostow, Ch. G. Darwin, Teilhard de Chardin – natürlich jeder mit seiner besonderen weltanschaulichen und emotionalen Nuance); wir finden hier auch die äußerste, hemmungslose, zur Vulgarität neigende Abzweigung des neuesten Intellektualismus – den sogenannten Scientismus, für den die Wissenschaft selbst den höchsten Wert darstellt und die nach Ansicht der Vertreter dieser Richtung voll ausreicht, um die Weltanschauung und das Verhalten des Menschen in der Gesellschaft zu formen und alle übrigen Wertprobleme zu lösen; wir finden hier die „Melioristen", d. h. die gemäßigten und schamhaften Optimisten; die mystisch eingestellten Gelehrten, die die Hoffnung hegen, daß das Wachstum der Wissenschaft zu einer neuen Welle der Religiosität führen werde (B. Bavink, P. Jordan); und wir finden hier auch die Verkünder der „Industriegesellschaft", die unter diesem Schlagwort die kapitalistische Gesellschaftsordnung im Jahrhundert ihres Verfalls propagieren.

Uns bleibt schließlich noch eine andere axiologisch motivierte prowissenschaftliche Gegenüberstellung, ein anderer Kompromiß in der Frage nach dem Verhältnis von gesellschaftlichem Fortschritt und dem Fortschritt der Wissenschaft: der neutralistische Kompromiß. Wie wir gesehen haben, halten die Optimisten die Parallelität und Gemeinsamkeit der Bewegung der Gesellschaft und der Wissenschaft für natürlich und obligat und *begrenzen* aus diesem Grunde *den Begriff des gesellschaftlichen Fortschritts.* Dagegen verneinen die Neutralisten die Notwendigkeit einer solchen Gemeinsamkeit und halten eine gegenseitige Isolierung und prinzipielle Nichtverbundenheit der Entwicklungsprozesse der Gesellschaft und der Wissenschaft für völlig normal. Sie *begrenzen* aus diesem Grunde *den Begriff des wissenschaftlichen* Fortschritts, und zwar begrenzen sie ihn in einer Weise, die es ihnen gestattet, ohne einen Rückgriff auf die Idee des gesellschaftlichen Fortschritts auszukommen.

Aus dem Begriff des wissenschaftlichen Fortschritts schließen die Neutralisten die historisch bestimmten sozialen Vermittlungsträger dieses Fortschritts aus – die Quellen und Antriebe, die Kriterien und Korrektive, die Prioritätensetzungen und Begrenzungen – und reduzieren den Wissenschaftsfortschritt in dieser von Weltanschauung und Praxis gesäuberten Form zu irgendeinem autonomen Prozeß des selbständigen Wachstums eines Informationsstroms über die Welt. Die wertmäßigen Bestimmungen und Beziehungen im Begriff der Gesellschaft und der gesellschaftlichen Entwicklung lassen sie zugleich mit den kausalen zurück. Daraus ergibt sich, daß das Leben der Gesellschaft und das Leben der Wissenschaft in ihrer gegenseitigen Beziehung an und für sich neutral sind, und zwar so, als wenn sich alles auf verschiedenen Ebenen des menschlichen Seins vollziehen würde, als wenn jedes sich selbst überlassen wäre und jedes ihren eigenen Weg verfolge.

Wenn in der realen Entwicklung der Gesellschaft und der Wissenschaft beide miteinander verbunden sind und wenn in unserer Zeit ihre Verbindung, die positive wie auch die negative. mit jedem Jahr reichhaltiger und intensiver wird, so zeuge das (nach Ansicht der Vertreter des neutralistischen Kompromisses) davon, daß eine solche Verbindung möglich ist – nicht mehr. Das sei keine innere, wesentliche Verbindung, sondern eine äußere Verbindung des gegenseitigen Aufeinanderwirkens und des gegenseitigen Bedingens. Und wenn die Gesellschaft den Fortschritt der Wissenschaft fördere und ansporne, so geschehe das nicht deshalb, weil die Entwicklung der Wissenschaft zu den unverrückbaren lebenswichtigen Funktionen der Gesellschaft gehöre, sondern aus Gründen, die der Wissenschaft selbst fremd sind. Und wenn die Wissenschaft den Fortschritt der Gesellschaft fördere, so geschähe das nicht deshalb, weil das in ihrem Wesen liegen und zu ihrer Lebensäußerung gehören könnte, sondern darum, weil die Gesellschaft sich der Wissenschaft als eines Instruments für die Ziele des eigenen Fortschritts bediene. Analog sei es auch in den entgegengesetzten Situationen – wenn die Gesellschaft den Fortschritt der Wissenschaft bremst oder wenn die Wissenschaft die Gesellschaft auf einen Weg abseits vom Fortschritt drängt.

Mit einem Wort, die Verbindung von gesellschaftlicher Entwicklung und der Entwicklung der Wissenschaft besteht hier weder in der eigenen Natur der einen noch in der der anderen Seite; prinzipiell ausgedrückt: sie ist zufällig. Ihre gemeinsame Entwicklung im 18. und 19. Jahrhundert erscheint so als Zufälligkeit oder als Ausdruck einer Unreife, einer sich nicht behauptenden Selbständigkeit. Wenn das aber so ist, dann ist auch das gegenwärtige Problem eines Bruchs zwischen dem Fortschritt der Wissenschaft und der nicht fortschrittlichen Entwicklung der Gesellschaft nur ein Scheinproblem, an den Haaren herbeigezogen, unreal und in jedem Falle unwesentlich – unwesentlich sowohl für den weiteren gesellschaftlichen Fortschritt als auch für den künftigen Fortschritt der Wissenschaft.

Alle tiefen und folgenschweren Überlegungen zu unserem Problem erscheinen hier nur als unkritisches Begehren, die Angelegenheiten des 20. Jahrhunderts mit Hilfe der unreifen Ideen der vergangenen Jahrhunderte zu bestimmen und zu lösen. Die Lösung des Problems ist vom Standpunkt der Neutralität keine Sache der Wissenschaft oder des gesellschaftlichen Denkens. Jedermann und jede Gruppe von Menschen (und jeder Staat!) löst es für sich pragmatisch mittels eines passenden ideologischen und psychologischen Kompromisses.

Wie zu erwarten, geht man an den neutralistischen Kompromiß von zwei Seiten heran.

Auf der einen Seite sind das die Religion und die idealistische Philosophie, die ihre traditionellen Ansprüche verteidigen, alleiniger Lieferant der Weltanschauung, des Moralkodexes und der ästhetischen Auffassungen zu sein, und die (was für sie nicht minder wichtig ist) bestrebt sind, den natürlichen Drang der Wissenschaft zum Materialismus zu diskreditieren. Appelle an die Werte werden hier ungefähr so begründet: geistige Werte (darunter auch der geistige Wert der Wissenschaft selbst) sind im Prinzip für wissenschaftliche Methoden und wissenschaftliches Wissen unzugänglich und müssen vor Anschlägen der Wissenschaft beschützt werden. Diese Leugnung des Rechts und der Fähigkeit der Wissenschaft, Weltanschauung und Werturteile zu formen, wurde in unserem Zeitalter ein obligates Merkmal der Hauptströmungen der bürgerlichen Philosophie. Es muß genügen, solche unterschiedlichen Verfasser zu nennen wie Max Weber (gerade von ihm stammt die bekannte Formulierung der „wertfreien Wissenschaft"), Husserl, N. Hartmann, Jaspers, Wittgenstein, Ayer, Popper, Carnap, Toulmin und Inge.

Auf der anderen Seite sind es die Schöpfer der Wissenschaft selbst, die daran interessiert sind, die Methoden und den Verlauf ihrer Forschungen sowie ihre Schlußfolgerungen von unkompetenter und anmaßender Einmischung der Philosophen und Theologen zu schützen, und die bereit sind, dafür durch Selbstbegrenzung und Nichteinmischung in die Angelegenheiten der anderen mit einer Gegenleistung zu zahlen.[112] Und wiederum dienen hier verschiedene Varianten des Appells an die Werte als ein natürliches Mittel. Die Wissenschaft, sagen sie, erhebe keinen Anspruch auf die Sphäre der Werte. Sie habe die Aufgabe, die Menschen und die menschliche Gesellschaft nicht auf die Ziele, sondern nur auf die Mittel hinzuweisen, mit deren Hilfe Ziele erreicht werden können; sie könne nicht das Verstehen der Welt, sondern nur das Wissen über sie versprechen; sie sei bereit, nicht das Bewußtsein des Menschen, sondern nur den Vorrat seines Wissens zu bilden; sie stelle dem Menschen ihre Ergebnisse zur Verfügung, aber sie überlasse ihm die Freiheit ihrer Interpretation usw. Die Wissenschaft habe mit Wertungspostulaten und Wertungskategorien als unverifizierbaren Erscheinungen nichts zu tun. Ihrem Diener, dem Gelehrten, gestehe sie zwar das Recht zu, seine Glaubensansichten und die Normen seines gesellschaftlichen Verhaltens nach eigenem Geschmack zu bestimmen, der aber stehe in keinerlei Beziehung zur Wissenschaft. Ansichten dieser Art bringen solche bekannten Wissenschaftler zum Ausdruck wie z. B. Poincaré, Russell, Heisenberg, Fermi, Feynman, v. Weizsäcker u. a. Unlängst drückte das G. Morgenau in einem kategorischen Satz aus: „Neutral zu sein ist die Eigenschaft der Wissenschaft."

Das sind bei den modernen Autoren, die den Fortschritt der Wissenschaft nicht mit dem Fortschritt der Gesellschaft verbinden, die drei Arten der ideologisch-psychologischen Gegenüberstellungen und der Kompromisse, mit deren Hilfe die Idee vom Fortschritt der Wissenschaft in einen Kontext mit

112 Der psychologische Kontext einer derartigen Selbstbegrenzung kann bei verschiedenen Wissenschaftlern sehr unterschiedlich sein. Er beginnt bei einem Gelehrten mit einer natürlichen, aber nicht immer angebrachten Bescheidenheit: mit dem Verzicht auf unkompetente Äußerungen und endet mit (unkritischer) Anlehnung an Tradition und Erziehung, oder mit philosophischer Unwissenheit, oder mit dem Wunsch, der Verantwortung zu entgehen, oder sogar mit einer intellektuellen Koketterie.

der sozialen Problematik gebracht wird. Dies fanden wir zum einen bei den Autoren, die der Wissenschaft und dem wissenschaftlichen Fortschritt eine immanente Feindschaft zum Fortschritt der Menschheit zuschreiben, und die zwecks Erhaltung und Vervollkommnung der Gesellschaft und der geistigen Werte, auf denen (ihrer Ansicht nach) die Gesellschaft beruht, zum Eindämmen des Fortschritts der Wissenschaft aufrufen. Dies fanden wir zum anderen bei denen, die im Gegensatz dazu an die Wohltat der Wissenschaft glauben und mit einem wissenschaftlichen Fortschritt in der Gesellschaft rechnen, der seine Entwicklung ohne Rücksicht auf die geistigen Werte vollzieht. Schließlich fanden wir das bei denen, die sich zur Frage der Beziehung zwischen der gesellschaftlichen Entwicklung und dem wissenschaftlichen Fortschritt gleichgültig verhalten, die den Entwicklungsweg und die Perspektiven des Fortschritts der Wissenschaft in ihrer Loslösung und Entfernung von den geistigen Werten der Menschen sehen und eine derartige Loslösung behüten.

Die Gegensätzlichkeit unseres Zeitalters zu den vergangenen Jahrhunderten tritt in dieser Frage besonders anschaulich zutage, wenn man diese Feststellungen in eine gebräuchlichere Sprache umsetzt, wenn man den Ausdruck „geistige Werte“ durch das allgemein verbreitete Wort „Humanismus“ ersetzt. Wenn man im 17. Jahrhundert im Zeichen des Rationalismus, im 18. Jahrhundert im Sinne der Aufklärung und im 19. Jahrhundert auf dem Boden des Liberalismus in der Wissenschaft ein obligates Element des Humanismus und ein Mittel für seine Verwirklichung sah – selbstverständlich in jedem Jahrhundert auf eine besondere Weise – so sind in den Augen des Westens die Wissenschaft und der Humanismus im 20. Jahrhundert Erscheinungen, die genetisch und logisch verschieden und innerlich miteinander nicht verbunden sind. Im ersten der drei untersuchten Fälle, bei den „Pessimisten“, wird der Humanismus außerhalb der Wissenschaft (oder sogar gegen die Wissenschaft) gestellt; im zweiten Falle, bei den „Optimisten“, wird die Wissenschaft außerhalb des Humanismus gedacht (oder man beachtet ihn überhaupt nicht); im dritten Falle, bei den „Neutralisten“, werden Wissenschaft und Humanismus als zwei selbständige und abgesonderte Sphären betrachtet, die einander fremd und gleichgültig (oder auch eine für die andere prinzipiell unerreichbar) sind.

Somit führt die Einführung des axiologischen Aspekts entweder zum Verbot, die Idee des gesellschaftlichen Fortschritts mit der Idee des wissenschaftlichen Fortschritts zu verbinden, oder zur Begrenzung einer solchen Verbindung und auch zur Gleichgültigkeit ihr gegenüber. Selbstredend wird der axiologische Aspekt von verschiedenen Autoren nicht nur in unterschiedlichem Sinne und in jeweils anderer Richtung, nicht nur in verschiedenen Formen – in gemäßigteren und radikaleren –, sondern auch in einer verschiedenen Weise hineingetragen: die Skala reicht von der behelfsmäßigen Einschaltung von Wertkriterien bis zur völligen Auflösung des Problems in Wertlösungen. Aber die Wertbeziehung ist letzten Endes stets entscheidend.

Historischer Vergleich

Der Bruch zwischen dem wachsenden Konservatismus, der steigenden Reaktion der Gesellschaftsordnung und der kulturellen Verfassung des Kapitalismus einerseits und dem sich entwickelnden, immer reicher und anspruchsvoller werdenden Fortschritt, dem revolutionären Gehalt der Bestrebungen und der Erfolge der Wissenschaften andererseits wird immer tiefer und frappierender, für das bürgerliche Denken immer rätselhafter. Das 19. Jahrhundert war dadurch charakterisiert, daß der wissenschaftliche Fortschritt als ein logisch notwendiger und homogener Bestandteil der fortschrittlichen Entwicklung des gesellschaftlichen Menschen betrachtet wurde. Damals schien es, daß die Gesetzmäßigkeiten dieses besonderen Teils in den allgemeinen Gesetzmäßigkeiten des historischen Entwicklungsweges der Menschheit aufgehen, sich mit diesen vereinen oder daß sie sogar mit ihnen prinzipiell identisch sind; für die Forschung und zur Erklärung wurden sie nicht als ein besonderes Problem herausgestellt, nicht aus der einheitlichen Problematik des allgemeinen historischen Stromes menschlicher Tätigkeit und Beziehungen herausgelöst.

Jetzt hat eine derartige Betrachtungsweise des wissenschaftlichen Fortschritts keinen Sinn mehr und ist einfach nicht mehr möglich. 300–400 Jahre nach der Geburtsstunde der neuzeitlichen Wissenschaft, da die kapitalistische Gesellschaft auf ungefähr dieselbe Zeitspanne zurückblicken kann und sich ihrem Niedergang nähert, verliert das philosophische und historische Denken dieser Gesellschaft den Glauben an den sozialen Fortschritt. Für die bürgerlichen Autoren besteht das Problem nunmehr darin, die Möglichkeit und die Notwendigkeit des wissenschaftlichen Fortschritts (eines allgemeinen und stürmischen Fortschritts) in einer Gesellschaft zu bestätigen, in der der Fortschritt der Gesellschaft selbst nicht als Realität und nicht als objektive Notwendigkeit anerkannt oder zumindest in Frage gestellt wird. Es ist verständlich, daß der Gedanke darauf gerichtet wird, eine Erklärung für den Fortschritt der Wissenschaft unabhängig von den Entwicklungswegen und den Gesetzmäßigkeiten des gesellschaftlichen Fortschritts zu suchen.

Im ersten Abschnitt haben wir drei aufeinanderfolgende Etappen untersucht, in denen sich die Beziehung zwischen der Idee des gesellschaftlichen Fortschritts und der Idee vom Fortschritt der Wissenschaft in der Geschichte des bürgerlichen Denkens formte – Etappen, die den drei Jahrhunderten der Herausbildung und des Aufstiegs der kapitalistischen Gesellschaftsordnung entsprachen. Im 17. Jahrhundert gab es in Europa noch keine einigermaßen geformte und anerkannte Idee vom gesellschaftlichen Fortschritt; die Idee vom Fortschritt der Wissenschaft, die in dieser Etappe bereits genügend deutliche Umrisse annahm, bildete und verbreitete sich vor der Herausbildung der Idee vom gesellschaftlichen Fortschritt und folglich unabhängig von ihr. Im 18. Jahrhundert entstand und verbreitete sich die Idee vom gesellschaftlichen Fortschritt – und zwar auf der Gundlage und durch psychologische Erweiterung sowie logische Verallgemeinerung der bereits fest zum Kulturbestand gehörenden Idee vom Fortschritt der Wissenschaft. Im 19. Jahrhundert entwickelten sich beide Ideen, die Idee vom gesellschaftlichen und vom wissenschaftlichen Fortschritt, gemeinsam, und sie bestanden gemeinsam als innerlich abgestimmte, sich wechselseitig bedingende und zusammenhängende Seiten oder Elemente *eines* historischen Prozesses – des Menschheitsfortschritts.

Vom real-historischen Standpunkt erscheinen diese drei Etappen als nacheinander folgende Schritte in Richtung auf die Erkenntnis der wahren Natur der Beziehungen zwischen dem sozialen Fortschritt und dem Fortschritt der Wissenschaft, somit auch zur Erkenntnis des Gesetzes, das den Fortschritt der Wissenschaft lenkt. Die Geschichte übertrug es dem bürgerlichen Denken, die einleitenden Schritte zu dieser Erkenntnis zu tun, und dieses Denken vermochte diese Aufgabe nur in Form der von uns untersuchten drei Schritte zu lösen; denn sowohl ihr Inhalt als auch ihre Reihenfolge waren von dem realen Prozeß der Herausbildung und Entwicklung der kapitalistischen Produktionsweise bestimmt.

Den abschließenden Schritt zu tun, das Gesetz des Fortschritts der Wissenschaft als ein Gesetz des sozial bestimmten Fortschritts aufzudecken, erwies sich für das bürgerliche Denken als unmöglich. Als die Erfolge der Fortschrittskonzeption des 19. Jahrhunderts und ihre wissenschaftlichen Errungenschaften die unmittelbare Forderung nach Lösung dieser Aufgabe stellten, brachte die Dialektik der Geschichte es zuwege, diese Aufgabe dem bürgerlichen Denken abzunehmen. Es stellte sich heraus, daß das bürgerliche Denken vor eine andere Aufgabe gestellt war, die der ersten diametral entgegenstand: eine Theorie des Fortschritts der Wissenschaft zu konstruieren, die aus dem Kontext der Idee vom gesellschaftlichen Fortschritt herausgerissen, von dieser unabhängig und sogar gegen sie gerichtet ist. Die Entwicklung sowohl der Wissenschaft als auch des gesellschaftlichen Organismus erschien vor dem bürgerlichen Denken als eine Problematik der primitiven und unreifen Situation des 17. Jahrhunderts. Aber wenn im 17. Jahrhundert die Idee vom wissenschaftlichen Fortschritt sich *noch* ohne Bezug zur Idee vom gesellschaftlichen Fortschritt herausbildete, so befindet sie sich im 20. Jahrhundert *bereits* außerhalb einer derartigen Beziehung.

Die Suche nach Lösungen verläuft in eine Richtung, die für die Zeit vor der Herausbildung der Idee des gesellschaftlichen Fortschritts angebracht war. Aber die Geschichte wiederholt sich bekanntlich nicht. Der dreihundertjährige wissenschaftliche Fortschritt führte schließlich dazu, daß unter unseren Augen die Wissenschaft von der Wissenschaft entstand, die das 17. Jahrhundert nicht kannte. Und die heutigen wissenschaftswissenschaftlichen Entdeckungen – selbst wenn sie losgelöst von der Idee des gesellschaftlichen Fortschritts entstehen und den Fortschritt der Wissenschaft als eine Bewegung und Entwicklung irgendeiner eigenartigen Wesenheit darlegen – vertiefen und präzisieren unsere Erkenntnisse über die konkreten Gesetzmäßigkeiten der Entwicklungswege der Wissenschaft.

Wie sucht nun das bürgerliche Denken des 20. Jahrhunderts, das auf die Idee des gesellschaftlichen Fortschritts verzichtet hat und die Idee vom Fortschritt der Wissenschaft in den sozialen Kontext nicht mittels Anerkennung und Aufdeckung der objektiven sozialen Bedingtheit des wissenschaftlichen Fortschritts, sondern über einen axiologisch aufgebauten Kompromiß einschließt – wie sucht das bürgerliche Denken nach der Theorie des wissenschaftlichen Fortschritts, wie baut es sie auf, und wie formuliert es ihre objektiv existierenden und objektiv wirkenden Gesetze? Wie kommt das bürgerliche Denken von der Anerkennung des wissenschaftlichen Fortschritts zur theoretischen Auslegung dieses Fortschritts, wie bringt es seine allgemeine Fortschrittsidee in den konkreten Formen ihrer Gesetze unter?

Was das nicht besonders reiche Arsenal von Möglichkeiten einer sozialen Argumentation betrifft, das nach dem Verzicht auf die Idee des gesellschaftlichen Fortschritts und nach dem Austausch der faktologischen und das Wesen der Sache betreffenden Untersuchungsmethoden durch eine Wertungsmethode noch zur Verfügung steht, so bleiben wahrscheinlich nur zwei Richtungen: die traditionelle „Soziologie der Wissenschaft“ und die neuesten Überlegungen über die „Wissenschaft in der sich wandelnden Welt“ (nicht in einer vorwärtsschreitenden, sondern in einer sich wandelnden Welt – im Einklang mit den bereits untersuchten Theorien des „sozialen Wandels“). Dabei wird der Wissenschaft als einer „sozialen Institution“ (d. h. ihren organisatorischen Aspekten, ihren Führungsaufgaben und den Problemen ihrer praktischen Aufgaben) immer mehr Platz eingeräumt. Aber weder die eine noch die andere Richtung ist in der Lage, mehr als nur fragmentarische und inkonsequente (außerdem bereits veraltete) Erklärungen, oder richtiger gesagt, mehr als Deutungen einiger sozialer Umstände des Fortschritts der Wissenschaft zu geben.

Die Leere wird mit epistemologischen und wissenschaftswissenschaftlichen Untersuchungen und Konstruktionen ausgefüllt. Die Epistemologen befassen sich mit Fragen nach der Natur und den Formen des Fortschritts der wissenschaftlichen Wahrheit und mit Fragen nach Grenzen für den Fortschritt der Wissenschaft. Die neue Disziplin, die Wissenschaftswissenschaft, entwickelt sich in zwei Richtungen: Ein Teil der Forscher geht vom quantitativen Postulat der Anhäufung faktischen Wissens durch die Wissenschaft aus und leitet das Gesetz des Fortschritts der Wissenschaft von der Eigenschaft der Kumulativität menschlichen Wissens über die Natur ab; andere gehen vom qualitativen Postulat der Eigenentwicklung wissenschaftlicher Ideen aus und gründen deshalb das Gesetz des wissenschaftlichen Fortschritts auf der Vorstellung von der Logik der Entwicklung der Wissenschaft.

Die epistemologischen und wissenschaftswissenschaftlichen Untersuchungen erwiesen sich als fähig, einen notwendigen und dazu recht wesentlichen Beitrag zur Erkenntnis der Entwicklungswege der Wissenschaft zu leisten. Aber die Art des Theoretisierens über die Beziehung zwischen der Entwicklung der Gesellschaft und der Entwicklung der Wissenschaft, die heutzutage im Westen üblich ist, führt dazu, daß die Gesetze des gesellschaftlichen Fortschritts und folglich damit auch die soziale Bestimmtheit des wissenschaftlichen Fortschritts bewußt ausgeklammert werden.

Im Ergebnis entstehen die bereits geschilderten Kompromisse sowie die theoretischen Schemata, die dem Aufbau und der Rechtfertigung dieser Kompromisse dienen sollen. Das Niveau, das von der Wissenschaft in unserer Zeit erreicht wurde, das Tempo der Entwicklung der Wissenschaft, der Grad ihrer Verflechtung mit buchstäblich allen Seiten des menschlichen Lebens, die wahrlich gewaltige Verantwortung für den Entwicklungsweg und das Schicksal der Menschheit, die der Wissenschaft auferlegt wurde – das alles läßt deutlich werden, wie unbefriedigend und letztlich untauglich diese Kompromißlösungen sind.

N. I. Rodnyj

Chemiker des 19. Jahrhunderts zu Problemen der Wissenschaft und ihrer Entwicklung

Die Stellung eines Gelehrten, der auf dem Gebiet einer der Grundlagenwissenschaften tätig ist, wird von einem Komplex verschiedener Faktoren bestimmt.

Es ist natürlich, daß der Gesamtverlauf der gesellschaftlichen Entwicklung der jeweiligen Epoche auf die Herausbildung der Standpunkte eines Gelehrten zu allgemeinen Fragen der Wissenschaft, speziell zur Frage über den Charakter ihrer Entwicklung, einen großen Einfluß ausübt. Dabei kann der Gelehrte ein bewußter Adept dieses oder jenes philosophischen Systems sein, und er kann, sozusagen schon „mit der Muttermilch", Ideen in sich aufgenommen haben, deren Gesamtheit das intellektuelle Klima der jeweiligen Epoche ausmacht.

Wie dem auch sei, die jeweils herrschende Philosophie beeinflußt die methodologischen Positionen des Gelehrten, seine Weltanschauung, seine Vorstellungen über den logischen und sozialen Status der Wissenschaft, über ihre Entwicklungsformen u. ä. m. Das geschieht auch dann, wenn der Naturforscher ausdrücklich seine Unabhängigkeit von der Philosophie „deklariert". Außer dem Einfluß dieser Art, dem in einem mehr oder minder großen Maße alle in den verschiedenen Gebieten der Wissenschaft Tätigen unterliegen, ist ferner zu beachten, daß die Standpunkte der Wissenschaftler zu den genannten Fragen im bedeutenden Maße vom Charakter der Wissenschaft abhängen, mit der sie sich beschäftigen, und vom Stand ihrer Entwicklung, d. h. von den spezifischen Besonderheiten des jeweiligen Stadiums ihrer Geschichte.

Bei der Herausbildung von Vorstellungen des Gelehrten über die Natur der Wissenschaft und den Charakter ihrer Entwicklung spielt der jeweilige Stand der Wissenschaft eine bedeutende Rolle. Diese stellen gewissermaßen ein Resumé seiner Erfahrungen und Erwägungen über die Art und Weise der Existenz und der Entwicklungswege der Wissenschaft dar – ein subjektives Abbild von der Wissenschaft.

Die Art und Weise der Existenz der Wissenschaft umfaßt sowohl die Art und Weise, mit der neue Ergebnisse erzielt und theoretische „Konstruktionsgerüste" geschaffen werden – also das Problem der Begründung und der Beweisführung –, als auch den sozialen Status der Wissenschaft, d. h. ihren Platz im Gesellschaftssystem und die Arten ihrer Beziehungen zu anderen gesellschaftlichen Erscheinungen. Eines der wichtigsten Aspekte der Widerspiegelung der Wissenschaft ist das Erfassen ihrer Entwicklung, insbesondere ihrer Triebkräfte.

Namhafte Gelehrte treten nicht nur als Begründer neuer Standpunkte und als Schöpfer neuer Ergebnisse, sondern auch als Erfinder neuer (sowohl experimenteller als auch logischer) Forschungsmethoden auf. Die Beziehungen zwischen den Logikern und den Methodikern der Wissenschaft im 19. Jahrhundert einerseits und den Schöpfern der Wissenschaft andererseits sind Beziehungen zwischen Systematikern von logischen Mitteln der Wissenschaft und ihren Schöpfern.

Bei der Stellung und Lösung bestimmter Aufgaben sind die Wissenschaftler im Verlauf ihrer Tätigkeit gezwungen, die für diese Zwecke notwendigen logischen Mittel und Methoden selbst zu schaffen. Die fünf Forschungsmethoden, die mit dem Namen J. Mills in Verbindung gebracht werden (Übereinstimmungsmethode, Unterscheidungsmethode, gemeinsame Übereinstimmungs- und Unterscheidungsmethode, Methode der begleitenden Veränderungen und Methode der Reste), die von ihm natürlich aus der wissenschaftlichen Tätigkeit „extrahiert" worden sind, stellen eine Verallgemeinerung, Systematisierung und Abgrenzung jener Methoden dar, die sich in der Wissenschaft bereits etabliert hatten, d. h. sind ihrem Wesen nach eine Widerspiegelung spezifischer Aspekte der Tätigkeit der Gelehrten.

Die Widerspiegelung der Wissenschaft hat eine methodologische und eine soziale Komponente. Die methodologische Komponente ist darauf gerichtet, aufzudecken, wie Wissenschaft betrieben wird und wie sich ihre Weiterentwicklung vollzieht, d. h. sie besteht ihrerseits wiederum aus zwei Komponenten, die man mit Vorbehalt als „logisch" und als „geschichtswissenschaftlich" bezeichnen könnte.

Die soziale Komponente der Widerspiegelung ist auf die Erfassung der Beziehungen zwischen Wissenschaft und Gesellschaft, auf die Bestimmung der Rolle der Wissenschaft in der Entwicklung der Menschheit, auf die Bestimmung des Charakters der Beziehungen zwischen der Wissenschaft und anderen Formen der geistigen Tätigkeit gerichtet. Die Widerspiegelung der Wissenschaft hat drei Zeitkoordinaten: die Vergangenheit (Retrospektive), die Gegenwart (Introspektion) und die Zukunft (Prospektion).

Es ist durchaus natürlich, daß die Korrelation zwischen den erwähnten Komponenten der Widerspiegelung bei den Gelehrten verschiedener Zeiten sowie bei Vertretern verschiedener Wissenschaften einer Zeit unterschiedlich ist.

Für die Mehrzahl der Gelehrten bis zu den siebziger Jahren des 19. Jahrhunderts ist charakteristisch, daß die methodologische Widerspiegelung eine dominierende Rolle spielte. Die soziale Komponente der Widerspiegelung beginnt mit ihr allmählich an Bedeutung zu gewinnen, was wohl am stärksten bei den Vertretern der Chemie zum Ausdruck gekommen war.

Zweifellos gibt es zwischen der Konzeption, wie die Wissenschaft als ein

System funktioniert und Wissen erzeugt, sowie den Konzeptionen über ihre Entwicklung eine innere Beziehung. Die letzteren schließen Vorstellungen vom Charakter der Beziehung zwischen ihren nacheinander folgenden Zuständen, von den Mechanismen des Übergangs von einer Situation in die andere ein. Die Grenzen zwischen diesen Konzeptionen sind sehr relativ und stellen eine unmittelbare Fortsetzung der einen durch die andere dar.

Deutlicher erscheint die Grenze zwischen der Konzeption der Wissenschaft als eines fertigen Wissens, als einer Interpretation ihrer Struktur, und der Konzeption der Entwicklung, zwischen denen es ebenfalls Beziehungen gibt, die aber nicht so „kraß" hervortreten wie im ersteren Falle.

Die Chemiker des 19. Jahrhunderts, die zu einer Reihe konkreter Fragen ihrer Wissenschaft verschiedene Standpunkte einnahmen, waren in ihren Vorstellungen vom Charakter der Wissenschaftsentwicklung, in der Einschätzung der Knotenpunkte in der Geschichte ihrer Wissenschaft, in den Auffassungen über den sozialen Status ihrer Wissenschaft in der Regel einander recht nahe. Unterschiede treten deutlicher in bezug auf die Zeit, d. h. in den verschiedenen Etappen der Wissenschaftsentwicklung der jeweiligen Periode hervor.

Wir haben bereits unterstrichen, daß der Stand der Wissenschaft, der von ihrem Niveau und dem Gehalt ihrer Problematik gekennzeichnet ist, bei den Schöpfern der Wissenschaft einen großen – in den meisten Fällen entscheidenden – Einfluß auf die Konzeption von der Wissenschaft und ihrer Entwicklung ausübt.[1] Wenn demnach von der Konzeption der Wissenschaftsentwicklung bei den großen Chemikern des 19. Jahrhunderts die Rede ist, so kann naturgemäß der Zustand der Chemie in dieser Periode nicht außer acht gelassen werden.

Für einen bedeutenden Teil der Philosophen, Mathematiker, Mechaniker und Physiker wurde das Verhältnis zur Physik im 19. Jahrhundert, zumindest in ihrer ersten Hälfte, durch die bekannte These Kants bestimmt, nach der die Chemie, insofern sie auf den Gebrauch der Mathematik verzichtet, keine Wissenschaft, sondern eine Abart der experimentellen Kunst darstellt. Dieser Standpunkt war im Grunde genommen im 19. Jahrhundert (und auch vorher) ein Anachronismus, erwies sich aber als recht zählebig.[2]

1 Insofern die Situationen, d. h. der Stand der Entwicklung verschiedener Wissenschaften, besonders in der ersten Hälfte des 19. Jahrhunderts, nicht die gleichen waren, kann man nicht von einer einheitlichen Konzeption der Wissenschaft und ihrer Entwicklung bei Vertretern verschiedener Grundlagenwissenschaften sprechen. Zugleich ist für das 19. Jahrhundert die Herausbildung allgemeiner Schlüsselbegriffe charakteristisch, die sich in verschiedener Weise und mit unterschiedlicher Schnelligkeit eingebürgert haben.

2 Es ist nicht ohne Interesse festzustellen, daß J. B. Richter (1762–1807), Begründer der „Stöchyometrie oder Meßkunst chymischer Elemente" (so hieß sein Hauptwerk), ein Anhänger Kants war und dessen Auffassung von der

Um die Konzeptionen der Chemiker und Historiker zur Frage des Status und der Entwicklung der Wissenschaft im allgemeinen und der Chemie im besonderen zu charakterisieren, bringen wir hier einige Äußerungen von Dalton, Berthollet, Liebig, Dumas, Berzelius, Kopp, Wurtz, L. Meyer, Kekulé, Cannizzaro, Butlerov, Schorlemmer und Berthelot.

Nicht alle Gelehrten hatten ein abgeschlossenes System von Anschauungen zum Gesamtkomplex der uns interessierenden Fragen. Bei manchen Gelehrten finden wir Überlegungen nur zu einzelnen dieser Fragen; andere, wie z. B. Liebig, beschäftigten sich mit einem großen Teil davon; noch andere, wie Mendeleev, mit dem gesamten Fragenkomplex.

Einige Chemiker der ersten Hälfte des 19. Jahrhunderts durchliefen eine bestimmte philosophische Schule (wie z. B. Liebig, der als Schellingianer begonnen hatte[3]), oder standen unter Einfluß eines bestimmten philosophischen Systems (wie z. B. Dalton, der ein Anhänger der englischen Materialisten war).

Ein orthodoxer Schellingianer war der bekannte Chemiker Christian Friedrich Schönbein, der des öfteren unterstrich, daß er seine Erfolge der Philosophie zu verdanken habe. In einem seiner Briefe brachte er seine Auffassung über das Verhältnis zwischen der Philosophie und der Wissenschaft zum Ausdruck und stellte fest, daß bedeutsame Entdeckungen in der Wissenschaft nie zufälliger Natur gewesen sind, sogar dann, wenn den ersten Anstoß zur Entdeckung eine zufällige Beobachtung gab. Der Gedanke des Gelehrten eilt der Entdeckung voraus; die Philosophie übt seiner Ansicht nach auf die Herausbildung des Gedankens einen entscheidenden Einfluß aus.

Zu Beginn der zweiten Hälfte des 19. Jahrhunderts stand ein Teil der Chemiker unter dem Einfluß des Positivismus[4], jedoch hatte sich die Mehrzahl

Chemie als einer Sammlung empirischer Regeln teilte; aber er hatte sich die Aufgabe gestellt, die Chemie aus dieser Lage zu befreien und sie zu einem „Zweig der angewandten Mathematik" zu machen.

3 A. Benrath schrieb, daß „Liebig als Autor, aus dessen Artikeln stets ein philosophischer Geist wehte, ohne eine gründliche philosophische Ausbildung, der er die Kraft und Geschmeidigkeit seiner Gedanken verdankt, gar nicht denkbar gewesen wäre" (J. S. Musabekov: J. Liebig, Moskau 1962, S. 129).

4 Es gibt ein Zeugnis K. A. Timirjazevs über den talentierten russischen Chemiker N. I. Sokolov, einen Schüler Liebigs und Freund Ch. Gerhardts: „Er war der erste Professor, der in seinen Einführungslektionen in meisterhaften Darlegungen die russischen Studenten mit der Philosophie A. Comtes bekannt machte" (K. A. Timirjazev: Stat'i po istorii nauki i o naučnych dejateljach, Moskau 1939, S. 150). „So wie Sokolov als erster vom Katheder einer russischen Universität die Lehre Comtes verkündete, so ließ Beketov (der Botaniker) keine Gelegenheit ungenutzt, für Ideen einzutreten, die in der Logik Mills zum Ausdruck gebracht worden waren" (ebenda, S. 160). In Verbindung damit stellt Timirjazev fest, daß viele Fachgelehrte „die Bedeutung allgemeiner Traktate über die wissenschaftliche Methode negieren", und er erinnert an das Geständnis Darwins, „daß gerade ein derartiges Werk wie Herschels ‚Discours

der Chemiker dieser Zeit mit der Philosophie kaum systematisch beschäftigt. Letzteres bedeutet allerdings nicht, daß sie keine bestimmte Einstellung zu allgemeinen philosophischen Wissenschaftsproblemen gehabt haben. Kennzeichnend für jene Zeit war die Veränderung im Verhältnis zwischen der Philosophie und der Wissenschaft. Die klassische bürgerliche Philosophie verlor ihre „führende Rolle“ hinsichtlich der Wissenschaft: wenn sich vorher der Ideenstrom von der Philosophie auf die Wissenschaft richtete, so haben Philosophie und Wissenschaft jetzt ihre Plätze bis zu einem gewissen Grade gewechselt. Die Initiative bei der Aufstellung von wichtigen Fragen der Methodologie und der Wissenschaftsphilosophie gebührt nunmehr den Vertretern der Einzelwissenschaften selbst.

Eine schroffe ablehnende Haltung zur Philosophie, zu der Form der Philosophie, die in den Werken der Vertreter der klassischen deutschen Philosophie ihren Niederschlag gefunden hatte, bekunden folgende Worte des bekannten russischen Chemikers Zinin: „Nehmen Sie die Naturphilosophie Schellings, lesen Sie in der Enzyklopädie Hegels über die Philosophie der Naturwissenschaften nach, versuchen Sie besonders in den Sinn der blumigen Reden ihrer Nachfolger – eines Steffens', eines Reimer und anderer – einzudringen, und Sie werden denken, ihre Bücher wurden von den Ahnen der Astrologen, Alchimisten oder Kabbalisten geschrieben, und, was noch schmerzhafter ist, diese ganze Wortspielerei, die von einer völligen Unkenntnis der Fakten, sogar vom Fehlen eines gesunden Menschenverstandes zeugt, wurde als die höchste (für einen in die Geheimnisse der Philosophie nicht Eingeweihten unerfaßbare) Weisheit herausgestellt und auch als solche betrachtet ... Es ist erstaunlich, mit welcher Anmaßung diese Leute die Theorien der hohen Mathematik, ohne die geringste Kenntnis von den Elementen dieser so exakten Wissenschaft zu haben, nicht nur zu verstehen vorgaben, sondern sie auch zu kritisieren wagen.“[5]

Die Philippika Zinins an die Adresse Schellings und Hegels war damals ein „Zeichen der Zeit“, eine äußerste Reaktion auf die bisherige Gewaltherrschaft der Naturphilosophie sowie auf die „Zügellosigkeit“ der Spekulation und des Apriorismus.

Wie bereits unterstrichen wurde, bedeutet die negative Einstellung zu dieser oder jener Richtung der Philosophie keineswegs eine Emanzipation des Gelehrten von der Philosophie, das Fehlen dieser oder jener philosophischen Auffassungen, zu denen er durch seine Wissenschaft gelangt, und mit denen er in seiner wissenschaftlichen Tätigkeit mit einem unterschiedlichen Grad von Klarheit und Erkenntnis ihrer „ontogenetischen“ Herkunft operiert.

on the study of Natural Philosophy' (Lektionen zum Studium der Naturphilosophie) bei ihm den Wunsch geweckt hat, selbst etwas zum Schatz der wissenschaftlichen Kenntnisse beizutragen“ (ebenda, S. 160f.).

5 N. N. Zinin: Vzgljady na sovremennoe napravlenie organičeskoj chimii, St. Petersburg 1847, S. 8.

Umreißen wir den Kreis von Fragen, zu denen wir bei den Chemikern und den Historikern der Chemie des 19. Jahrhunderts bestimmte Standpunkte feststellen können, so ergibt sich folgende Liste: die Genesis der Chemie, ihr Gegenstand und ihre Wandlung im Verlauf ihrer Geschichte, die Periodisierung der Geschichte der Chemie und die Wertung ihrer Knotenpunkte, der Charakter des Übergangs von einer Periode zur anderen, das Verhältnis zwischen der Chemie und den anderen Wissenschaften, die Form der Wissenschaftsentwicklung (Rolle der Hypothese, der Theorie, des Experiments und der Wechselbeziehungen zwischen ihnen), die Rolle der wissenschaftlichen Forschung für die Entwicklung der modernen Wissenschaft und für das Gebiet der Bildung zwecks Aneignung von modernem Wissen, das Verhältnis zwischen Wissenschaft und Praxis, das Problem der Wissenschaftsorganisation, der Wechselbeziehungen zwischen der Wissenschaft und den anderen Gebieten der geistigen Tätigkeit und des Verhältnisses von Wissenschaft und Moral.

Genesis der chemischen Wissenschaft

Dumas schrieb, daß die Chemie in der Schmiede, in den Werkstätten des Töpfers und des Glasbläsers, im Parfümerieladen, in der Apotheke geboren wurde.[6]

Weiter stellte Dumas fest, daß die Anfänge der theoretischen Chemie neueren Datums sind, während die chemische Technik bedeutend früher einen verhältnismäßig hohen Stand erreicht hatte. Ähnliches wurde auch von Schorlemmer mit dem Hinweis hervorgehoben, daß es im 16. Jahrhundert in der Chemie zwei Richtungen gegeben habe – eine metallurgische und eine medizinische. Das mache die Chemie jedoch nicht zu einer Wissenschaft; diese Wandlung verdanke sie der Theorie. Auch er weist darauf hin, daß in der Chemiegeschichte die Entwicklung der Praxis derjenigen der Theorie weit voraus war.

Diese Situation illustriert Dumas durch das folgende Beispiel: Im Jahre 1561 wurde die Methode für die Gewinnung von Silber aus mexikanischen Erzen entwickelt, jedoch entstand die Theorie dieses Prozesses erst in den dreißiger Jahren des 19. Jahrhunderts, d. h. nach fast 300 Jahren.

In allen diesen Aussagen wird unterstrichen, daß die Wurzeln der Chemie im Bereich der Praxis liegen.

Zugleich aber wiesen die Chemiker, die sich mit dem Problem der Genesis ihrer Wissenschaft beschäftigt hatten, darauf hin, daß die Chemie ihre Herausbildung zur Wissenschaft dem Umstand zu verdanken hat, daß sie sich von der Lösung nur praktischer Aufgaben emanzipiert und sich tieferen Erkenntnisaufgaben zugewandt habe. Erst als die Chemie aufgehört hatte, eine

[6] Vgl. I. B. A. Dumas: Lecons sur la philosophie chimique, Paris 1837, S. 183

„Magd“ der Metallurgie und der Pharmazie zu sein, wurde sie zur Wissenschaft im eigentlichen Sinne dieses Wortes, und sie fand einen ihr gebührenden Platz unter solchen Wissenschaften wie der Mathematik, Mechanik und Physik.

Methoden der Gewinnung neuen Wissens in der Wissenschaft (Hypothese, Theorie, Experiment, Forschungsmethoden)

Im 17. Jahrhundert war das Verhalten vieler Chemiker zur Hypothese in Anlehnung an Newton negativ. So schrieb R. Boyle: „Läge dem Menschen der Fortschritt der wahren Wissenschaft mehr am Herzen als ihre eigenen Interessen, dann könnte man ihnen leicht nachweisen, daß sie der Welt den größten Dienst leisten würden, wenn sie alle ihre Kräfte einsetzten, um Versuche anzustellen, Beobachtungen zu sammeln und keine Theorie aufzustellen, ohne zuvor die darauf bezüglichen Erscheinungen geprüft zu haben.“[7] Folglich besteht nach Boyle die allererste Aufgabe des Forschers nicht im Konstruieren von Hypothesen, nicht in der Bildung von theoretischen Systemen, sondern in der Beobachtung und im Experiment. Aber diese Auffassung wurde nicht von allen Wissenschaftlern geteilt.

Die heuristische Bedeutung der Hypothese wurde bereits von den Chemikern des 18. Jahrhunderts hervorgehoben. So schrieb Priestley, daß es nicht unbedingt notwendig sei, ganz bestimmte Ansichten und nur eine richtige Hypothese zu haben, um wahre Entdeckungen zu machen. Es gibt genug Hypothesen, sogar unvollkommenere, die uns den Anstoß geben, Versuche durchzuführen, welche ihre Mängel beseitigen und vollkommenere Theorien ins Leben rufen. Diese Versuche führen ihrerseits zu weiteren Versuchen, die uns der Wahrheit näher bringen. Bei Ausnutzung solcher Methoden des Näherkommens dürfen wir uns glücklich schätzen, daß wir allmählich zu echten Erfolgen gelangen.

Es kam nicht selten vor, daß derselbe Gelehrte zur Frage der Hypothese zu verschiedenen Zeiten gegensätzliche Meinungen vertrat. So schrieb z. B. Lavoisier, die „Hypothese ist Gift für die Erkenntnis und eine Pest der Philosophie; man darf nur solche Schlußfolgerungen vornehmen und nur solche Konstruktionen bilden, die sich unmittelbar aus dem Versuch ergeben“.[8] Aber er schrieb auch, daß Hypothesen, „wenn sie konsequent verändert und korrigiert werden, uns eines Tages in dem Maße, in welchem sie von der Erfahrung widerlegt werden, mittels der Elimination und der Auslese zur Erkenntnis der wahren Naturgesetze hinführen“.[9]

[7] Zitiert nach: E. Meyer: Geschichte der Chemie von den ältesten Zeiten bis zur Gegenwart. Zugleich Einführung in das Studium der Chemie, Leipzig 1914, S. 97.

[8] Zitiert nach: N. A. Naumov: Sobrannye socinenija, Band 3, Moskau 1916, S. 65.

[9] Zitiert in: Uspechi chimii, 1943, Band 12, Teil 5, S. 368.

In dem einen Falle qualifiziert Lavoisier die Hypothese als ein Hindernis der Wahrheitsfindung, in dem anderen als ein anwendbares Erkenntnismittel.

Seine Einstellung zu dieser Frage wurde von ihm wohl am deutlichsten in der Vorrede zum Lehrbuch der Chemie dargelegt. Lavoisier plädiert hier für die Einhaltung des Prinzips, mit keiner Folgerung weiter zu gehen als zu dem, was sich unmittelbar aus dem Versuch ergibt; er warnt davor, das „Schweigen der Fakten" durch voreilige Schlußfolgerungen ergänzen zu wollen. Lavoisier zog es vor, solche Fragen wie z. B. die nach der chemischen Affinität nicht zu berühren, denn es standen, seinen Worten zufolge, „die Angaben dafür nicht genügend fest, um als Grundlage für einen derart wichtigen Teil unserer Wissenschaft dienen zu können"[10].

Obwohl die Chemie im 18. Jahrhundert, zumindest aber in der ersten Hälfte des 19. Jahrhunderts, das Ansehen einer empirischen Wissenschaft genoß, finden wir bei einer überwiegenden Mehrheit ihrer namhaften Vertreter eine positive Einstellung zur Hypothese, die als eine „Form der Wissenschaftsentwicklung" verstanden wurde. Diese Einstellung hatten z. B. Berthollet und Davy.

Dumas unterstrich, daß der Glaube an die Zeugniskraft der Empfindungen, eine blinde Unterwerfung unter die Aussagekraft der Fakten nicht zur Schaffung einer wahren, auf Prinzipien beruhenden Wissenschaft führen könne.

Die Aufgabe der Philosophie (gemeint sind hier theoretisch-methodologische Problemlösungen, die über die eigentlichen, fachspezifischen Forschungen der Chemie hinausgehen – *der Herausgeber*) in der Chemie sah Dumas in der Möglichkeit, mit ihrer Hilfe zu allgemeinen Prinzipien zu gelangen. Er hob hervor, daß die Philosophie in der Chemie nicht nur die gegenwärtig gültigen Prinzipien zeigen, sondern auch die Phasen aufdecken müsse, die von ihnen durchlaufen worden sind. Zugleich wies Dumas aber auch darauf hin, daß spekulative Theorien, d. h. Theorien, die mit dem Versuch organisch nicht verbunden sind und sich über ihn hinwegsetzen, aus der Wissenschaft verbannt werden müssen.

Liebig vertrat die Ansicht, der Wert von Fakten liege darin, daß sie unumstößlich sind und den Nährboden für Ideen bilden; aber ihre wahre Bedeutung erhielten Tatsachen nur durch die Idee, die von ihnen abgeleitet werden könne. Eine zu hohe Einschätzung der Tatsachen allein sei übrigens ein Zeichen für das Fehlen richtiger Ideen. Nicht Reichtum, sondern Armut an Ideen verstecke sich gerne hinter einem Berg von Lumpen oder schmücke sich in lumpige, abgetragene oder nicht passende Kleider. Es gibt aber Ideen, so groß und tiefgründig, die, ganz gleich, wie man sie zurechtmacht, noch

10 Zitiert nach: N.A. Menšutkin: Istorija chimičeskich vozzrenij, St. Petersburg 1888. S. 23.

genügend viel Stoff ergeben, um das Denken der Menschheit für ein Jahrhundert mit Nahrung zu versorgen.

Liebig äußerte die Auffassung, daß der Gedanke dem Experiment vorangehe und daß alle naturwissenschaftlichen Forschungen sowohl einen deduktiven als auch einen apriorischen Charakter hätten. Experimente wie auch Berechnungen seien nur ein Hilfsmittel für den Denkprozeß. Eine empirische Forschung im strengen Sinne gäbe es überhaupt nicht; ein Experiment, dem keine Theorie, d. h. keine Idee vorangehe, stehe zur Wissenschaft in der gleichen Beziehung wie eine Kinderrassel zur Musik.

Obwohl der überwiegende Teil der Chemiker sich davon leiten ließ, daß die Erforschung einer Erscheinung von der empirischen Feststellung der Tatsache ausgehe und zwecks Aufdeckung ihrer Ursachen zur Aufstellung einer entsprechenden Hypothese und schließlich zur Überprüfung mit Hilfe des Experiments führe, argumentiert Liebig: „... ein erfahrener Mann macht viel weniger Versuche als ein unerfahrener, der sich mit vielen Erscheinungen erst bekannt machen muß, die dem andern bereits geläufig sind, und für die Erreichung vieler Zwecke sind dem ersteren häufig Versuche überflüssig, da die Combination der ihm bekannten Vorgänge oder Thatsachen dazu ausreicht."[11] Danach ist der Gedanke, die Idee in der wissenschaftlichen Arbeit führend und bestimmt den Charakter des Experiments sowie seine konkreten Aufgaben.

Interessante Überlegungen über die Rolle der Induktion in der Chemie und ihre einzelnen und nacheinander zum Einsatz kommenden Elemente finden wir bei W. Wundt.

Wundt schrieb, daß man die Chemie hinsichtlich des Entwicklungsstandes bestimmter logischer Methoden vielleicht nur noch mit der Mathematik gleichsetzen darf. Wie die Deduktion in der Mathematik ihren höchsten Entwicklungsstand erreicht, so geschieht dasselbe mit der Induktion in der Chemie: Es gibt nach Wundt keine andere Wissenschaft, in der man den Induktionsprozeß in einer derart ungetrübten Form und in einer derart deutlichen Aufeinanderfolge seiner einzelnen Stadien erkennen kann.[12] Schließlich weist er darauf hin, daß die chemische Induktion ihre volle Blüte in jener Epoche der Entwicklung der neuen Chemie erreicht hat, welche mit dem Namen Berzelius und Liebig verbunden ist.[13]

Wundt betrachtet als eine methodologische Besonderheit der Chemie den Umstand, daß die ersten einfachen Forschungsmomente (Analyse und Synthese) in der Chemie mit einer selten vorkommenden Deutlichkeit hervortre-

[11] J. v. Liebig: Induction und Deduction. Rede in der öffentlichen Sitzung der königlichen Akademie der Wissenschaften am 28. März 1865, München 1865, S. 17.

[12] Vgl. W. Wundt: Die Logik der Chemie, in: Philosophische Studien, Leipzig 1883, S. 478.

[13] Ebenda.

ten und daß die Chemie infolge der logischen Klarheit ihrer Differenzierungen den anderen exakten Wissenschaften weit voraus ist. Weder in der Mathematik noch in der Physik wurden Analyse und Synthese so detailliert entwickelt wie in der Chemie. Dementsprechend wurden hier auch die einzelnen Stadien dieser Methoden weitaus besser herausgearbeitet.

Die Analyse, bemerkt Wundt, bestehe aus zwei Teilen: der Aufgliederung einer bestimmten Erscheinung in ihre Elemente und dem Auffinden des kausalen Zusammenhangs zwischen ihnen. Während in der Physik die erste Etappe durch das Suchen nach Kausalität ersetzt werde, seien in der Chemie die ersten beiden Momente nicht nur klar voneinander getrennt, sondern im ersten Teil noch dazu deutlich nach qualitativen und quantitativen Momenten unterschieden. Die Untersuchung der Kausalität sei im vollen Umfang der Synthese zuzuschreiben; in der Chemie jedoch sei die Methode der stufenweisen Analyse entwickelt worden, die es ermöglicht, nicht nur bestimmte Angaben über die Zusammensetzung zu erhalten, sondern auch Kenntnis über die Verbindung der Teile zu erlangen. Das ist eine analytische Erforschung des Aufbaus.

Die Synthese als etwas Planmäßiges und Allumfassendes tritt in der Chemie bedeutend später auf, da für ihren erfolgreichen Ablauf eine langwierige analytische Arbeit der Zergliederung und Klärung der Struktur erforderlich ist. Die Synthese wird außerdem als eine Bestätigung des durch die Analyse erkundeten Aufbaus des Stoffes aufgefaßt. Somit bilden beide, die Synthese und die Analyse, eine überaus komplizierte Methode heraus – die Induktion. Wenn wir unter Induktion das abstrahierende Ableiten eines bestimmten allgemeinen Gesetzes aus experimentellen Fakten verstehen, welche durch dieses Gesetz begründet werden, so muß das Ziel der chemischen Induktion darin bestehen, Gesetze zu entdecken, nach denen einfache Stoffe in chemische Verbindungen treten, d. h. Gesetze der chemischen Affinität.

Die Induktion beschränkt sich aber nicht allein auf die Analyse und Synthese. Sie läßt sich von einer Hypothese leiten, die sie bestätigen oder ablehnen muß. Und hier zeichnet sich die Chemie nicht nur dadurch aus, daß die Hypothese in der Induktion einen besonderen Platz erhält, sondern auch durch den Prozeß einer charakteristischen Aufeinanderfolge von Hypothesen.

Die Geschichte der Chemie seiner Zeit ist für Wundt eines der lehrreichsten Beispiele einer fruchtbringenden Wechselwirkung von Hypothese und induktiver Untersuchung, die die Wissenschaftsgeschichte überhaupt kennt.[14]

In Verbindung mit solchen grundlegenden Ereignissen wie dem Zusammenbruch der Phlogistontheorie und der Erklärung des Verbrennungsvorgangs durch Lavoisier, der Begründung der Atomistik in der Chemie und den danach in rascher Folge sich ablösenden Theorien in der organischen Chemie der

[14] Ebenda.

ersten Hälfte des 19. Jahrhunderts stieg die Beachtung, die man den Problemen der Hypothese schenkte, wuchs das Interesse für diese Probleme, für die logische Funktion der Hypothese, für die Bedingungen ihrer Überprüfung und ihres Übergangs in eine Theorie, für die Kriterien der Richtigkeit dieser Theorie, für die Wechselbeziehungen zwischen Hypothese, Theorie und Experiment u. ä. m., d. h. für Fragen des logischen Status der Wissenschaft.

„Diese (atomistische – N. R.) Hypothese", schrieb A. Würtz, „verband miteinander zahlreiche und mannigfaltige Erscheinungen, chemische und physikalische; sie liegt den gegenwärtigen Ideen über den Aufbau der Materie zugrunde. Wie alle richtigen Ideen breitete sie sich mit der Zeit aus, und nichts hat bisher ihr weiteres Vordringen zum Stehen bringen können; wie alle gedeihlichen Ideen diente sie sogar ihren Gegnern als Waffe. Diese werden jetzt immer seltener; die Hypothese ist stabil und widersteht sowohl den routinemäßigen Einwänden der einen als auch den geschickten Angriffen der anderen."[15] Würtz schildert die Bedingungen für den Übergang der Hypothese in eine Theorie und gelangt zur Überprüfung dieser Bedingungen. Er weist darauf hin, daß Berthollet in der Lage war, alle Fakten zu erklären, sie zu gruppieren, miteinander zu verbinden, und, von bekannten Fakten ausgehend, neue vorauszusagen, solange die Hypothese sich als nutzbringend erwies. Eine derartige Hypothese erhebt sich zur Theorie.[16]

Wenn die Hypothese erfolgreich wirkt und allen Ansprüchen genügt, erhält sie den Status einer Theorie. Würtz unterstreicht die Bedeutung der prognostischen Funktion der Hypothese und der Theorie: „In experimentellen Wissenschaften kann eine neue Doktrin durch Kritik allein keine Bedeutung gewinnen; für ihren Sieg ist eine ganze Reihe von Entdeckungen nötig."[17] Das Auftauchen neuer Fakten, die sich in die bestehende Hypothese oder Theorie nicht einordnen lassen, führt zu ihrer Überprüfung. Unter Hinweis darauf, daß Berthollet im Jahre 1789 neue Verbindungen fand (Schwefelwasserstoff und Blausäure), die alle Eigenschaften der Säure besaßen, aber keinen Sauerstoff enthielten, bemerkt Würtz, daß neue Fakten, wie es in der Wissenschaft oft vorkommt, die Theorie zunächst belasten, als eine Ausnahme betrachtet werden, sich aber in der Folgezeit als Anlaß und Ausgangspunkt für neue Verallgemeinerungen erweisen.[18]

C. Schorlemmer polemisierte gegen den Standpunkt Kolbes, „die modernen Chemiker seien durch vorgefaßte Meinungen beeinflußt und stellten, aus naturphilosophischen Abstractionen entsprungen, Dogmen auf; sein Bemühen sei, dieses chemische Unkraut auszurotten. Er (Kolbe – d. Hrsg.) konnte

[15] A. Würtz: Atomističeskaja teorija, Kiew 1882, S. 1.

[16] Ebenda.

[17] Ebenda, S. 55.

[18] Ebenda, S. 12.

nicht einsehen, daß zum Fortschritt in allen Zweigen der Naturwissenschaft fortwährend neue Hypothesen erforderlich sind".[19]

Das Endziel der Chemie, meinte A. Couper, ist ihre Theorie. Die Theorie ist der eigentliche Führer in der chemischen Forschung. Von gewaltiger Bedeutung ist daher die Frage, ob die Theorien, die gegenwärtig von den Chemikern vertreten werden, die chemischen Erscheinungen erklären können, oder zumindest, ob sie sich auf richtige Prinzipien stützen, nach denen man sich in der wissenschaftlichen Forschung richten muß.

Nach Couper gibt es zwei Voraussetzungen, denen jede gesunde Theorie entsprechen muß: 1. Es muß erwiesen sein, daß sie vom empirischen Standpunkt richtig ist. 2. Sie muß in nicht geringerem Maße auch vom philosophischen Standpunkt richtig sein. Die philosophische Überprüfung verlangt, daß die Theorie in der Lage sein muß, eine größtmögliche Anzahl von Fakten auf eine möglichst einfache Art zu erklären.[20]

Weiter macht Couper am Beispiel der Kritik der Typentheorie Gerhardts deutlich, was er unter dem Prinzip versteht, das wissenschaftlichen Theorien zugrundeliegt. Das Wesentliche dieses Prinzips bestehe im folgenden: „Um zur Struktur des Wortes zu gelangen, muß man einen Schritt zurück tun, seine unteilbaren Elemente, die Buchstaben, aufdecken, und ihre Möglichkeiten und Beziehungen gründlich erforschen."[21]

„Man darf jenes Grundprinzip nicht ignorieren, ohne welches die Forschung keinen Schritt vorwärts machen kann: das Ganze ist nichts weiter als eine Summe seiner Bestandteile."[22] Diese Worte enthalten im Vergleich zu den Auffassungen der Gelehrten der zwanziger bis vierziger Jahre prinzipiell nichts Neues. Auch diese Gelehrten betrachteten das Ganze als eine Summe seiner Bestandteile und erklärten die Eigenschaften chemischer Verbindungen als eine Funktion ihrer elementaren Zusammensetzung.

Allerdings hat Couper im Einklang mit der neuen Stufe in der Entwicklung der Chemie, zu deren Erreichung auch seine Untersuchungen beigetragen haben, die These, wonach das Ganze eine Summe seiner Bestandteile sei, anders konkretisiert und hervorgehoben, daß das Ganze (d. h. die chemischen Verbindungen), das vor allem in seinen festgestellten Eigenschaften zum Ausdruck kommt, eine Funktion nicht nur der elementaren Bestandteile (d. h. der Atome), sondern auch eine Funktion der Beziehungen ist.

Am vollständigsten und folgerichtigsten sind die Probleme des logischen Status der Wissenschaft, insbesondere die Charakterisierung von Hypothesen und Theorien, in den Werken der großen Chemiker des 19. Jahrhunderts Butlerov und Mendeleev dargelegt.

19 C. Schorlemmer: Der Ursprung und die Entwicklung der organischen Chemie, Braunschweig 1889, S. 153.

20 Vgl. A. S. Couper: O novoj chimičeskoj teorii, in: Stoletie teorii chimičeskogo stroenija, Moskau 1961, S. 31f.

21 Ebenda, S. 34. 22 Ebenda.

Butlerov war der Auffassung, daß die Funktion der Hypothese in der Feststellung von Beziehungen und gegenseitigen Abhängigkeiten unter den Fakten besteht: „Sie läßt neue Fragen entstehen, sieht neue Fakten voraus." Je einfacher und leichter die Hypothese faktisches Wissen zu deuten vermag, schrieb Butlerov, je natürlicher aus ihr die Notwendigkeit der Existenz der Fakten hervorgeht, je breiter der Kreis von Erscheinungen ist, die von der Hypothese erklärt werden, um so näher ist sie der Wahrheit. Bei einer genügenden Breite dieses Kreises wird die Hypothese mit allen ihren Folgerungen, mit allen sich daraus ergebenden Erklärungen und Hinweisen auf die gegenseitige Abhängigkeit der Fakten und die Ursachen dieser Abhängigkeit zur Theorie.

Nur mit Hilfe der Theorie fügt sich das Wissen zu einer einheitlichen Ganzheit zusammen, wird es zur wissenschaftlichen Erkenntnis; eine harmonische Verbindung von Faktenwissen und Theorien macht die Wissenschaft aus.[23]

Butlerov wies darauf hin, daß die Wissenschaft erst dann entsteht und wahres menschliches Wissen erst dann beginnt, wenn man angefangen hat, die Erscheinungen zu verstehen und sie zu verallgemeinern, wenn dazu eine Theorie auftaucht und man immer klarer Gesetze erkennt, welche diese Erscheinungen beherrschen.

Die wissenschaftliche Theorie hat, wie Butlerov unterstreicht, eine konkrete Geschichte; sie entsteht, entwickelt sich und – wenn sie eine bestimmte Etappe erreicht hat – überläßt sie ihren Platz einer anderen Theorie.

Butlerov hob einen wesentlichen Umstand in der Geschichte der meisten wissenschaftlichen Theorien hervor: Sobald die Theorie den absteigenden Ast ihrer Evolution erreicht hat und sie in Widerspruch zu neuen Fakten gerät, welche nicht auf ihrem Boden, sondern „trotz" dieser Theorie zutage treten, werden Versuche unternommen, die Theorie der neuen Situation durch Beifügung von Teilhypothesen anzupassen, sie zu ergänzen oder bis zu einem gewissen Grad zu verändern.[24]

Zugleich mit der Notwendigkeit dieser Veränderungen und Ergänzungen wird aber auch die Unzulänglichkeit der alten Grundhypothese offensichtlich; es wird klar, daß sie unzureichend ist, wenn sie nicht mehr ausreicht, die ganze Reihe bekannter Fakten zu erklären; mit ihrer Ablösung tritt eine neue Theorie in Erscheinung.[25]

23 Siehe: A. M. Butlerov: Sočinenija, Band III, Moskau 1958, S. 53f.

24 Dies wurde von vielen Chemikern unterstrichen. Zu diesem Schluß kamen sie unter dem Einfluß der Analyse des „Großen Systems" von Berzelius, als es in Konflikt mit neuen Fakten geriet und Berzelius neue Hypothesen ad hoc konstruierte, um das System auf diese Weise zu „retten" (siehe: A. Würtz: Istorija chimičeskich doktrin ot Lavuaz'e i do nastojaščego vremeni, St. Petersburg 1869, S. 38).

25 Siehe: A. M. Butlerov: Socinenija, Band III, a. a. O., S. 53ff.

Die neue Theorie, die eine größere Anzahl von Fakten zu erklären vermag und eine stärkere prognostische Aussagekraft besitzt, negiert ihre Vorgängerin, die ihr den Weg geebnet hat, nicht voll und ganz, sondern nimmt sie in einer mehr oder minder gewandelten Form als einen Teil in ihren Bestand auf. Die gegenseitige Abhängigkeit von Fakten, auf die die bisherige Theorie hingewiesen hatte, wird durch die neue Theorie bekräftigt, erweitert und noch besser erklärt; die Entdeckungen, zu denen die alte Theorie geführt hatte, bleiben ein dauerhaftes Zeugnis ihrer Verdienste.

Butlerov unterstreicht die Rolle der Theorie als eines Systematisators und Interpreten des vorhandenen und eines wichtigen Elements bei der Herausbildung neuen Wissens, warnt aber zugleich vor einem übertriebenen Vertrauen zu ihr.

Der blinde Glaube an die Unfehlbarkeit wissenschaftlicher Theorien, schrieb Butlerov, führt zu einem unwissenschaftlichen und durch nichts gerechtfertigten Skeptizismus und hindert oft, neue reale Wahrheiten zu erkennen, die außerhalb des Gesichtskreises der vertrauten Theorie liegen.

Diesem Standpunkt Butlerovs entspricht auch das, was der russische Historiograph der Chemie, F. Savčenkov, schrieb: „Jede Theorie stellt als Verallgemeinerung einer bestimmten Reihe von Tatsachen eine mächtige Triebkraft der Wissenschaft dar; sie verbindet einige Fakten und veranlaßt zu dem Bemühen, diese Verbindungen auf andere Fakten anzuwenden, die Erscheinungen von einem Standpunkt aus zu untersuchen, der von der Theorie in den Vordergrund gerückt worden ist. Je stärker aber die Theorie zur Arbeit anregt, um so kürzer ist ihre Lebensdauer, weil die Untersuchungen, welche zur Bestätigung der Theorie unternommen werden, bei ihrer Weiterführung, d. h. wenn sie genauer durchgeführt werden, stets darauf hinweisen, daß die Theorie nicht genügend genau ist, und beweisen, daß die menschliche Natur allgemein dazu neigt, allzu mutige Verallgemeinerungen vorzunehmen. Da Theorien sich in der Wissenschaft bei ihrer normalen Entwicklung nur kraft ihrer ausreichenden Erklärung der Tatsachen und nicht kraft einer Autorität halten können, so bedeutet das, daß die Theorie auf die Wissenschaft nicht hemmend wirkt, sondern sie vorantreibt. Würde man Theorien als Dogmen betrachten, sie für ewige Wahrheiten halten, an denen nicht zu rütteln ist, die man durch Fakten nicht überprüfen kann, weil die Autoritäten, die sie ausgesprochen haben, sich nicht irren konnten, so würden Theorien ein Hindernis für die Entwicklung der Wissenschaft, für die Entwicklung des experimentellen Wissens sein, ohne die es nicht möglich wäre, die wachsenden Bedürfnisse des menschlichen Daseins zu befriedigen."[26]

Ohne die führende Rolle der Vermutungen in der Forschung, meinte Butlerov, ist der Prozeß des konsequenten Zusammentragens des Faktenmaterials

[26] F. Savčenkov: Istorija chimii, St. Petersburg 1870, S. 226.

nicht denkbar; bedenklich wird die Sache nur, wenn der Forscher die Grenze zwischen seinen Vermutungen und den Tatsachen nicht beachtet, Vermutungen für reale Wahrheiten hält und – was noch schlimmer ist – reale Tatsachen zugunsten seiner Vermutungen übersieht.

Mit dem Hinweis auf die führende Rolle der Theorie im Prozeß der wissenschaftlichen Forschung unterstreicht Butlerov, daß die Grundlagen des Wissens sich aus Tatsachen zusammenfügen, „unter denen es keine einzige gibt, die von der Wissenschaft unbeachtet bleiben dürfe. Eine Tatsache, die heute winzig klein, isoliert und bedeutungslos erscheinen mag, kann morgen in Verbindung mit einer neuen Entdeckung zum Kern eines neuen und nützlichen Wissensgebiets werden".[27]

Gerade darum stellt Butlerov in Verbindung mit der Strukturtheorie die These auf, das in der Wissenschaft die Grenzen, innerhalb derer ein Prinzip nützlich und erfolgreich ist, nicht überschritten werden dürfen, daß es nicht mit Gewalt dort anzuwenden sei, wo dies nicht angebracht ist und wo die Anwendung dieses Prinzips zu keinem Erfolg führt.

Es besteht kein Zweifel, schrieb er, daß das Prinzip des chemischen Aufbaus in jenen Grenzen überaus nützlich ist, in denen es entstanden und sich bisher entwickelt hat. Wollte man aber weiter gehen, so besteht kein Zweifel, daß solche Fälle auftauchen würden, für die dies Prinzip nicht mehr ausreicht und man sich um neue und breitere Ansichten bemühen müßte.[28]

Prinzipien der Theorie haben in der Wissenschaft nach dieser Auffassung ein bestimmtes Betätigungsfeld und hören beim Überschreiten der Grenzen dieses Feldes auf, erfolgreich zu wirken. Dieser „Grenzübertritt" verlangt eine Neuformulierung eines allgemeineren Prinzips, welches das bisherige Prinzip als seinen Bestandteil in sich aufnimmt. Ein solches Prinzip, muß man annehmen, tritt zunächst als Hypothese auf.

L. Meyer bemerkt dazu: „Der Werth der Hypothesen ist wesentlich zweifacher Art. Er beruht zunächst auf einem rein praktischen Nutzen, den sie bringen; denn auf der Aufstellung der Hypothesen, ihrer Begründung oder Widerlegung durch das Experiment beruht der Fortschritt der Wissenschaft. Dieser Nutzen hat sich von Anfang an im allerreichsten Maße in der Chemie gezeigt ... Aber der Werth und Nutzen der Hypothesen liegt nicht allein in der Anregung zu neuen, zu ihrer Begründung, Prüfung oder Widerlegung unternommenen Untersuchungen. Die einfache Erkenntnis der Dinge, wie sie sind oder erscheinen, genügt dem forschenden Geiste des Menschen nicht; er strebt auch den ursächlichen Zusammenhang der Dinge, alles Werdens und Geschehens zu ergründen. Dieses Ziel wird zwar nie erreicht werden; unsere Vorstellungen werden niemals mit dem Wesen der Dinge identisch sich decken; aber sie können demselben mehr und mehr sich nähern, wie der

[27] A. M. Butlerov: Sočinenija, Band III, a. a. O., S. 19f.
[28] Ebenda, S. 279.

Schatten schärfer und schärfer die Gestalt des Gegenstandes wiederzugeben vermag."[29]

Die Voraussetzungen für den Übergang von der Hypothese zur Theorie sind von L. Meyer ähnlich wie von Butlerov und anderen Chemikern formuliert worden.

Meyer vertrat die Ansicht, daß die Wissenschaftsentwicklung durch die Anhäufung von invarianten Ergebnissen in ihr charakterisiert wird, und obwohl diese Ergebnisse auf der Grundlage entsprechender Hypothesen und Theorien erreicht wurden, überleben sie diese und werden von Generation zu Generation vererbt. Es gäbe Umwälzungen in der Wissenschaft. „Je öfter aber sich die Umwälzungen wiederholen, ein desto größerer Schatz sicher festgestellter Ergebnisse ist zurückgeblieben, und desto mehr ist dieser Kern der Wissenschaft von den gerade herrschenden Theorien und subjektiven Meinungen unabhängig geworden."[30]

Kekulé behandelt die Frage nach dem Verhältnis von Hypothese und Theorie etwas anders. Er weist darauf hin, daß jede Theorie sich von der Hypothese dadurch unterscheidet, daß sie stets aus einer Anzahl einfacher Hypothesen besteht. Die Theorie ist ein logisch verbundener Komplex von Hypothesen, oder, anders ausgedrückt, eine komplexe, logisch differenzierte Hypothese.[31] Folglich bildet nach Kekulé die logische Entwicklung einer Reihe von Folgerungen aus Grundvoraussetzungen, die durch ihre Ausgangsbasis in natürlicher Weise miteinander verbunden sind, den „Grundparameter" der Theorie; jede Folgerung stellt eine Hypothese dar.

Die Problematik der Wissenschaftsstruktur, der logischen Aspekte ihres Funktionierens wurde besonders gründlich von D. I. Mendeleev untersucht.

Die Wissenschaft, so Mendeleev, stellt eine untrennbare Einheit von Theorien, Prinzipien und empirischem Material dar. Die Theorie muß organisch mit Tatsachen verbunden sein; ihre Ignorierung verwandelt die Theorie in eine „Fiktion". „Erst die Verbindung der Idee mit Fakten und der Beobachtungen mit dem Gedankenverlauf kann, m. E., in die richtige Richtung wirken, sonst entflieht die Wirklichkeit und an ihre Stelle tritt rasch die Fiktion."[32]

Aber Organisator und Leiter der wissenschaftlichen Forschung ist die Theorie, sind die Prinzipien.

Große Beachtung schenkte Mendeleev dem „Gesetz". Naturgesetze, sagt Mendeleev, dulden keine Ausnahmen; dadurch unterscheiden sie sich deut-

[29] L. Meyer: Die modernen Theorien der Chemie und ihre Bedeutung für die chemische Mechanik, Breslau 1884, S. 618.

[30] Ebenda, S. 622.

[31] Siehe: G. V. Bykov: August Kekulé, Moskau 1964, S. 58.

[32] D. I. Mendeleev: Osnovy chimii. Predislovie k 8-mu izd., in: Sočinenija, Band XXIV, Moskau-Leningrad 1954, S. 51.

lich von Regeln und Regelmäßigkeiten, ähnlich z. B. den grammatischen und anderen von den Menschen erdachten Regeln, Verfahrensweisen und Beziehungen. Die Bestätigung des Gesetzes kann nur mittels Ableitung von Folgerungen aus diesem Gesetz sowie durch die Bestätigung dieser Folgerungen durch die experimentelle Überprüfung erfolgen.[33]

Das Problem des Gesetzes in der Wissenschaft untersucht Mendeleev am Beispiel der Entdeckung des Periodischen Systems.

Mendeleev vertritt die Auffassung, daß man für den Entdecker eines Gesetzes denjenigen halten soll, der begriffen hat, daß er ein neues, bisher unbekanntes Naturgesetz (1) gefunden, und der es verstanden hat, aus diesem Gesetz grundlegende Folgerungen zu ziehen (2). Allgemein bekannt sind die Worte Mendeleevs, daß die Gelehrten, denen man die Entdeckung des periodischen Gesetzes zuschreibt, „nicht gewagt haben, die Eigenschaften der noch nicht entdeckten Elemente vorauszubestimmen, die angenommenen Atomgewichte zu verändern und das periodische Gesetz überhaupt als ein strenges von der Natur geschaffenes Gesetz zu betrachten, das imstande ist, alle bisher nicht verallgemeinerten Tatsachen zu erfassen, wie ich das von Anfang an getan habe."[34]

Das höchste Ziel der Wissenschaft besteht in der Aufdeckung der Naturgesetze, aber es wird nie dazu kommen, daß alle Naturgesetze gefunden werden, denn die Wissenschaft ist in ihrem Bestreben, das Unendliche zu erfassen, auch selbst unendlich, und es besteht kein Anlaß anzunehmen, daß irgendwo die Grenzen der Erkenntnis und der Beherrschung der Materie erblickt werden können.

Das Gesetz tritt bei Mendeleev als das Allgemeine auf. Es stellt jene Grundlage dar, von der aus man Hypothesen konstruieren kann. Gewagte Hypothesen üben nach Mendeleev eine gewisse Anziehungskraft auf unseren Intellekt aus, sie verursachen manchmal sogar einen zeitweiligen Fortschritt, aber viel öfter führen sie zu falschen Schlußfolgerungen und fallen der Vergessenheit anheim, besonders, wenn sie sich nicht auf wissenschaftliche Gesetze stützen können. Die Aufdeckung solcher Gesetze müßte daher die nächste Aufgabe des wissenschaftlichen Strebens sein. Man müßte hier hervorheben, daß Mendeleev die atomar-molekulare Hypothese sehr hoch eingeschätzt hatte, über die er schrieb: „Sie festigt das lückenhafte empirische Gebäude der Chemiewissenschaft in demselben Maße wie auch die Überzeugung von der Allgemeingültigkeit der universellen Naturgesetze und der Erhaltung der Masse."[35]

Die Hypothese ist nach Mendeleev ein Kompaß, ohne den man sich im

33 Vgl. D. I. Mendeleev: Sočinenija, Band XXIII, Moskau-Leningrad 1952, S. 153.

34 Ebenda, S. 153f.

35 D. I. Mendeleev: Periodičeskij zakon. Osnovnye stat'i, Moskau 1958, S. 174.

Chaos der Fakten nicht zu orientieren vermag und ohne den man in Richtung ihrer Systematisierung und des Erhalts von neuen Ergebnissen nicht vorankommen kann. Dabei erfüllen nicht nur solche Hypothesen eine nützliche Funktion, die im weiteren Verlauf den Status einer Theorie erwerben, sondern auch solche, die im Zuge der weiteren Wissenschaftsentwicklung auf der Strecke liegen bleiben.

Bei der Erwähnung, welche Bedeutung wissenschaftliche Aufgaben, Vermutungen und Hypothesen haben, unterstrich Mendeleev, daß eine Theorie nicht in fertiger Form vom Himmel fällt. An der Quelle so mancher Theorie stand als richtungsweisender Orientierungspunkt für die Erforschung der Natur eine primäre Hypothese Pate.

„. . . Höchst lehrreich ist es, festzustellen", schrieb Mendeleev, „daß sogar solche einzelne Vermutungen oder Hypothesen, die sich in der Folgezeit als falsch erwiesen haben, so manches Mal Anlaß zu wichtigen Entdeckungen gaben und auf diese Weise die Aussagekraft der Wissenschaft gesteigert haben."[36]

Die Theorie, unterstreicht Mendeleev, beginnt mit einer Hypothese und endet mit der theoretischen Aufdeckung neuer Erscheinungen, mit einer Schlußfolgerung für das Ganze aus einer These. Diese These illustriert Mendeleev am Beispiel des periodischen Systems der Elemente. „Das periodische Gesetz war zunächst eine Hypothese, die sich nach und nach ausschließlich unter dem Einfluß der Bestätigung jener unerwarteten Folgen, die diese Hypothese ausgelöst hatte . . . unter dem Eindruck jenes neuen Standpunktes, der von der Hypothese eröffnet und von der Wirklichkeit bestätigt wurde, zu einer allgemein anerkannten Wahrheit gewandelt hat."[37]

Mendeleev vertrat die Auffassung, Hypothesen müßten in der modernen Chemie auf die Aufdeckung der Eigenschaften der (einfachen und komplexen) Körper in Abhängigkeit von den Grundeigenschaften der Elemente, aus denen sie bestehen, orientiert sein, wobei der letzte Teil der Aufgabe (Eigenschaften der Elemente) in induktiver Weise, die ganze Aufgabe (Feststellung der Abhängigkeit) in deduktiver Weise gelöst wird.[38]

[36] D. I. Mendeleev: Sočinenija, Band XX, Moskau-Leningrad 1950, S. 158. Mendeleev war der Ansicht, daß die Vorausschau in der Wissenschaft ihrem Wesen nach eine theoretische Prognose darstelle, deren Realisierung zu einer Entdekkung und zur Aufdeckung des Wesens der Dinge führt. „Etwas voraussehen oder voraussagen, was noch nicht bekannt ist, bedeutet in jedem Falle nicht weniger, als etwas entdecken, was vorhanden ist, aber noch nicht beschrieben wurde (z. B. ein Land oder unbekannte Erscheinungen der Körper, industrielle Verfahren u. ä. m.), und von wesentlicher Bedeutung ist, weil es auf die Möglichkeit der Menschen hinweist, in das eigentliche Wesen der Dinge einzudringen . . ." (D. I. Mendeleev: Sočinenija, Band XXIV, a. a. O., S. 89).

[37] Ebenda.

[38] Ebenda, S. 16.

Mendeleev unterscheidet zwischen „Wahrheit" und „Wahrhaftigkeit"; die Wahrheit ist eine reduzierte Wahrhaftigkeit oder besteht aus einzelnen Elementen dieser. „Bei der Erforschung der Welt mit Hilfe der Induktion (vom Vielen, was beobachtet wird, zu Wenigem, was überprüft wurde, nicht mehr angezweifelt wird und bereits einer deduktiven Behandlung unterliegt) weigerte sich die Wissenschaft, die Wahrhaftigkeit an und für sich unmittelbar zu erkennen; über die Wahrheit bemüht sie sich – und schafft es auch –, auf einem langwierigen und beschwerlichen Forschungswege bis zu wahrhaften Schlußfolgerungen zu kommen, deren Grenzen weder in der äußeren Natur noch im inneren Bewußtsein zu erkennen sind."[39]

Am ausführlichsten legt Mendeleev seine Auffassungen über die wissenschaftliche Erkenntnis, ihre Elemente und Reihenfolge mit folgenden Worten dar: „Studieren im wissenschaftlichen Sinne bedeutet: a) nicht nur ehrlich Erfindungen tätigen oder einfach etwas beschreiben, sondern auch die Beziehung des zu Erforschenden zu dem zu erkennen, was entweder aus Erfahrung und Wahrnehmung der gewohnten Umwelt oder aus vorherigen Forschungen bekannt ist, d. h. die Qualität des Unbekannten mittels des Bekannten bestimmen und ausdrücken; b) all das messen, was als etwas Meßbares die zahlenmäßige Beziehung des zu Erforschenden zum Bekannten, zu den Kategorien der Zeit und des Raumes, zur Temperatur, zur Masse u. ä. ausdrücken kann; c) den Platz des zu Erforschenden im System des Bekannten bestimmen und sich dabei sowohl auf qualitative als auch auf quantitative Daten stützen; d) mittels Messungen die empirische (erfahrungsmäßige, sichtbare) Abhängigkeit (Funktion, „Gesetz", wie man manchmal sagt) der variablen Größen finden, z. B. die Abhängigkeit der Zusammensetzung von den Eigenschaften, der Temperatur von der Zeit, der Eigenschaften von der Masse (dem Gewicht) usw.; e) Hypothesen oder Vermutungen über den kausalen Zusammenhang zwischen dem zu Erforschenden und seiner Beziehung zum Bekannten oder den Kategorien der Zeit, des Raumes u. ä. aufstellen bzw. anstellen; f) die logischen Ergebnisse der Hypothese experimentell überprüfen: g) eine Theorie für das zu Erforschende aufstellen, d. h. das zu Erforschende als unmittelbares Ergebnis vom Bekannten und den Voraussetzungen, unter denen es existiert, ableiten. Offenbar kann man nur dann etwas erforschen, wenn etwas als Ausgangsstellung, als etwas Unzweifelhaftes und Fertiges angenommen wird. Dies können z. B. die Zahl, die Zeit, der Raum, der Stoff, die Form, die Bewegung, die Masse sein."[40]

Aus dem hier vorgestellten Material ist zu ersehen, welche große Bedeutung die Chemiker den Problemen des logischen Wissenschaftsstatus, der Analyse des Problems vom Erhalt neuen Wissens geschenkt haben.

Die unter den Vertretern der physikalisch-mathematischen Wissenschaften

[39] Ebenda, S. 89.
[40] Ebenda, S. 88.

im 19. Jahrhundert und in der späteren Zeit recht weit verbreitete Meinung, daß die Chemiker die Probleme des theoretischen Wissens überaus sorglos behandelt haben, daß sie eine empirische Wissenschaft vertreten, in der es keine strenge mathematische Theorie gab, ist natürlich von Grund auf falsch.

Vollauf wahr ist hingegen folgende Einschätzung der Wirkungskraft einer der besonders erfolgreichen Theorien in der Chemie, die in den sechziger Jahren des vorigen Jahrhunderts geschaffen wurde – der Strukturtheorie: „Keine einzige Verallgemeinerung in der Wissenschaft, selbst diejenige nicht, die genaue mathematische Formulierungen liefert, hatte einen größeren Erfolg in der Zusammenfassung einer Vielzahl von Beobachtungen zu einer einfachen Form als jene Gruppe von Ideen, die wir als Strukturtheorie bezeichnen."[41]

Die Schaffung dieser Theorie vollzog sich unter „Qualen"; viele Theorien, die sich nacheinander ablösten, gingen ihr voraus. In den vierziger Jahren, nach dem Zusammenbruch des „Großen Systems" von Berzelius und nach einem Kaleidoskop von Theorien mit verhältnismäßig kurzer Lebensdauer war es tatsächlich so, daß sich unter einem bestimmten Teil der Chemiker als Reaktion auf diese Situation eine antitheoretische Strömung, eine Orientierung auf empirische Forschungen breitgemacht hatte. Aber nicht diese „Stimmungen" dominierten in der Chemiewissenschaft, nicht sie legten die Trasse für ihre Entwicklung fest. Charakteristisch war vielmehr das Suchen nach einer „starken" Theorie, die nicht nur die erklärende Funktion erfüllen sollte, sondern auch mit einer Vorhersagekraft ausgestattet und im Besitz einer „Deduktionskraft" war.

Das Problem der Erklärung und des Verstehens

Zunächst zur Frage, ob das Problem der Erklärung in der Chemie, im Vergleich z. B. zur Physik, von irgendwelcher Spezifik gekennzeichnet war:

In der Physik resultierte die Lösung dieser Frage, wie Maxwell schrieb, im Folgenden: „Wenn man irgendeine Erscheinung als einen besonderen Fall irgendeines allgemeinen Prinzips schildern kann, das auch für andere Erscheinungen anwendbar ist, so sagt man, daß diese Erscheinung ihre Erklärung gefunden habe. Jedoch sind Erklärungen, je nach dem Grade der Allgemeingültigkeit des angewandten Prinzips, sehr unterschiedlich."[42]

Weiter erklärt Maxwell: „... Wenn eine physikalische Erscheinung voll und ganz als eine Veränderung der Konfiguration und der Bewegung des materiellen Systems geschildert werden kann, so haben wir eine vollständige

[41] H. N. Parton: Vlijanie uspechov fizikov na chimičeskuju nauku, in: Metodologičeskie problemy sovremennoj chimii, Moskau 1967, S. 99.

[42] J. C. Maxwell: Stat'i i reči, Moskau 1968, S. 98.

dynamische Erklärung der Erscheinungen. Wir können uns weder die Notwendigkeit noch die Möglichkeit einer weiteren Erklärung und auch nicht den Wunsch danach vorstellen; denn wir sehen, wenn uns die Bedeutung der Worte ‚Konfiguration‘, ‚Bewegung‘, ‚Masse‘ und ‚Kraft‘ bekannt ist, daß die durch sie ausgedrückten Ideen derart elementar sind, daß man für sie keine andere Erklärung haben kann. Erscheinungen, die von den Chemikern untersucht werden, sind meistenteils solche Erklärungen, die bisher keine vollständige dynamische Erklärung gefunden haben.“ [43]

Von diesem Standpunkt aus ist als die höchste (äußerste) Stufe der Erklärung die dynamische Erklärung zu betrachten, zu der sich die Chemie infolge größerer Kompliziertheit der zu erforschenden Erscheinungen und der geringeren Entwicklung des theoretischen Systems „nicht hinaufschwingen“ kann.

Diese Konzeption der Erklärung stellt ihrem Wesen nach nichts anderes dar als das, was Einstein als „Programm Newtons“ bezeichnet hat, dessen Realisierung verschiedene Gebiete der Physik zu einem einheitlichen Ganzen verbinden und dessen Expansion nicht vor der Schwelle der Chemie halt machen sollte.

Zugleich aber war Maxwell einer der ersten Physiker, die von der Orthodoxie dieses Programms abgekommen sind. So weist Maxwell in seiner Charakteristik der Bedeutung des von Helmholtz entdeckten Gesetzes der Erhaltung der Energie darauf hin, daß Helmholtz uns ein Schema zur Verfügung stellt, mit dessen Hilfe wir in der Lage sind, Fakten einer beliebigen Physikwissenschaft als Beispiele der Umwandlung von Energie einer Form in die andere darzustellen. Er sagt uns auch, daß beim Studium einer beliebigen neuen Erscheinung unsere erste Frage sein muß: Wie kann man diese Erscheinung vom Gesichtspunkt der Umwandlung der Energie erklären? Welcher Art ist die primäre Form der Energie? Welcher Art ist ihre Endform? Welcher Art sind die Bedingungen ihrer Umwandlung? Erklärungen, die das Erhaltungsprinzip der Energie für Erscheinungen anzubieten hat, sind keinesfalls „dynamisch“ und passen auch nicht in das „Programm Newtons“. Der „ontologische“ Status der Erklärung ist hier ein anderer, obwohl sie in methodologischer Hinsicht mit der „dynamischen Erklärung“ übereinstimmt, da auch sie sich auf das Erfassen der Erscheinung mittels eines allgemeinen Prinzips beschränkt.

Die Erklärung in der Chemie läuft ferner, ungeachtet der Verschiedenheit ihrer konkreten Arten und ihres jeweiligen Unterschieds zu der Erklärung in der Physik, darauf hinaus, daß die Erscheinungen in eine entsprechende Theorie integriert oder aus ihr deduziert werden.

Für die Chemie des 19. Jahrhunderts ist – im Unterschied zur Chemie des 18. Jahrhunderts – nicht die globale, sondern die differenzierte Methode

[43] Ebenda, S. 98f.

für die Lösung dieses Problems charakteristisch, d. h. die Extraktion bestimmter Erscheinungsgruppen, die hinsichtlich ihrer „Verhaltensweise“ von besonderer Spezifik sind. Genauer gesagt, in der Chemie des 19. Jahrhunderts vollzog sich eine Spezifizierung der globalen Methode.

Die Entwicklung dieser Methode zur Erklärung von Erscheinungen war mit der Konkretisierung ihrer Anwendbarkeit auf verschiedene Erscheinungsgruppen verbunden, mit der Herausbildung von „besonderen“ Lösungsmethoden für diese Erscheinungen, die miteinander das gemeinsam haben, was durch die Grundlagen der atomistisch-molekularen Lehre feststeht.

Nehmen wir z. B. die organische Chemie, die in der chemischen Wissenschaft, zumindest in der ersten Hälfte des 19. Jahrhunderts, eine vorrangige Rolle gespielt hat.

Die erste Art des Verstehens von chemischen Phänomenen und Verbindungen, die in der organischen Chemie Eingang gefunden hatte, geht auf Lavoisier zurück und steht in Verbindung mit der dualistischen Theorie von Berzelius. Im wesentlichen besteht sie in der Vorstellung, daß die Eigenschaften von Teilchen, die die physikalischen Eigenschaften und das chemische Verhalten der Stoffe bestimmen, von der Natur des zu den Teilchen gehörenden Atoms (oder Radikals) abhängig sind.

Dieser Standpunkt wurde auch von Liebig entwickelt und war bis zum Auftauchen der Substitutionstheorie von den Chemikern allgemein anerkannt. Als leitende Erklärungskomponente erscheint hier die Feststellung der elementaren Zusammensetzung der Verbindungen.[44]

Die weitere Entwicklung der organischen Chemie zeigte, daß die Kenntnis der Zusammensetzung der Verbindungen eine zwar notwendige, aber nicht hinreichende Voraussetzung ist, um das Verhalten der Verbindungen und ihre Mannigfaltigkeit zu erfassen. Nach der Schaffung der Substitutionstheorie, welche die Theorie von Berzelius verdrängte, bildete sich ein neues Verständnis für das Verhalten von organischen Verbindungen heraus.

Der Standpunkt Dumas' kommt in folgenden Worten zum Ausdruck: „Lavoisier stellte den Einfluß der Natur der Moleküle fest, Berzelius charakterisierte in seinen unsterblichen Werken die Bedeutung ihres Gewichts. Man kann sagen, daß die Entdeckung Mitscherlichs (Isomorphie) auf die Aufdeckung des Einflusses von Formen hinausläuft, und die Zukunft wird

[44] In Verbindung damit ist es von Interesse festzustellen, daß Liebig, als er die neue Methode der Bestimmung der elementaren Zusammensetzung von Verbindungen schuf (die so einfach war, daß es keiner großen Kunst mehr bedurfte, sie zu handhaben), folgende Bemerkung fallenließ: „Nunmehr können sogar Affen Chemie treiben.“ Dies entsprach seiner Vorstellung (von der er sich übrigens später losgesagt hatte), daß der „Kernpunkt“ der chemischen Untersuchung in der Feststellung der elementaren Zusammensetzung der Verbindungen bestehe, die den Schlüssel für die Aufdeckung aller ihrer Eigenschaften liefere.

uns zeigen, ob die französischen Chemiker unserer Zeit imstande sind, uns den Schlüssel zur Bestimmung der molekularen Ordnung in die Hand zu geben.“[45]

Eine entscheidende Bedeutung für die Grundeigenschaften der Verbindungen hat von diesem Standpunkt aus folglich die Anordnung (und nicht die Natur) der Atome; aber ein Modell dieser Anordnung zu liefern, es durch eine Formel auszudrücken, erschien als eine unlösbare Aufgabe. Den Schöpfern dieses methodischen Verständnisses ist es daher auch nicht gelungen, ihre Vorstellungen in einer einigermaßen abgeschlossenen Form zu realisieren.

Die chronologisch dritte Art und Weise des Erfassens und der Erklärung von chemischen Verbindungen ist mit der Typentheorie Gerhardts verbunden, derzufolge chemische Erscheinungen erst dadurch gegeben sind, daß der Stoff sich verwandelt, d. h. aufhört das zu sein, was er bisher war; darum gestatten die chemischen Merkmale lediglich, die Vergangenheit und die Zukunft des Stoffes zu erfassen, so daß seine Struktur nicht aus den chemischen Eigenschaften abgeleitet werden kann.

Chemische Reaktionen können demnach nicht als Hinweis auf den Aufbau des Stoffes dienen. Man kann chemische Verbindungen vom Standpunkt Gerhardts nur dann verstehen und erklären, wenn man sie als Produkt der vier Grundtypen der chemischen Verbindungen (Ammoniak, Wasser, Wasserstoff, Chlorwasserstoff) darstellt. Darum besteht die Hauptaufgabe der Untersuchung nicht in der Bestimmung der elementaren Zusammensetzung, nicht in der Aufdeckung der Anordnung von Atomen (was zu jener Zeit zwar deklariert wurde, aber eine unlösbare Aufgabe bedeutete), sondern in der Feststellung, zu welchem der vier Grundtypen die vorliegende Verbindung gehöre. Die Unterschiede zwischen Verbindungen eines und desselben Typs werden durch ihre Stellung in der homologen Reihe erklärt.

Somit besteht das einzige Prinzip, das nach Meinung Gerhardts von der Theorie geliefert wird, in der Reduktion der gesamten Vielfalt von chemischen Verbindungen auf die einfachsten Typen und die homologen Reihen.

Die Herausbildung eines neuen Verfahrens für das Verstehen und Erklären chemischer Phänomene war mit der Schaffung der Strukturtheorie in der organischen Chemie verbunden, deren Durchsetzung von harten Auseinandersetzungen der verschiedenen Standpunkte begleitet war.

In der organischen Chemie herrschte im Verlauf mehrerer Jahre die Überzeugung, die Isometrie lasse sich durch Unterschiede in der Art und Weise der Bildung des Stoffes erklären, d. h. durch den Unterschied entweder seiner Generatoren oder der Reaktionen, in deren Ergebnis der Stoff sich gebildet hat. Im Einklang mit diesen Vorstellungen wurden rationelle For-

45 Zitiert nach: E. Held: Istorija organičeskoj chimii s drevnejšich vremen do našich dnej, Charkow-Kiew 1937, S. 81.

meln nur als Umwandlungsformeln, nicht aber als Konstitutionsformeln behandelt.

Für diese Chemiker, schrieb Butlerov, sind Formeln nur verkürzte Ausdrücke von Gleichungen der Stoffbildung, aber sie vergessen anscheinend, daß Gleichungen verschieden, die entstehenden Stoffe aber trotzdem identisch sein können.

Dem neuen Standpunkt (Butlerovs) entsprechend, kann und muß die Erklärung des Verhaltens einer chemischen Verbindung auf die Aufdeckung der „Wechselwirkungsweise" der Atome im Molekül, auf ihren Verbindungstyp gerichtet sein; dieses liefere den Schlüssel für das Verständnis aller möglichen Umwandlungen der vorliegenden Verbindung und der verschiedenen Weisen ihrer Genesis.[46]

Die Diskussion, die um die Strukturtheorie geführt wurde, war von großer methodologischer Bedeutung, da zu ihren Leitsätzen Fragen der Verstehens- und Erklärungsweisen chemischer Phänomene sowie Fragen über die Wirkungsgrenze der Theorie gehörten.

N. A. Menšutkin schrieb, die Strukturtheorie könne das Problem des Aufbaus organischer Verbindungen nicht lösen, solange die Frage nach dem physikalischen Sinn der Valenz von Atomen und nach der Natur jener Kräfte, die zwischen den Atomen wirken, nicht geklärt ist.

Die Lösung der Probleme, die Menšutkin als Vorbedingung für die Anerkennung der Strukturtheorie stellte, erfolgte erst 70–80 Jahre nach Aufstellung dieser Theorie; das jedoch verzögerte keineswegs ihren Triumphzug, obwohl vor ihr immer neue Fragen entstanden und ihrer Beantwortung harrten.

Unter den Argumenten, die Menšutkin gegen die Strukturtheorie vorgebracht hatte, gab es auch solche wissenschaftshistorischer Art. In seinem Werk „Studien zur Entwicklung von Ansichten in der Chemie" (Očerki razvitija chimičeskich vozzrenij) unternahm Menšutkin den Versuch zu beweisen, daß die Strukturtheorie nicht im Ergebnis der gesetzmäßigen Entwicklung vorangegangener theoretischer Auffassungen entstanden war, sondern eine historische Zufälligkeit darstelle.

Butlerov stellte dieser Behauptung eine gut fundierte These entgegen, in der er einen besonderen Akzent darauf legte, daß „die historische Notwendigkeit zum Verständnis der chemischen Struktur geführt habe".[47] In welchem Maße die Lehre von der chemischen Struktur gesetzmäßig in Erscheinung trat, das belegen nach Butlerov auch die Lehren der Vergangenheit, als es

[46] Kekulé schrieb 1872: „Die Grundrichtung in der modernen Chemie besteht zweifellos im Studium der Konstitutionen von Verbindungen, aber darunter versteht man nicht mehr wie früher die Anordnung der Atome im Raum, sondern eher ihre Wechselwirkung im Molekül" (zitiert nach: G. V. Bykov: August Kekulé, a. a. O., S. 156).

[47] A. M. Butlerov: Sočinenija, Band I, Moskau 1953, S. 432.

diese Theorie noch nicht gab und erst der Boden für sie vorbereitet wurde, als mehr oder weniger notwendig Meinungen auftauchten, denen bereits Vorstellungen von einer Anordnung der chemischen Bindung der Atome zugrunde lagen. Das waren damals gewissermaßen nur halbbewußte Meinungsäußerungen.[48] Mit diesen Worten unterstreicht Butlerov, daß eine neue Theorie nicht als etwas absolut Neues entsteht, daß die Grundidee, die den Kern dieser Theorie ausmacht, bereits ihre „Ahnen" gehabt habe, daß schon früher dasjenige „halbbewußt" hervorgebracht war, was den Boden für die Schaffung dieser Theorie vorbereitet habe und in der historischen Perspektive zu ihrer unvermeidlichen Herausbildung führen mußte.

Butlerov formulierte die Ansprüche, die an eine Theorie gestellt werden, sehr präzise. Die Theorie muß vor allem anwendbar sein, d. h. in bestimmter Weise auf einen mehr oder weniger streng umrissenen Kreis von Fragen eine Antwort geben können, sie muß aus ihrer Einflußsphäre entsprechendes empirisches Material beziehen und jene für ihren Bereich aktuellen Probleme ausschließen, die von ihr nicht bewältigt werden können.

Natürlich besteht der Wert einer Theorie nicht in dem, was sie nicht zu schaffen vermocht hatte, sondern in dem, was sie zum realen Wissenschaftsfortschritt tatsächlich beitrug. Diese Ansicht Butlerovs erinnert im gewissen Sinne an den bekannten Ausspruch Lenins: „Historische Verdienste werden nicht danach beurteilt, was historische Persönlichkeiten, gemessen an den heutigen Erfordernissen, *nicht geleistet haben*, sondern danach, was sie im Vergleich zu ihren Vorgängern *Neues geleistet haben*."[49]

Das Verhältnis der Chemie zur Mechanik

Die wissenschaftlichen Positionen der Chemiker im 19. Jahrhundert wurden im bedeutenden Maße von ihrem Verhältnis zur Mechanik geprägt, welche bis zu den letzten Jahrzehnten dieses Jahrhunderts als Führerin in der Wissenschaft galt und in bedeutendem Maße die Weltanschauung der Epoche bestimmte.

[48] Ebenda, S. 380. G. V. Bykov führt einen mit Bleistift skizzierten Entwurf eines Lehrprogramms zur Geschichte der Chemie an, den er im Archiv Butlerovs fand (siehe: A. M. Butlerov: Sočinenija, Band III, a. a. O., S. 345): „Historischer Abriß der theoretischen Chemie für 1840–1880. Aufteilung nach Ideen: Entstehung und Entwicklung. Tabellen wichtiger Fakten nach Jahren, – Verbindung der Ideen und Fakten, – spaltenweise. Allmähliche Entwicklung der Ideen unter Generationen, ständiges Zu-weit-gehen". Folglich betrachtete Butlerov die Analyse der Ideengenesis und die allmähliche Entwicklung dieser Ideen als das Wichtigste in der wissenschaftsgeschichtlichen Forschung. Unter dem „ständigen Zu-weit-gehen" meinte Butlerov wohl die Tendenz neuer Ideen (Auffassungen), die Grenzen ihrer Anwendbarkeit zu überschreiten, ungerechtfertigt zu expandieren und in Gebiete einzudringen, in denen sie nicht mehr „wirksam" sind.

[49] W. I. Lenin: Werke, Band 2, Berlin 1955, S. 180.

Das ganze Jahrhundert hindurch wird in der Chemie ein Kampf zweier Richtungen geführt, welche zwar ihre Formen änderten, aber im wesentlichen die gleichen blieben: zu Beginn des Jahrhunderts der Kampf zwischen Atomisten und Antiatomisten, gegen Ende des Jahrhunderts zwischen den Atomisten, zu denen die Mehrzahl der hervorragenden Chemiker gehörte, und den Anhängern des Energetismus, die dafür eintraten, daß die Atomistik „ad acta" gelegt werde.

Zwei Tendenzen waren für die Antiatomisten zu Beginn des Jahrhunderts charakteristisch: die Gesetze der Mechanik zu leitenden Prinzipien der Chemie zu machen und die Chemie nach dem Muster der Mechanik als eine deduktive Wissenschaft aufzubauen.[50] Der bekannteste Vertreter dieser Richtung war Berthollet.

Das Endziel der Lehre von der Affinität besteht in der Verwandlung der Chemie in einen Zweig der angewandten Mechanik. L. Meyer weist darauf hin, daß bereits Berthollet und Laplace darin das höchste Ziel sahen, zu dem die Wissenschaft streben muß. Berthollet z. B. versuchte, die Mannigfaltigkeit der chemischen Erscheinungen auf bestimmte unveränderliche Eigenschaften der Materie zurückzuführen, ähnlich wie die Astronomie die Erscheinungen allein mit dem Prinzip der allgemeinen Gravitation zu erklären sucht.

Wenn Berthollet das von ihm gestellte Ziel bei dem jeweiligen Stand der Wissenschaft für erreichbar hielt, so behauptete L. Meyer, daß der Weg zu diesem Ziel über die Atomistik verläuft, d. h. es sei „... die umgekehrte Aufgabe zu lösen, in der Mannichfaltigkeit der einzelnen Erscheinungen diejenigen Grössen zu entdecken und zu messen, welche unter allen Umständen unverändert bleiben, und die Gesetze zu finden, welche die Abhängigkeit der Erscheinungen von diesen Constanten und den variablen äusseren Bedingungen ausdrücken."[51]

Berthollet und Meyer stellen sich bei einem unterschiedlichen Stand der Wissenschaft ein und dasselbe Ziel, aber die Dauer sowie die Art und Weise seiner Verwirklichung erscheinen ihnen wesentlich verschieden.[52]

[50] Die Antiatomisten zu Ende des Jahrhunderts (W. Ostwald) stellen dieselben Aufgaben, nur daß sie nicht in der Mechanik, sondern in der Thermodynamik die Grundlage der Chemie sehen wollen.

[51] L. Meyer: Die modernen Theorien der Chemie und ihre Bedeutung für die chemische Mechanik, Breslau 1884, S. 2f.

[52] Eine Reihe Gelehrter der zweiten Hälfte des 19. Jahrhunderts war der Meinung, daß es im Ergebnis der Schaffung einer Atommechanik möglich sein wird, Naturerscheinungen auf eine „möglichst geringe Anzahl möglichst einfacher Zustände" zurückzuführen. Die Frage nach dem Wesen der chemischen Affinität, schrieb Jahn, wird gegenwärtig, da wir ihre Wirkung messen können, viel deutlicher gestellt, als zu Zeiten Berthollets, und wenn nach den Worten des berühmten Verfassers der Geschichte induktiver Wissenschaften, Whewell,

Die Tendenz der Reduktion der Chemie auf die Mechanik ist von einem der größten Chemiker der zweiten Hälfte des 19. Jahrhunderts, M. Berthelot, klar umrissen worden. In der Schilderung des Ziels seines Hauptwerkes weist Berthelot darauf hin, daß sein Werk, so eng begrenzt es auch sein mag, den ersten Schritt auf einem neuen Wege darstelle. Er hielt diesen Weg für sinnvoll, damit die chemische Wissenschaft auf eine andere Basis gestellt werde. Das hohe Ziel dieser Evolution sei es, die Chemie aus einer beschreibenden Wissenschaft in die Reihe der rein physikalischen und mechanischen Wissenschaften zu überführen. Dies würde die Möglichkeit schaffen, den Grundstein für eine neue Wissenschaft zu legen, die berufen sein sollte, die ganze Chemie umzugestalten, indem sie auf rationelle Begriffe reduziert wird, die sich auf die Grundgesetze der Mechanik stützen.

Hieraus ist zu ersehen, daß die Tendenz der Reduktion der Chemie auf die Mechanik im 19. Jahrhundert stark ausgeprägt war und in bestimmten Etappen eine vorrangige Stellung einnahm. Man muß zwei Varianten dieser Tendenz unterscheiden. Die erste bestand in der unmittelbaren Ausdehnung der Vorstellungen der Mechanik auf das Gebiet der Chemie, in den Versuchen (oder in der Verkündung der Notwendigkeit), die Chemie durch Gesetze der Mechanik zu begründen. Vertreter dieser Variante waren die Antiatomisten und die inkonsequenten Atomisten. Die zweite Variante bestand in Hinweisen auf die Notwendigkeit, die Mechanik in die Atomistik einzubringen und die Atommechanik somit zur Grundlage der chemischen Wissenschaft zu machen. Einen bestimmten Tribut an diese Tendenz zahlte sogar van't Hoff.

Auf die Unmöglichkeit einer Reduktion der Chemie auf die Mechanik hat wohl am folgerichtigsten – von der Spezifik des Gegenstandes der Chemie ausgehend – und mit „lauter Stimme" Mendeleev hingewiesen.

Der Gegenstand der Chemie besteht, wenn wir die Aussagen Mendeleevs zu dieser Frage zusammenfassen, in der Erforschung des Stoffes (1) und seiner Umwandlungen (2).

„Ich habe meine ganze Kraft dem Erforschen des Stoffes gewidmet", schreibt Mendeleev, „und ich fand in ihm folgende zwei Merkmale oder Eigenschaften: die *Masse*, die einen Raum einnimmt und sich durch ihre Anziehungskraft, besonders klar und real aber durch ihr Gewicht offenbart, und die *Individualität*, die sich in den chemischen Umwandlungen äußert und am klarsten in der Vorstellung von den chemischen Elementen formuliert ist."[53]

die wissenschaftliche Frage bereits zur Hälfte beantwortet ist, sobald sie klar gestellt wird, so können wir hoffen, daß die Lösung der Affinitätsprobleme möglich ist und der Chemiker durchaus imstande ist, sein Endziel, das Hinüberwachsen seiner Wissenschaft in die Atommechanik, zu erreichen (siehe: H. Jahn: Osnovanie termochimii i ee značenie dlja teoretičeskoj chimii, St. Petersburg 1893, S. 178).

[53] D. I. Mendeleev: Sočinenija, Band XXIV, a. a. O., S. 155. In diesem Zusammenhang ist es wichtig hervorzuheben, daß Mendeleev die Unkenntnis der

Dementsprechend hielt Mendeleev die Gleichsetzung der chemischen Affinität mit Kräften der allgemeinen Gravitation für prinzipiell falsch. Es ist unmöglich, schrieb Mendeleev, die chemische Verwandtschaft mit der allgemeinen Gravitation völlig zu identifizieren, da diese nur von der Masse und den Entfernungen abhängig ist, nicht aber von der Qualität des Stoffes, wie es bei der Affinität der Fall ist. Folglich spielen in der Chemie (im Unterschied zur Mechanik) die Qualität, die Eigenschaft, die Spezifik des Stoffes die entscheidende Rolle. Dieser Standpunkt negiert allerdings keineswegs die Rolle quantitativer Beziehungen im Prozeß der chemischen Umwandlung.

Somit hat das Problem der Wechselbeziehung zwischen Mechanik und Chemie zwei Aspekte. Erstens geht es um die Grenzen der Anwendung mechanischer Vorstellungen in der Chemie, um den Grad der Anwendbarkeit der mechanischen Denkweise in der Chemie. In Verbindung mit diesem Aspekt steht das wichtige Problem der Korrelation von quantitativen und qualitativen Momenten in der Chemie. Hätte in ihr die Kategorie der Quantität die Priorität, d. h. könnten alle Seiten ihres Gegenstandes durch eine „Zahl" ausgedrückt werden, so wäre die Chemie, entsprechend der Vorstellung einer Reihe von Chemikern des 19. Jahrhunderts, auf die Mechanik zu reduzieren. Ein großer Teil namhafter Chemiker dieses Jahrhunderts widersprach dem ganz entschieden. Die zweite Frage ist „struktureller" Natur: Kann die Chemie so aufgebaut sein wie die Mechanik, d. h. kann sie eine deduktive Konstruktion haben?

Wissenschaftshistorische Positionen der Chemiker

Fragen der Erblichkeit des Wissens, der Wechselbeziehungen zwischen dem Alten und Neuen, Fragen der Zukunft der Wissenschaft beschäftigten die hervorragenden Vertreter der Chemie und ihre Historiographen schon aus dem Grunde, weil bestimmte Antworten darauf die Grundlage für die Einschätzung der jeweiligen Situation in der Wissenschaft bildet, und weil dadurch eine bestimmte Vorstellung erarbeitet werden kann, wie ihre weitere Entwicklung verlaufen wird.

Die Beantwortung dieser Fragen ist für solche Gelehrte unbedingt notwendig, die sich darum bemühen, den Stand ihrer Wissenschaft in ihrer Gesamtheit zu überblicken und die Verbindungen sowie Beziehungen zu anderen Wissenschaften und ihre weiteren Entwicklungswege zu klären. Charakteristisch für fast alle großen Chemiker des 19. Jahrhunderts ist ein erstaunliches Interesse für die Geschichte ihrer und der gesamten Wissenschaft. In

Natur der chemischen Affinität nicht als Hindernis für den Fortschritt der Chemie betrachtet hat, denn die Astronomie hatte ja auch eine erstaunliche Genauigkeit und Allgemeingültigkeit der Vorhersage erreicht, ohne die Natur der allgemeinen Gravitation zu kennen.

der Wissenschaftsgeschichte suchten sie den Keim jener Ideen, die zu den herrschenden Ideen in der modernen Chemie wurden.

Man könnte eine Vielzahl von Äußerungen der Chemiker zur Frage der Wissenschaftsgeschichte anführen, aus denen zu ersehen ist, daß ihr Interessenkreis auf diesem Gebiet sich nicht allein auf die Geschichte der Chemie beschränkte, sondern daß sie die Chemie als einen wichtigen Teil des allgemeinen Stroms in der Entwicklung des menschlichen Denkens betrachten.

So stellte z. B. Mendeleev in seinem Artikel „Vor dem Gemälde A. I. Kuindžis" eine organische Beziehung zwischen dem Entstehen eines neuen Genres in der Malerei – der Landschaftsmalerei – und dem Werden der Naturwissenschaften fest. Bis zum Auftauchen dieser Phänomene, die ihrer Bedeutung nach so verschieden sind, aber gemeinsame Wurzeln haben, drückte sich nach Mendeleev die Gemeinsamkeit des menschlichen Denkens darin aus, daß sich alles um den Menschen drehte, in dem man das „Unendliche und Göttliche, das Begeisternde fand; man betete den menschlichen Geist und Verstand an. In der Wissenschaft drückte sich das darin aus, daß die Mathematik, Logik, Mataphysik und Politik ihre Krone bildeten. In der Kunst drückte sich diese Selbstbeweihräucherung darin aus, daß nur die Gestalt des Menschen den Künstler beschäftigte und begeisterte".[54]

Aus bestimmten Gründen, die Mendeleev nicht näher untersuchte, „verloren die Menschen den Glauben an die eigenartige Kraft des menschlichen Geistes, an die Möglichkeit, den richtigen Weg zu finden, wenn man sich in sich selbst vertiefte".[55] Den Menschen wurde klar, daß sie „durch das Studium des Äußeren, durch das sie gleichzeitig auch sich selber besser verstehen lernen, Nützliches, Ruhiges und Klares erreichen werden, weil man sich zum Äußeren wahrheitsgetreuer verhalten kann".[56]

Somit wird das Werden der modernen Wissenschaft, das Mendeleev nicht in die Renaissance, sondern in das 17. Jahrhundert verlegt, mit der Hinwendung des Interesses für das Äußere verbunden, für die Natur. Die Aufdeckung der Naturgesetze liefert den Schlüssel für die objektive Erforschung „der Krönung der Natur" – des Menschen.

Bei einer Anzahl der Chemiker des 19. Jahrhunderts finden wir Rückblicke auf die Geschichte der antiken Wissenschaft. Unterschiedliche Einschätzungen des Charakters und der Bedeutung der antiken Wissenschaften finden wir bei E. Meyer und C. Schorlemmer. In seiner Schilderung der ältesten Periode bis zum Auftauchen der Alchimie schrieb E. Meyer: „In schroffem Gegensatz zu der Abneigung der alten Völker gegen Experimente, durch welche der Natur die Geheimnisse abgelauscht werden müssen, steht ihre starke Hinneigung zur Spekulation, welche sich erkühnt, die letzte Ursache

[54] D. I. Mendeleev: Sočinenija, Band XXIV, a. a. O., S. 247.

[55] Ebenda, S. 247f.

[56] Ebenda, S. 248.

aller Dinge aufklären zu wollen. Aristoteles, der den Naturwissenschaften für lange Zeit die Richtung angab, hatte in erster Linie die Deduktion als den Weg bezeichnet, welcher zum Ziele führe. Statt sich auf Grund von genau beobachteten einzelnen Tatsachen zu allgemeinen Schlüssen zu erheben, wurde meist vorgezogen, vom Allgemeinen zum Besonderen herabzusteigen. Der Zustand der gesamten Naturwissenschaften, insbesondere der Chemie, in weit zurückliegenden Zeiten ist ein beredtes Zeugnis dafür, wie die ärgsten Irrtümer infolge des deduktiven Verfahrens sich eingeschlichen und fest eingebürgert haben.“[57]

Schorlemmer polemisierte mit der herkömmlichen Ansicht, wonach die alten Philosophen „dem trügerischen Pfad der Speculation folgten, anstatt dem sicheren Weg der Beobachtung und des Versuches. Auch ich war eine Zeit lang dieser Ansicht, gab sie aber auf, als ich fand, daß unter den Alten sich höchst scharfe Beobachter finden. Man sehe nur bei Strabon, was Posidonius über Ebbe und Fluth sagt, und Herakleitos' Ansichten über den unzertrennlichen Zusammenhang zwischen Materie und Bewegung sind klarer, als die manchen modernen Physikers“.[58]

Die Einschätzung des Charakters der antiken Wissenschaft und ihrer Bedeutung für die nachfolgende Entwicklung der wissenschaftlichen Erkenntnis ist bei Schorlemmer wesentlich anders als in traditionellen Ansichten, die von den meisten Gelehrten des 19. Jahrhunderts geteilt wurden, und die in den hier zitierten Worten E. Meyers ihren Ausdruck fanden.

H. Kopp schrieb: „... die Erfahrungen und Ansichten der Zukunft durch Verlängerung unseres Lebens in diese hinein, vorwärts, uns zu eigen zu machen, steht nicht in unserer Macht. Wohl aber vermögen wir unser Leben in gewissem Sinne rückwärts zu verlängern, indem wir uns die Erfahrungen Derer, die vor uns da waren, aneignen und die Ansichten derselben so kennen lernen, wie wenn wir Zeitgenossen von ihnen gewesen wären.“[59] Der Gedanke Kopps, die gesamte Wissenschaftsgeschichte sollte dem modernen Gelehrten „gehören“, war für die in der Chemie herrschende Geistesverfassung im Verlauf des ganzen 19. Jahrhunderts charakteristisch.

Kenntnis von der Geschichte der modernen Chemie, schrieb Mendeleev, benötigen dringend nicht nur Fachleute auf diesem Gebiet, sondern auch alle die, welche die Evolution der Gedankengänge von Naturforschern unserer Zeit in bezug auf alles Naturbedingte, d. h. auf die mechanische, physikalische und biologische Weltanschauung, begreifen möchten.[60]

57 E. Meyer: Geschichte der Chemie ..., a. a. O., S. 5.

58 C. Schorlemmer: Der Ursprung und die Entwicklung der organischen Chemie, a. a. O., S. 2.

59 H. Kopp: Vorrede zu: Die Entwicklung der Chemie in der neueren Zeit, zitiert nach: C. Schorlemmer: Der Ursprung und die Entwicklung der organischen Chemie, a. a. O., S. 198f.

60 Vgl. D. I. Mendeleev in seinem Vorwort zur russischen Ausgabe von: E. Meyer:

Mendeleev war der Meinung, die Wissenschaftsgeschichte sei nicht nur zur Klärung des von der Wissenschaft zurückgelegten Weges nötig, sondern auch zum Verständnis der Ergebnisse der Wissenschaft in Abhängigkeit von den Umständen der Gewinnung dieser Ergebnisse. Ferner gelte es, an den gegenwärtigen Wissenschaftsproblemen aktives Interesse zu wecken, was im bedeutenden Maße erst dann erreicht wird, wenn sich beim Menschen ein Maßstab für eine allseitige Wertung dieser Probleme herausbildet, der von der Wissenschaftsgeschichte geliefert werden kann. „Durch die Gegenüberstellung der Vergangenheit der Wissenschaft mit ihrer Gegenwart", schrieb Mendeleev, „war ich bemüht, beim Leser einen solchen Forscherdrang zu entfachen, der sich mit einer bloßen Beschreibung oder Betrachtung nicht zufrieden gibt, sondern der ihn zur beharrlichen Arbeit anregt und an sie gewöhnt, und der bestrebt ist, überall dort, wo es möglich ist, den Gedanken durch die Erfahrung zu überprüfen."[61]

S. Cannizzaro schrieb: „Die Bedeutung der Arbeit in diesem Zweig der Wissenschaft (der Atomistik – N. R.) kann man nur dann begreifen und beurteilen, wenn man einen Rückblick unternimmt, und dabei nicht nur nach der Herkunft der herrschenden Ideen und Methoden forscht, sondern sich auch der Theorien erinnert, welche, obwohl man von ihnen Abstand genommen und sie sogar vergessen hat, in der Wissenschaft, vor allem in ihrer Sprache, dennoch bis auf den heutigen Tag deutliche Spuren hinterlassen haben."[62]

Butlerov hob hervor, das Studium der Wissenschaftsgeschichte führe zu der Schlußfolgerung, daß „zugleich mit den fruchtbarsten und fortschrittlichsten Ideen auch Keime anderer Ideen zum Ausdruck gebracht werden, die der Verfasser selbst kaum beachtet. In jedem Zeitabschnitt denkt man gewöhnlich, daß die Auffassungen und Ideen, die voll entwickelt sind und die zur Grundlage des eigenen Studiums gehören, gewissermaßen den letzten Schrei der Wissenschaft bilden. Aber es ist leicht, hier auf eine falsche Bahn zu geraten. Es wäre überhaupt wünschenswert, wenn man das Augenmerk nicht so sehr auf Einzelheiten lenkte, sondern größeres Gewicht auf Keime neuer Ideen legt, deren Bedeutung noch nicht klar hervorgetreten ist, die aber stets vorhanden sind und deren Herauskristallisierung nicht selten zu einem bestimmten und höchst wichtigen Schritt der Wissenschaft nach vorne führt."[63] Er weist darauf hin, daß die Gelehrten, die verschiedene Positionen

Istorija chimii . . . ; zitiert nach: E. Meyer: Istorija chimii ot drevnejšich do nastojaščich dnej, St. Petersburg 1899, S. VII.

61 D. I. Mendeleev: Osnovy chimii. Predislovie k 8-mu izd., in: Sočinenija, Band XXIV, a. a. O., S. 48.

62 S. Cannizzaro: Obzor razvitija ponjatij ob atome, častice i ėkvivalente i različnych sistemach ėkvivalentov, Kiew 1873, S. 2.

63 A. M. Butlerov: Istoričeskij očerk razvitija chimii, in: Sočinenija, Band III, a. a. O., S. 279.

vertreten und miteinander eine scharfe Polemik führen, letzten Endes nicht selten zu einem gleichen Ziel kommen und eine gleiche Auffassung entwickeln. Wir wollen hoffen, schrieb Butlerov zum Schluß seiner „Historischen Studie zur Entwicklung der Chemie", daß die jungen Chemiker aus einem Rückblick in die Vergangenheit für sich Lehren ziehen, um zukünftig mit größerem Nutzeffekt schaffen zu können.[64]

F. Savčenkov sah die Hauptaufgabe der Wissenschaftsgeschichte in der Aufdeckung „der Herkunft wissenschaftlichen Gedankenguts und seiner Veränderungen". Er wies darauf hin, daß es bei der Niederschrift der Geschichte der Chemie des 19. Jahrhunderts unmöglich sei, die Arbeiten eines Chemikers in Einzelheiten zu schildern, ohne die Forschungsergebnisse der anderen zeitgenössischen Gelehrten zu erwähnen.

Die wissenschaftsgeschichtliche Konzeption Savčenkovs kommt besonders prägnant in den bekannten Worten Pascals zum Ausdruck: Generationen, die im Laufe der Jahrhunderte einander ablösen, müssen als eine Person betrachtet werden, die unsterblich bleibt und ununterbrochen studiert. Savčenkov schließt sich dem an und betrachtet diese Worte als adäquateste „Formel" des wissenschaftsgeschichtlichen Prozesses. Diese Formel vereint in sich das Prinzip der Kontinuität der Entwicklung und das Prinzip der Schaffung von Neuem im Verlauf der Geschichte, und sie verschmilzt beide Prinzipien organisch miteinander.

Savčenkov schrieb: „Jede Generation übernahm von den vorangegangenen Generationen die von ihnen gemachten Beobachtungen und gesammelten Erfahrungen, setzte ihre Arbeit fort und übergab der nächsten Generation das durch eigene Arbeit vergrößerte Erbe. In der wissenschaftlichen Arbeit kann man die gesamte Menschheit als eine Person betrachten, die ununterbrochen mit Beobachtungen und Denkarbeit beschäftigt ist.

Derjenige, der mit dem Studium einer Wissenschaft beginnt, befindet sich an jenem Punkt, von dem aus diese Person – die Menschheit – mit der bekannten Beobachtungsreihe begonnen hatte. Von hier aus muß er allmählich zu den Ergebnissen kommen, die diese Person erreicht hat; erst dann werden ihm diese Ergebnisse verständlich sein und erst dann wird er sehen, was die Menschheit gesucht hat, was sie tat, was sie gefunden hat. Der natürlichste Weg des Studiums der Wissenschaft ist der historische Weg; sind die Umstände für die Entstehung bestimmter Fragen bekannt, so werden auch die Fragen verständlich; sind danach die Methoden für die Beantwortung dieser Fragen, sowohl die erfolgreichen als auch die mißlungenen, geklärt, so wird auch die Entwicklung dieser Fragen und ihre Beantwortung verständlich. Klar werden dann auch die von der Wissenschaft erarbeiteten Wahrheiten, die das Begriffsvermögen des Menschen entwickeln, ihn zum Vernunftwesen in der sozialen Maschinerie machen, in welcher er Triebkraft und Nachfolger

[64] Ebenda, S. 280.

der Bewegung zugleich ist, in der er als vernunftbegabter Träger einer Funktion wirkt, der wissen muß, wie diese Maschinerie vor ihm funktioniert hat und wie sie jetzt funktioniert, der die Impulse für seine Tätigkeit aus der Vergangenheit der menschlichen Geschlechter schöpft und der verpflichtet ist, die Ergebnisse seiner Tätigkeit der zukünftigen Generation zu überliefern."[65]

Es ist schwer, den künftigen Verlauf der Wissenschaftsentwicklung vorauszusehen, sagte N. Beketov in seiner Rede am 10. September 1887 auf der Sitzung der Russischen physikalisch-chemischen Gesellschaft. Noch viel schwieriger ist es, einen Plan für künftige Forschungen aufzustellen. Aber es ist bis zu einem gewissen Grade durchaus möglich, den Bewegungsfaktor zu erfassen, Klarheit über die Beziehung zwischen dem gegenwärtigen Stand der Wissenschaft und ihrer vorherigen Lage zu schaffen und den Sinn ihrer Aufgaben zu begreifen.

Den „Bewegungsfaktor erfassen" bedeutet natürlich, den gegenwärtigen Stand der Wissenschaft in ihrer Entwicklung zu begreifen und ihre Wandlung aus der Gegenwart auch in die Zukunft hinein zu verstehen. Dazu ist unbedingt notwendig, den von der Wissenschaft zurückgelegten Weg zu kennen und die Beziehung der Gegenwart der Wissenschaft zu ihrer Vergangenheit aufzudecken.

Die Bedeutung, die die Chemiker des 19. Jahrhunderts der Wissenschaftsgeschichte schenkten, ist durch ihr starkes Fortschrittsempfinden in der Wissenschaft, das Verstehen der Unendlichkeit dieses Prozesses und der Vergänglichkeit der bestehenden Theorien und Vorstellungen zu erklären. Darauf fußt auch das Verständnis für die Notwendigkeit, eine „Verkettung" zwischen den verschiedenen Zeitmaßen in der Weiterbewegung der Wissenschaft zu sehen.

Die Periodisierung der Wissenschaft, die Hervorhebung ihrer Knoten- und Wendepunkte, bildet eine außerordentlich wichtige Komponente der wissenschaftsgeschichtlichen Konzeption. Grundlagen und Kriterien, die für das Hervorheben der entsprechenden Perioden in der Wissenschaftsgeschichte angewendet werden, bilden die zentrale Frage jeglicher Periodisierung.

In der Literatur des 19. Jahrhunderts gibt es keine Einheitlichkeit bei der Lösung des Periodisierungsproblems. Ungeachtet jedoch der Unterschiede in den Voraussetzungen werden von den Verfassern im großen und ganzen dieselben chronologischen Perioden hervorgehoben; allerdings sind die Einschätzungen ihrer Bedeutung in der Chemiegeschichte unterschiedlich. Verschieden ist auch die Charakterisierung dessen, was für jede dieser Perioden die Dominante bildet.

Die wohl interessanteste Periodisierung der Geschichte der Chemie geht auf

[65] F. Savčenkov: Istorija chimii, a. a. O., S. 3f.

Liebig zurück, der die Auffassung vertrat, daß in ihr nacheinander folgende Kategorien entstanden waren: Eigenschaft, Beziehung, Quantitätsgesetz. In der ersten Periode der Entwicklung der Chemie, behauptete Liebig, waren alle Kräfte auf die Bestimmung der Körpereigenschaften gerichtet – das war die Periode der Alchimie. Die zweite Periode umfaßte die Erforschung der Wechselbeziehungen oder der Verbindung zwischen diesen Eigenschaften – das war die Periode der Phlogistonchemie. In der dritten Periode, in der wir uns jetzt befinden, bestimmen wir die Beziehungen zwischen den Körpereigenschaften mittels der Maße und Gewichte. Induktionswissenschaften beginnen mit dem Stoff, danach folgen korrekte Ideen, zuletzt taucht die Mathematik mit ihren Zahlenreihen auf und schließt das Ganze ab.[66]

H. Kopp und E. Meyer traten an die Periodisierung der Chemie von anderen Gesichtspunkten heran. Letzterer hebt in der Geschichte der Chemie folgende Perioden hervor[67]:

1. Die alchimistische Periode, die etwa im 4. Jahrhundert begann und sich bis zur ersten Hälfte des 16. Jahrhunderts erstreckte. Ungeachtet der falschen Richtung hätten die Werke der Alchimisten einen nicht geringen Beitrag für die Erweiterung des Kreises von Kenntnissen chemischer Tatsachen geleistet.

2. In der ersten Hälfte des 16. Jahrhunderts macht sich in der Chemie eine neue Richtung bemerkbar, obwohl die alchimistische Tendenz noch nicht völlig überwunden war. E. Meyer bemerkt dazu, daß diese neue Richtung der Periode der sog. medizinischen Chemie – die Iatrochemie – fast gleichzeitig mit der Reformation und dem Beginn einer neuen Periode der Weltgeschichte entstanden war.

3. Seit Mitte des 17. Jahrhunderts wird die iatrochemische Richtung von einer wiederum neuen Richtung verdrängt, die sich dadurch auszeichnet, daß sie danach strebt, einen selbständigen Zweig der Naturforschung zu bilden und sich von anderen Wissenschaften unabhängig zu machen. E. Meyer hebt in diesem Zusammenhang R. Boyle hervor, der als Hauptaufgabe der Chemie die Erkenntnis der Zusammensetzung der Körper lehrte.

Erst nach der Festlegung und Inangriffnahme dieser Aufgabe kann man von der Chemie als einer Wissenschaft reden, „welche ohne Rücksicht auf praktische Zwecke, lediglich um die Wahrheit zu erkennen, ein ideales Ziel auf dem Wege exakten Forschens zu erreichen strebte".[68] Diese Periode, in der die Aufmerksamkeit der Chemiker hauptsächlich auf die Feststellung der chemischen Ursache des Verbrennungsprozesses konzentriert war, kann man als Phlogistonperiode bezeichnen.

4. Lavoisiers antiphlogistisches System kennzeichnete den Beginn einer neuen Periode. Diese Periode, die man vielleicht als Übergangsperiode (zwi-

[66] Vgl. J. Liebig: Chemische Briefe. Heidelberg 1851, S. 63f.
[67] Vgl. E. Meyer: Geschichte der Chemie . . ., a. a. O., S. 2ff.
[68] Ebenda.

schen dem Phlogiston und der Atomlehre) nennen könnte, erhielt von Meyer in Anlehnung an H. Kopp die Bezeichnung: Periode der quantitativen Untersuchungen. Als ihre unmittelbare Fortsetzung erscheint nunmehr die mit Dalton begonnene Periode der Atomlehre.

In der vorgeschlagenen Periodisierung umfassen die ersten drei Perioden den Gegenstand der Chemie (d. h. seine Veränderungen). Die weitere Periodisierung erfolgt nach konzeptionellen Systemen, die die theoretische Grundlage der Chemie bilden.

Die chemiegeschichtlichen Arbeiten des 19. Jahrhunderts erhellen die Wendepunkte in der Entwicklung der Chemie: die Schaffung ihrer ersten generellen Theorie (der Phlogistontheorie), die Revolution in der Chemie (Lavoisier), in deren Ergebnis ein neuer logischer Aufbau der Chemie entstanden war (Durchsetzung einer logisch begründeten Theorie als Charakteristikum solcher Theorien, die im Tiegel der wissenschaftlichen Revolution des 17. Jahrhunderts entstanden waren) und die Verlagerung ihrer Entwicklung auf quantitative Bahnen; das Werden der neuen Atomistik zum Hauptstrom der Entwicklung der Chemie sowie die Entwicklung der organischen Chemie, die zunächst von einem dauerhaften Wechsel theoretischer Vorstellungen begleitet war; schließlich die allgemeinen Gesetzmäßigkeiten der Wissenschaftsentwicklung, besonders Probleme der Genesis von Vorstellungen und der Wechselbeziehungen zwischen den nacheinander folgenden wissenschaftlichen Theorien.

Das letztgenannte Problem interessierte die Chemiker im Zusammenhang mit der wissenschaftlichen Revolution, dem Zusammenbruch des „großen Systems“ von Berzelius und den sich mit „kaleidoskopischer“ Geschwindigkeit ablösenden Theorien in der organischen Chemie ganz besonders.

In Verbindung mit dem Schicksal der Phlogistontheorie werden in wissenschaftshistorischen Werken allgemeine Überlegungen über die Rolle der im Verlauf der Wissenschaftsgeschichte fallengelassenen Theorien angestellt. In der 8. Ausgabe der „Grundlagen der Chemie“ von Mendeleev heißt es, daß der „Begriff Phlogiston dem Geist der Zeit entsprach, in der man unwägbaren Flüssigkeiten Eingang in die Wissenschaft verschafft habe“ und daß „die Lehre Stahls die Vorstellung vom Ausscheiden der Energie eigentlich mit einschließt; dabei wurde außer acht gelassen, daß alle Erscheinungen nur Ergebnisse der vor sich gehenden Verbindungen sind“.[69] Was Lavoisier betrifft, der die Revolution in der Chemie Ende des 18. Jahrhunderts personifiziert, so wird in diesen Untersuchungen unterstrichen, daß sein Verdienst nicht so sehr in den neuen experimentellen Entdeckungen besteht als vielmehr in der Schaffung eines neuen theoretischen Systems, das im Ergebnis einer kritischen Analyse sowohl der Gesamtheit der in der Chemie bekannten Fakten als auch der Vorstellungen von diesen entstanden war.

69 D. I. Mendeleev: Sočinenija, Band XIV, Moskau-Leningrad 1949, S. 97.

Ein weiterer wichtiger Wendepunkt in der Geschichte der Chemie war zweifellos die Atomistik Daltons. Trotz der Opposition seitens einzelner Chemiker begann die Atomlehre Daltons, schon sehr bald nach ihrer Entstehung, die Rolle des Fundaments des gesamten Gebäudes der Chemie zu spielen.

Wie wichtig für die Chemiewissenschaft die Ideen Daltons erschienen, wie weit sich die Chemie in sie „hineingelebt" hatte, drücken vortrefflich die Worte Liebigs aus: „Alle unsere Vorstellungen sind derart mit der Daltonschen Theorie verflochten, daß wir uns die Zeit nicht mehr vorstellen können, in der es sie noch nicht gab."[70] Cannizzaro schrieb dazu: „. . . Die Atomtheorie ist immer tiefer in die Grundlagen der Chemie eingedrungen, und man könnte sie nicht mehr aus der Chemie entfernen, ohne das ganze Gebäude der Wissenschaft ins Wanken zu bringen."[71]

Cannizzaro unterscheidet in der Herausbildung der Atomtheorie wie auch in jeder anderen Theorie zwei Aspekte – einen logischen und einen psychologischen: erstens, die Bedingtheit der Entstehung der neuen Theorie durch den gesamten Verlauf der Wissenschaftsentwicklung; zweitens die Art und Weise, wie die Verfasser zu Ergebnissen von epochaler Bedeutung gekommen sind.

„Ich habe nicht die Absicht, mich an der recht lebhaften Diskussion unter den Biographen Daltons zu beteiligen, ob er die Gesetze Wenzels kannte oder nicht, ob er sich der Analogie bediente, als seine Theorie im Entstehen war oder ob er vielmehr zu seiner Theorie auf einem jener besonderen Wege gelangt ist, auf dem manche begnadete Talente mittels weniger und unvollkommener experimenteller Daten zur Wahrheit kommen. Eine derartige Untersuchung ist, auch wenn sie für die Erforschung der Gedankengänge des Chemikers aus Manchester einigermaßen wichtig sein sollte, für die allgemeine Geschichte der Wissenschaftsentwicklung von nur ganz geringer Bedeutung."[72]

Für die Geschichte sei somit die Klärung der Ursachen für die Schaffung einer neuen Theorie wichtig, die in der Logik der Entwicklung der Wissenschaft verwurzelt sind, und nicht die Aufdeckung dessen, wie der Schöpfer der Wissenschaft das „Gebot der Zeit" erfüllt habe. Letzteres sei ein Privileg der Psychologie des Schöpfertums.

Kekulé schrieb, daß die Daltonsche Theorie das Gesetz von der Erhaltung der Masse erklärt, bezüglich der multiplen Proportionen tut sie das aber nur in einer allgemeinen und recht unbestimmten Form. Die Theorie Daltons beantwortet nicht die Frage, warum verschiedene Elemente Verbindungen in gerade diesen und nicht anderen Proportionen eingehen. Die Atomtheorie ist

70 Zitiert nach: S. Cannizzaro: O predelach i o forme theoretičeskogo prepodavnija chimii, Kiew 1873, S. 3.

71 Ebenda.

72 S. Cannizzaro: Obzor razvitija ponjatij ob atome, častice i ėkvivalente i različnych sistemach ėkvivalentov, a. a. O., S. 13.

jener Zusatz zur Theorie Daltons, der die Möglichkeit gibt, das Gesetz der multiplen Proportionen voll und ganz zu erklären.[73]

Die Atomistik, behauptete Mendeleev, verband die Lehre der antiken Atomisten mit der Lehre der antiken Dynamisten, im wesentlichen aber entwickelte sie sich selbständig. Mendeleev sah in der atomar-molekularen Hypothese jenen Ansatz, der die fragmentarischen empirischen Kenntnisse der Chemiewissenschaft in gleichem Maße verbindet, wie er die Überzeugung von der Allgemeingültigkeit der Naturgesetze und der Unvergänglichkeit der Materie festigt.

Gegenstand der wissenschaftsgeschichtlichen Analyse war nicht nur die wissenschaftliche Revolution in der Chemie und die Schaffung der Atomistik; auch frühere und spätere Perioden der Chemiegeschichte fanden Beachtung. Wissenschaftsgeschichtliche Untersuchungen der großen Gelehrten und Chemiker schließen mit der Analyse der Genesis von modernen Vorstellungen und Theorien in der Chemie, mit einer Charakteristik der jeweiligen Situation und der Tendenzen ihrer weiteren Entwicklung.[74] Mehr noch, sie nutzen die Analyse zurückliegender Entwicklung der Chemie für die Aufdeckung ihrer „Wurzeln", um tiefer in die Gegenwart einzudringen und sie zu verstehen. Sie nutzen die wissenschaftshistorischen Forschungen zur Argumentation zugunsten der entsprechenden Wissenschaftskonzeptionen. Wissenschaftsgeschichte „schaltet" sich damit unmittelbar in die aktuelle wissenschaftliche Tätigkeit ein.

In den Werken der Chemiker stoßen wir auf die Frage der „Rückkehr" zur Vergangenheit der Wissenschaft. Diese „Rückkehr" kann, wie sich das aus der Analyse der geschichtlichen Entwicklung der Wissenschaft ergibt, einen Doppelcharakter haben: Auf einer neuen Stufe ihrer Entwicklung „weckt" die Wissenschaft Vorstellungen, die bereits überwunden, von anderen Vorstellungen verdrängt worden sind (selbstverständlich geht es in einem solchen Falle nicht um die Restaurierung der alten Vorstellungen, sondern um eine „Resonanz" von Konzeptionen, die sich zeitlich in ihren Grundlagen und ihrer Wirkungskraft voneinander wesentlich unterscheiden); in anderen Fällen hat die „Rückkehr" einen stärkeren wortwörtlichen Sinn und besteht darin, daß man die wissenschaftliche Richtung, die vorher aus bestimmten Gründen zurückgedrängt war und die sich eine gewisse Zeit im Schatten befand, jetzt in den Vordergrund stellt. Folglich kann die „Rückkehr" konzeptioneller oder thematischer Natur sein.

Butlerov wies darauf hin, daß vor langer Zeit geäußerte Ansichten, die sich später als richtig herausgestellt haben, keine Seltenheit sind. Als Beispiel kann die Ansicht Berthollets über den Einfluß der Masse und der physikalischen

[73] Zitiert nach: G. V. Bukov: August Kekulé, a. a. O., S. 109f.

[74] Hier wären u. a. Butlerov und Schorlemmer zu nennen.

Bedingungen auf den Verlauf chemischer Prozesse und die Zusammensetzung der sich ergebenden Verbindungen dienen. Vielleicht wird sich schließlich mit der Zeit erweisen, schreibt er, daß auch die Meinung Berthollets, chemische Verbindungen hätten nicht immer die gleiche Zusammensetzung, nicht völlig unbegründet ist.[75]

Weiter spricht Butlerov davon, daß „. . . eine bestimmte Ansicht sich oft so verändert, daß derjenige, der diese Ansicht äußerte (oder seine Nachfolger), nach einer Zeit erneut zu der ursprünglichen Ansicht zurückkehrt".[76]

Der Fall der Rückkehr zu bereits verlassenen Vorstellungen, auf den Butlerov und eine Reihe anderer namhafter Chemiker des 19. Jahrhunderts hingewiesen haben, ist in dem Sinne spezifisch, daß die Chemie zu den Ideen „zurückgekehrt" ist, die seinerzeit eine wichtige Rolle in ihr gespielt haben, aber im Verlauf der weiteren Entwicklung in „Vergessenheit" geraten waren, da eine andere Problematik in den Vordergrund getreten ist, die alle Kräfte und die ganze Aufmerksamkeit ihrer namhaftesten Vertreter beansprucht habe. Cannizzaro lenkt die Aufmerksamkeit auf die Rückkehr zu Ideen in der Geschichte der Chemie, die seinerzeit verworfen wurden, weil man sie für falsch hielt oder weil sie keine Beweiskraft hatten. „Zunächst schien es", schrieb Cannizzaro, „daß die physikalischen Faktoren nicht im Einklang mit der Hypothese Avogadros und Ampères zu bringen waren, so daß man sie links liegen ließ und sehr schnell vergaß; aber später wurden die Chemiker durch die Logik ihrer Forschungsarbeit und im Ergebnis der spontanen Wissenschaftsrevolution unmerklich zu dieser Theorie zurückgeführt."[77]

Die Vorstellungen vom Gegenstand der Wissenschaften und ihrem Platz im Wissenschaftssystem stellen zweifellos eine wichtige Komponente in der Wissenschaftskonzeption dar. Zum Teil widerspiegeln sie sich auch in der Analyse der Prinzipien zur Periodisierung der Chemiegeschichte. Das Problem des Gegenstandes der konkreten Wissenschaft schließt die Frage nach den Wechselbeziehungen dieser Wissenschaft zu anderen Wissenschaften ein.

Liebig wies darauf hin, daß die Naturwissenschaften untereinander insofern in einer unvermeidlichen Beziehung stehen, als die Natur selbst ein einheitliches Ganzes darstellt; eine Wissenschaft allein, ohne Beteiligung aller anderen, vermag sich nicht voll zu entwickeln. Im Verlauf ihrer Entwicklung müssen die einzelnen Wissenschaften in enge Berührung miteinander kommen, sogar dann, wenn sie ursprünglich miteinander nicht verbunden waren. Schorlemmer war der Meinung, daß die Entstehung verschiedener Wissenschaften, die im weiteren Verlauf eng miteinander verbunden sind, durchaus

[75] Siehe: A. M. Butlerov: Sočinenija, Band III, a. a. O., S. 170.

[76] Ebenda, S. 186.

[77] S. Cannizzaro: O predelach i o forme teoretičeskogo prepodavanija chimii, a. a. O., S. 3.

nicht synchron verlaufen sein muß, sondern sich durch eine bestimmte Aufeinanderfolge charakterisieren läßt.

„Chemie als Wissenschaft der Atome ist ein Abkömmling der Physik oder der Wissenschaft der Moleküle, und diese gründet sich wieder auf die Mechanik oder Wissenschaft der Massen. Es mussten daher diese sich bis zu einem gewissen Grade entwickeln, ehe Chemie in ihrer rohesten Gestalt ihre Erscheinung machen konnte.“[78] Im zitierten Abschnitt werden die Gegenstände der Grundwissenschaften der anorganischen Welt geschildert. Die Physik hat, von diesem Standpunkt aus gesehen, Erscheinungen und Prozesse zum Gegenstand, die durch das „Spiel“ der Moleküle hervorgerufen werden – wobei sich ihre Zusammensetzung nicht verändert, in ihnen sich kein Bruch und keine Umgruppierung der Beziehungen zwischen den Atomen vollzieht –, während die Chemie mit den Atomen, d. h. mit der Veränderung ihrer Beziehungen in den Molekülen zu tun hat.

Die von C. Schorlemmer gegebene Definition des Gegenstandes der Physik und der Chemie wurde im Grunde auch von den anderen Chemikern akzeptiert. So betrachtete Kekulé die Chemie als eine „Lehre von stofflichen Veränderungen der Materie ... Den Gegenstand der Chemie bildet die Beziehung des Körpers zu dem, was er vorher war, und zu dem, was er werden könnte“.[79]

Die Wechselbeziehungen der Chemie zu anderen Wissenschaften werden von Mendeleev folgendermaßen charakterisiert: „Von allgemeinen philosophischen oder abstrakten Vorstellungen der Antike ausgehend, war die Chemie zunächst nur ein besonderes Kapitel der Physik. Durch die allmähliche Bereicherung an eigenartigen Beobachtungen sonderte sie sich aber nach und nach ab, fand ihre eigenen Grundlagen und erarbeitete unter Beibehaltung ihrer Bindungen zu der gesamten theoretischen und angewandten Naturwissenschaft ihren eigenen Gesichtskreis, den sie nunmehr weiter entwickelt. Dieser Gesichtskreis verläuft parallel zu dem rein mechanischen Gesichtskreis und verspricht ihn zu ergänzen, obwohl viele Gelehrte die Chemie bis heute noch rein mechanischen Vorstellungen unterordnen möchten. Wenn aber die Wissenschaft von den Organismen unvermeidlich zum Verstehen der individuellen Besonderheiten führen, die Wissenschaften physikalisch-mechanischen Inhalts dagegen bemüht sind, diesen Begriff des Individualismus vollständig zu beseitigen, so nimmt die Chemie, schon allein infolge ihrer Lehre von der Selbständigkeit der chemischen Elemente, offensichtlich eine mittlere Position ein, die das Interesse rechtfertigt, das ihr auch aus philosophischen Erwägungen entgegengebracht wird.“[80]

Die bisher untersuchten Fragen, die Gegenstand der Analyse der Chemiker

78 C. Schorlemmer: Der Ursprung und die Entwicklung der organischen Chemie, a. a. O., S. 2.

79 Zitiert nach: G. V. Bukov: August Kekulé, a. a. O., S. 143.

80 D. I. Mendeleev in seinem Vorwort zur russischen Ausgabe von: E. Meyer: Istorija chimii ..., a. a. O., S. VIIf.

der ersten siebzig Jahre des 19. Jahrhunderts waren, weisen darauf hin, daß von diesen Gelehrten alle Aspekte der Wissenschaftsentwicklung als Systeme des Wissens behandelt werden. Aus dem weiter dargebotenen Stoff wird zu ersehen sein, daß Fragen über die Entwicklung der Wissenschaft als einer sozialen Institution in ihren Überlegungen keineswegs den letzten Platz einnehmen.

Die Vorstellungen dieser Wissenschaftler über den Charakter der Wissenschaftsentwicklung haben auch in unserer Zeit nicht an Bedeutung verloren. Unter dem großen Komplex der von ihnen untersuchten Fragen müssen folgende Problemkreise hervorgehoben werden: das Problem der Nachfolge in der Wissenschaftsentwicklung, der Beziehungen zwischen den nacheinander folgenden Theorien, das Problem des Funktionierens der Wissenschaft als eines Systems, welches Wissen generiert, sowie Fragen nach dem logischen Status der Grundphänomene der Wissenschaft und ihrer Dynamik.

Probleme der Wissenschaftsorganisation und der Ausbildung von wissenschaftlichen Kadern

Probleme der Wissenschaftsorganisation und der Ausbildung von Wissenschaftlern erhielten im 19. Jahrhundert auf dem Gebiet der Chemie eine große Bedeutung. Das Interesse der Chemiewissenschaftler für diese Fragen wurde durch die ständige Ausweitung der wissenschaftlichen Forschungen und die Herausbildung von Kontakten zwischen der Chemie und der Praxis hervorgerufen. Im 19. Jahrhundert wird die Beschäftigung mit der Wissenschaft zu einer Berufsangelegenheit; die Arbeit auf einem Wissenschaftsgebiet wird für den Wissenschaftler zu seiner Existenzgrundlage. Es ist deshalb ganz natürlich, daß dieser Umstand das Problem der Ausbildung von Wissenschaftlern in den Vordergrund rücken mußte. Die Gestalt chemischer Laboratorien begann sich von Grund auf zu ändern: anstelle der privaten Laboratorien des 18. Jahrhunderts, mit den Mitteln reicher, industriell tätiger Gelehrter ausgestattet, entstanden allmählich Laboratorien an Universitäten und anderen Hochschulen, in denen bereits Kollektive von Mitarbeitern beschäftigt waren.

Im 19. Jahrhundert entstanden die ersten wissenschaftlichen Lehranstalten für Chemie, die eine große Rolle sowohl in der Ausbildung von Wissenschaftlern als auch in der Entwicklung einer Reihe von Gebieten der Chemiewissenschaft spielten.

Die erste wissenschaftliche Schule wurde von J. Liebig im Jahre 1824 an der Gießener Universität gegründet. Die Bedeutung dieser Schule in der Wissenschaftsgeschichte ist kaum zu überschätzen. Butlerov schrieb über die Bedeutung dieser Schule für die Entwicklung der Chemie, ihr „Ruhm zog von allen Seiten Schüler der verschiedensten Nationen heran; unter der Leitung des berühmten Meisters selbst zu Meistern geworden, bildeten diese Schüler ihrerseits Zentren, um welche sich junge wissenschaftliche Kräfte scharten. Die ehemaligen Gießenianer verbreiteten überall den für diese Schule eigentümlichen Geist der strengen wissenschaftlichen Forschung, der selbstlosen Hingabe für die Sache der Wissenschaft und der grenzenlosen Liebe zur Wahrheit. Einer der Jünger der Gießener Schule, der schon so lange und so früh verstorbene russische Chemiker N. I. Sokolov, erzählte mir einst, daß der bekannte Ausspruch Liebigs ,in Gießen gilt nur die Wahrheit' aus der Ferne als prahlerische Übertreibung erschien. Kam man aber nach Gießen, so war man schnell davon überzeugt, daß dies ein treffender Ausdruck für die Wirklichkeit war."[81]

K. Timirjazev wies darauf hin, daß die Schule Liebigs in Rußland nicht nur in der Entwicklung der Chemie, sondern in der gesamten Naturwissenschaft eine große Rolle gespielt habe.[82] Ähnliches behauptete W. Ostwald hinsichtlich der Entwicklung der chemischen Industrie in Deutschland.

Der Gründer und Leiter dieser Schule formulierte eine Reihe von Prinzipien, die zur Grundlage der Ausbildung von Wissenschaftlern gemacht werden sollten: die Erziehung zur Initiative, zum selbständigen Denken, zur kritischen Einstellung der Autorität gegenüber, zur Verbindung des theoretischen Wissens mit der experimentellen Meisterschaft u. ä. m.

Aus der Schule Liebigs ging eine Reihe hervorragender Chemiker hervor, die ihrerseits eigene Schüler hatten. Wissenschaftliche Schulen wurden von Bunsen, Kolbe und Hofmann gegründet. Sie alle, sagte E. Meyer, übernahmen die Grundzüge der Lehrmethoden Liebigs, fügten einige neue hinzu und entwickelten eine außergewöhnlich ergiebige Tätigkeit. Fragen der Ausbildung junger Gelehrter gehörten seit Liebig zum „Inhalt" der Tätigkeit der großen Chemiker des 19. Jahrhunderts.

Auch Probleme der Wissenschaftsorganisation wurden im 19. Jahrhundert auf neue Weise gestellt. Mendeleev war einer der ersten Gelehrten, der dieserart Probleme einer weitgehenden Erörterung unterzog. Eine höchst interessante Frage dazu ist in seiner erst vor wenigen Jahren veröffentlichten Denkschrift „Was für eine Akademie braucht Rußland denn?" enthalten.[83] In ihr unterstreicht Mendeleev die Vorzüge der konstruktiven Methode gegenüber der kritischen und legt dabei das Schwergewicht nicht auf die Kritik der bestehenden Wissenschaftsorganisation, sondern auf positive Vorschläge. Mendeleev bringt darin seine Überzeugung zum Ausdruck, daß Formen der

81 A. M. Butlerov: Sočinenija, Band III, a. a. O., S. 95.

82 „Zinin, wie auch die Mehrzahl der europäischen Chemiker jener Zeit", schrieb Timirjazev, „war ein Schüler Liebigs, und in Gießen kreuzten sich alle Wege, auf denen zu uns (d. h. nach Rußland – *N. R.*) nicht nur die moderne Chemie, sondern mittelbar auch die gesamte experimentelle Naturwissenschaft gelangt. (K. A. Timirjazev: Stat'i po istorii nauki i naučnych dejateljach, a. a. O., S. 149).

83 In: Novyj mir, Nr. 12/1966.

Wissenschaftsorganisation einen historisch vergänglichen Charakter haben, daß jede Epoche der Wissenschaftsentwicklung durch ihren eigenen Typ der Wissenschaftsorganisation gekennzeichnet ist. Das Fehlen einer Übereinstimmung zwischen der Form der Wissenschaftsorganisation und den Aufgaben der Wissenschaft, die sich sowohl aus der Logik ihrer Entwicklung ergeben als auch von den Belangen der Praxis diktiert werden, hemmt ihre Entwicklung. Die Beseitigung dieses Zustandes fehlender Übereinstimmung wird daher zur unabdingbaren Voraussetzung für die Sicherung eines solchen Entwicklungstempos der Wissenschaft, welches ihrem erreichten Entwicklungsniveau adäquat ist.

Die Form der Wissenschaftsorganisation wird im Ergebnis sachbezogener Suche festgelegt, und ihre Realisierung ist oft ein recht schwieriger Prozeß. Mendeleev stellt fest, daß die Wissenschaft im Laufe ihrer Vergangenheit drei Typen ihrer Organisation gekannt habe – das Kloster, die Akademie und die Universität, welche sich nacheinander abgelöst haben, wobei bekannte Organisationsformen, die auf einer bestimmten Entwicklungsstufe fortschrittlich gewirkt haben, in der nächsten Etappe ihrer Geschichte schon eine konservative Rolle zu spielen begannen.

„Die Rolle des Klosters für die Wissenschaft war, wenn man so sagen darf, zunächst fortschrittlich, danach wurde sie konservativ. Dasselbe wiederholte sich in gleicher Aufeinanderfolge auch mit den Akademien. Zunächst waren auch sie fortschrittlich, wurden aber mit der Zeit zu Stätten der tatsächlichen Konservierung der Wissenschaft.“[84]

Mendeleev bemerkt dazu, daß „Konservatismus in der Wissenschaft unvermeidlich ist“.[85] Das bedeutet nach Mendeleev, daß Konservatismus im Bewahren der Wissenschaftsergebnisse besteht; aber das Funktionieren der Wissenschaft hat noch eine andere Seite, die im ununterbrochenen Schöpfertum, im Erwerb neuer Ergebnisse in Form von Theorien, Forschungsmethoden und Fakten besteht. Eine veraltete Form der Wissenschaftsorganisation dient der Erfüllung einer der Funktionen, ist aber nicht in der Lage, die Erfüllung ihrer Hauptfunktion zu gewährleisten – neue Ergebnisse zu produzieren und den permanenten Fortschritt der Wissenschaft zu garantieren. Mendeleev weist darauf hin, daß die „Akademien als Korporationen und Zünfte zu einer Zeit gegründet wurden, als es erforderlich wurde, daß Personen, die sich mit Dingen besonderer Art beschäftigt haben, zusammentraten, um gemeinsam ihre Kräfte einzusetzen. Obwohl die Ziele der Akademien einerseits darin bestanden, die Wissenschaft für den allgemeinen Gebrauch zu entwickeln, standen sie stets abseits vom Volke und waren mehr oder weniger abgeschlossen und bildeten sozusagen den Olymp der Wissenschaft, der keine direkten Kontakte zu den Massen unterhielt und in keinerlei Beziehungen zu ihnen stand“.[86]

[84] Ebenda, S. 181. [85] Ebenda. [86] Ebenda.

Mit Recht weist Mendeleev auf den geschlossenen Kastencharakter der Akademien hin, auf die untergeordnete Bedeutung ihrer propagandistischen Tätigkeit, welche sich auf einen sehr engen Personenkreis orientierte, auf das Fehlen der Ausbildung und Erziehung von Wissenschaftlern. Zugleich aber ist es auch schwer, die Rolle in der Wissenschaftsentwicklung zu übersehen, die die Akademien gespielt haben wie z. B. die Königliche Gesellschaft in England.

Die nächste Stufe der Wissenschaftsorganisation bildeten die Universitäten, die die Ausbildung von Personen für die wissenschaftliche Laufbahn mit wissenschaftlichen Forschungen und der Verbreitung des Wissens verbanden. Die Vereinigung dieser Funktionen in den Universitäten wird von Mendeleev besonders hervorgehoben.

„Nicht so sind die Universitäten (im Unterschied zu den Akademien, die nur eine Funktion innehatten – das Wissen zu mehren – N. R.). Ihre Aufgabe ist es zu lehren, das Wissen zu entwickeln und es unter den Massen zu verbreiten. Kommt man folglich vom Kloster über die Akademie zur Universität, so tritt die nacheinanderfolgende Annäherung an das Leben, an die allgemeine Verbreitung des Wissens und der Wissenschaft offen zutage.“[87]

Somit wird die Wissenschaftsrevolution vom Wechsel ihrer Organisationsformen (oder zumindest von neu entstandenen Organisationsformen neben den bereits bestehenden) begleitet und durch die Festigung und Entwicklung ihrer Beziehungen zum Leben, zu der Praxis gekennzeichnet. Gerade der letztgenannte Umstand – die Notwendigkeit, die von der Praxis gestellten Aufgaben zu lösen – ist für den Wechsel von Typen der Wissenschaftsorganisation, für die Bevorzugung dieser oder jener Organisationsform der Wissenschaft von entscheidender Bedeutung. Mendeleev hebt hervor, daß in der letzten Zeit (d. h. in den achtziger Jahren, als er sich mit der Denkschrift „Was für eine Akademie braucht Rußland denn?“ befaßte) die Wissenschaft eine neue Phase ihrer Beziehungen zur Praxis eingeleitet hatte, was zur Entwicklung eines neuen Typs ihrer Organisation führen mußte.

Er schrieb: „In der allerletzten Zeit, man könnte sagen im bewußten Erleben noch junger Menschen, machte die Wissenschaft noch einen weiteren Schritt: sie trat unmittelbar in das Leben ein . . . Fast jedes Ministerium benötigt ein Gelehrtenkomitee, benötigt Industriepioniere wie Cailletet und Pictet. Es gibt schon Mechaniker, die in den Werken interessante Versuche der Gasverdichtung vornehmen. Der Bierbrauer Grieß führt mit großer Geschicklichkeit chemische Untersuchungen durch, und damit beschäftigt sich auch der Cognachersteller Lecoq de Boisbaudran . . . Im Gefolge all dessen bildet sich nach der Universität eine neue Stufe der Wissenschaftsentwicklung heraus, so daß jetzt die Reihenfolge folgendermaßen aussieht: Kloster, Akademie, Universität und lebensverbundene, von der Praxis hervorgerufene Institutionen.“[88]

[87] Ebenda. [88] Ebenda.

Mit diesen Worten hebt Mendeleev zwei neue Erscheinungen hervor, die später, Ende des 19. und Anfang des 20. Jahrhunderts, eine recht weite Verbreitung gefunden haben. Es entstanden große Betriebslaboratorien (in Deutschland das Laboratorium der „Badischen Anilin- und Sodafabrik“ und der „IG Farbenindustrie“, in den USA bei der „General Electric Company“), die sich die Aufgabe stellten, die bereits vorhandenen wissenschaftlichen Ergebnisse für die Verbesserung der Technologie und für die Lösung einer Reihe technischer Probleme auszunutzen. Darüber hinaus haben sie mit derselben Zielsetzung eine umfangreiche Forschungstätigkeit entfaltet, die bald zu beachtlichen wissenschaftlichen Ergebnissen führte. Es entstanden staatliche wissenschaftliche Institutionen neuen Typs (in Rußland Gelehrtenkomitees bei den Ministerien) wie z. B. das 1912 in Deutschland gegründete Institut für physikalische Chemie (Kaiser-Wilhelm-Institut).

Diese wissenschaftlichen Einrichtungen waren nach den Worten Mendeleevs ein Schritt ins Leben, sie waren unmittelbar mit den Anforderungen der Produktion verbunden. Mendeleev hat die Bedeutung dieses neuen Typs der Wissenschaftsorganisation gleich bei den ersten Anzeichen der Entstehung richtig erfaßt, und hat auch gleich begriffen, daß dies in naher Zukunft eine der führenden Organisationsformen der wissenschaftlichen Tätigkeit sein wird. Mendeleev stellt somit den Beginn der vierten Etappe in der Entwicklung der Organisationsformen der Wissenschaft fest, einer Etappe, deren grundlegende Bestandteile sich bis auf die heutigen Tage der stürmischen Wissenschaftsentwicklung, des aktiven Eindringens der Wissenschaft in alle Bereiche der gesellschaftlichen Tätigkeit, erhalten haben.

Mendeleev hebt noch einen wichtigen Zug der neuen Etappe in der Wissenschaftsentwicklung hervor – die gestiegene Bedeutung der Anzahl der Mitarbeiter in der Forschung im Zusammenhang mit dem gewachsenen Ausmaß ihrer vielfach praktischen Aufgaben. Gemeinsame Anstrengungen vieler, schrieb er, übertrafen – an ihren Ergebnissen gemessen – sogar die Anstrengungen sogenannter genialer Menschen.

Mendeleev weist auch auf eine wesentliche Besonderheit der Wissenschaftsentwicklung hin, die sich besonders klar im letzten Viertel des Jahrhunderts herausgebildet hatte – die Entstehung neuer Richtungen. Die Anzahl der Spezialfächer steige mit jedem Jahrzehnt, so daß ein bestimmter Personalbestand an Akademikern schon nach einigen Jahren den Anforderungen nicht mehr gewachsen ist.

Der Grundtenor des Mendeleev'schen Artikels aber besteht letzten Endes im Hervorheben der großen Bedeutung der Wissenschaft für den Staat. „Der Staat“, schrieb er, „muß sich unentwegt um die Wissenschaft kümmern, um bei allen seinen Vorhaben stets die richtige Richtung einzuschlagen.“[89]

Mendeleev vertrat die Auffassung, daß der Staat zu jeder wichtigen Maß-

[89] Ebenda, S. 182,

nahme vorher eine wissenschaftliche Bestätigung einholen müßte, die nur eine höchst kompetente wissenschaftliche Institution erteilen dürfte. Er schrieb, „gerade diese Rolle wird von der französischen Akademie wahrgenommen, und jede neue Sache muß bei den Behörden in Frankreich sozusagen die Zensur der Pariser Akademie der Wissenschaften durchlaufen".[90]

Mendeleev unterbreitete den Vorschlag einer Reorganisation der Akademie der Wissenschaften von Grund auf, welche ihre kastenmäßige Abgeschlossenheit und Abwendung vom Leben überwinden und in eine Organisation umwandeln soll, die einen größeren Einfluß auf die Wissenschaftsentwicklung ausübt und die Nutzbarmachung der Wissenschaft für die Praxis sichert. Die Akademie sollte nach Mendeleev zwei Arten von Pflichten beibehalten: erstens die einer zentralen wissenschaftlichen Gesellschaft als eines wahren Mittelpunkts effektiver wissenschaftlicher Kräfte des Landes, zweitens die eines zentralen wissenschaftlichen Komitees, in dessen Befugnisbereich auch Unternehmen von praktischer, staatlicher Bedeutung einbezogen werden müßten. Somit sollte die Akademie der Wissenschaften nach den Vorstellungen Mendeleevs die hervorragenden Gelehrten des Landes verschiedener Fachrichtungen vereinigen und ein Organ darstellen, das die Tätigkeit aller Gelehrtenkomitees koordiniert und lenkt.

Mendeleev hat die wesentlichen Eigentümlichkeiten der Wissenschaft seiner Zeit gründlich untersucht und festgestellt, daß eine adäquate Organisation der wissenschaftlichen Tätigkeit eine unabdingbare Voraussetzung für ihre erfolgreiche Entwicklung ist. Diese Formen der wissenschaftlichen Arbeitsorganisation müßten noch gefunden werden. Das würde für den wissenschaftlichen Fortschritt, meinte Mendeleev, von nicht geringerer Bedeutung sein als wissenschaftliche Entdeckungen.

Das Problem der Diskussion in der Wissenschaft

Im 15. und 16. Jahrhundert, als die im Entstehen begriffene Wissenschaft begonnen hatte, die Scholastik zu verdrängen, breitete sich eine negative Einstellung zum Meinungsstreit und zu Diskussionen aus. So vertrat Leonardo da Vinci die Auffassung, daß, nachdem die Erfahrung die Wahrheit aufgedeckt hat, sie den Charakter von Unzweifelhaftigkeit erhält, so daß sich eine „verbale" Erörterung dieser Wahrheit nunmehr erübrigt. Aber schon im 17. und besonders im 18. Jahrhundert wird dieser Standpunkt, der die Bedeutung der Diskussion völlig ignorierte, einer Revision unterzogen. Den Wissenschaftlern wurde klar, daß die Wissenschaft ein „kollektives Unternehmen" darstellt, und die Kooperation in den Anstrengungen sowie der Gedankenaustausch als Voraussetzungen für ihre erfolgreiche Entwicklung zu gelten haben.

[90] Ebenda.

Alle großen Ereignisse in der Chemie am Ende des 18. Jahrhunderts und im 19. Jahrhundert waren durch heftige Diskussionen, durch ein Aufeinanderprallen gegensätzlicher Meinungen gekennzeichnet.

Die wissenschaftliche Revolution in der Chemie Ende des 18. Jahrhunderts wurde von überaus stürmischen Auseinandersetzungen zwischen den Anhängern und den Gegnern der Phlogistontheorie begleitet.

Immer da, wo Gewöhnung an irgend eine Meinung in die Überzeugung von der Richtigkeit dieser Meinung übergehe, wirkten Diskussionen als ein Gegengift, schrieb Berzelius.[91]

Würtz schrieb über den 1808 begonnenen Streit zwischen Berthollet und Prout zur Frage über die Beständigkeit der Zusammensetzung chemischer Verbindungen folgendes: „Die Erinnerung an den Streit bleibt nicht nur wegen der Größe seiner Ergebnisse unvergeßlich, sondern mehr noch wegen des Wertes der Methoden, die diese beiden großen Gegner angewendet haben, beide in gleichem Maße von der Liebe zur Wahrheit erfüllt."[92]

Über seine Diskussion mit Berzelius, in welche die größten Chemiker einbezogen waren, die auf dem Gebiet der organischen Chemie arbeiteten, schrieb Dumas: „... Manchmal gingen unsere Ansichten auseinander, wir entfernten uns voneinander infolge der hitzigen Auseinandersetzungen, es entbrannten harte Diskussionen, und wir bedauern, daß sie so heftig waren. Aber wer könnte den Nutzen dieser Diskussionen, ja ihre Notwendigkeit bestreiten? Wer kann abstreiten, daß sie viele ausgezeichnete Forschungsarbeiten zur Folge hatten? Solche Auseinandersetzungen begleiten jeden Ansatz einer Theorie."[93]

Mendeleev wies auf die Notwendigkeit von Diskussionen hin, weil das Herausstellen eines jeden neuen Problems von der Bildung extremer Hypothesen begleitet wird.

Auf die Fruchtbarkeit der Äußerung verschiedener Standpunkte wies Liebig bereits im Jahre 1836 hin: „Wenn es zwei Ansichten gibt, von denen ausgehend man eine Reihe chemischer Verbindungen in eine bestimmte Beziehung bringen kann, so muß das unter allen Umständen als nützlich für die Wissenschaft betrachtet werden. Die natürlichste Folge dessen ist das Streben, Tatsachen für die Bekräftigung dieser oder jener Ansicht zu finden, und das kann zu überaus wichtigen und interessanten Entdeckungen führen. Diese Anschauungen dürfen nicht den allgemeinen Gesetzen widersprechen; um aber Beweiskraft zu haben, müssen sie mehr sein als bloße Analogien. Für bessere Anschauungen müssen wir zweifellos solche Anschauungen halten, die

91 „Die Beständigkeit in Meinungen", sagte Davy, „ist ein langsam wirkendes Gift für das geistige Leben, das ihm seinen Glanz nimmt und seine Energie zerstört" (zitiert nach: R. A. Gregori: Otkrytija, celi i značenie nauki, Petrograd 1923, S. 78).

92 A. Würtz: Istorija chimičeskich doktrin ..., a. a. O., S. 18.

93 Zitiert nach: E. Held: Istorija organičeskoj chimii, ..., a. a. O., S. 64.

am zwanglosesten und natürlichsten eine Reihe von Veränderungen erklären können."[94]

Die Chemiker betrachteten Diskussionen als eine überaus effektive Form des Verkehrs unter den Gelehrten, einer Kommunikation, die sich für die Wissenschaftsentwicklung als höchst notwendig erwies und zu einem der Faktoren des Wissenschaftsfortschritts wurde.

Wissenschaft und Praxis

Seit Beginn des 19. Jahrhunderts schlug die chemische Industrie ein Entwicklungstempo ein, das ohne weiteres mit dem Tempo der Entwicklung anderer Industriezweige vergleichbar ist und diese sogar übertraf.

V. Grinevič schildert: Obwohl eine ganze Reihe chemischer Prozesse (wie z. B. die Gewinnung von Metallen aus Erzen, die Herstellung von Glas und Seife) dem Menschen seit alter Zeit und anderes (die Gewinnung der Schwefelsäure, verschiedener Salze usw.) seit dem Mittelalter bekannt war, so erhalten seit dem 19. Jahrhundert sogar diese bereits vertrauten Prozesse durch die Entwicklung der chemischen und technologischen Wissenschaft eine völlig andere Grundlage.[95] Die Chemiewissenschaft klärte das Wesen der Prozesse, die der Herstellung entsprechender Produkte zugrunde lagen, sie gestattete, die Produktion zu vervollkommnen, und sie entwickelte Verfahren für die Gewinnung neuer Produkte.

Die chemische Industrie ist bedeutend enger mit den wissenschaftlichen Ergebnissen der theoretischen Chemie als jeder andere beliebige Industriezweig verwachsen, und umgekehrt, die Errungenschaften der Chemie finden eine viel schnellere praktische Anwendung als die theoretischen Ergebnisse irgendeines anderen Wissenschaftszweiges. Die Erfolge der Chemiewissenschaft waren nicht nur einer der entscheidenden Faktoren für die Entwicklung der chemischen Industrie, sondern übten auch auf andere Gebiete der Industrie einen großen Einfluß aus. Das waren Gebiete, in denen entweder chemische Prozesse oder die Gewinnung chemischer Produkte, öfters auch beides zugleich, eine wichtige Rolle spielten (z. B. Koksgewinnung und metallurgische Industrie). Nebenprodukte, die man bei der Koksgewinnung erhält, dienen als Ausgangsstoffe für die Produktion künstlicher Farben (Anilin, Alizarinfarben, künstliches Indigo sowie Sprengstoffe). Es ist durchaus natürlich, daß die enge Verbindung zwischen der Chemiewissenschaft und der Produktion, die im 19. Jahrhundert entstanden und erstarkt war, in den Überlegungen der Chemiker über die Entwicklung ihrer Wissenschaft nicht ohne Widerhall bleiben konnte.

94 Ebenda, S. 62.

95 Siehe: V. Grinevič: Narodnoe Chozjajstvo Germanii. Očerk razvitija (1800–1924), Berlin 1924, S. 90.

A. A. Voskresenski unterstreicht die Verbindung zwischen den Erfolgen der Chemie und der Realisierung eines großen Teils ihrer Ergebnisse in der ersten Hälfte des 19. Jahrhunderts folgendermaßen: „Wenn wir uns über die schnellen Erfolge der Chemie in theoretischer Hinsicht wundern, so dürfen wir nicht ihren weitgehenden Einfluß auf den Wohlstand der Gesellschaft außer acht lassen. Es gibt wohl kaum einen Industriezweig, kaum eine Kunstfertigkeit auch rein mechanischer Art, welche im Zusammenhang mit den Errungenschaften der neuesten Chemie keine größeren oder geringeren Veränderungen erfahren hätten und in denen ihr Einfluß nicht offen zutage getreten wäre. Kaum hatte die Wissenschaft es zuwege gebracht, ein Problem durch Entdeckungen zu lösen, als sogleich eine Anzahl von Fabriken entstand, die ihre Existenz diesen Entdeckungen zu verdanken hatten. Chevreul hatte seine Forschungsarbeiten über die Fettarten noch nicht zum Abschluß gebracht, und schon modernisierten wir, gestützt auf die wenigen Angaben, die er der Öffentlichkeit zugänglich gemacht hatte, die Seifensiedereien, fanden wir durch die Produktion von Stearinsäure, die in den letzten Jahren ein Gegenstand des allgemeinen Verbrauchs wurde, ein neues Mittel, um in vorteilhafter Weise den Absatz unserer Landesprodukte zu steigern."[96]

Jeder Erfolg auf dem Gebiet der Chemie führt, nach den Worten Voskresenskis, zu einer engeren Verbindung der Chemie mit dem Leben. Wenn aber die Wissenschaft nicht auf die Lösung grundlegender Probleme, nicht auf eine eingehende Erforschung von Erscheinungen gerichtet ist und sich nicht auf der Suche nach „Früchten" befindet, auf einem Boden, der noch nicht „kultiviert" ist, so kann sie, wie dies von Voskresenski unterstrichen wird, keine für die Praxis nennenswerten Ergebnisse zeitigen.

Er wollte nur zeigen, schrieb Voskresenski, daß die Wissenschaften ein zweifaches Ziel haben: Das eine besteht im materiellen Nutzen, das andere, höhere, dient dafür als Grundlage; es besteht im Erwerb klarer Vorstellungen und der Ausbreitung der Grenzen unseres Wissens. Läßt man das letztere außer acht, ist mit einem Erfolg im ersteren kaum zu rechnen. „Die rasche Aufeinanderfolge einer Anzahl von Entdeckungen in der Chemie", schrieb H. H. Hess, „stellte sie in kurzer Zeit auf die Stufe der exakten Wissenschaften. Zahlreiche Entdeckungen der Gelehrten wurden zur Grundlage für Erzeugnisse der Manufakturproduktion, und die Wirklichkeit zeigt, daß die Wissenschaft und die Produktion sich in einigen Ländern Europas zu ihrem gegenseitigen Nutzen von Tag zu Tag näher kommen."[97]

Alle Chemiker des 19. Jahrhunderts vertraten die Auffassung, daß das Wachstum des Wissensfundus der Chemie eine unabdingbare Voraussetzung für ihre Erfolge in der Praxis bildet. Im 19. Jahrhundert beschäftigten sich viele hervorragende Chemiker mit Fragen praktischer Natur. Dies bestimmte

96 In: Žurnal narodnogo prosveščenija, 6/1840.

97 H. H. Hess: Osnovanija čistoj chimii, Predislovie, St. Petersburg 1831, S. 1.

ihre Ansichten über die Wechselbeziehungen zwischen Theorie und Praxis, zwischen der Wissenschaft und ihrer praktischen Anwendung.[98]

Unterschiedliche Auffassungen traten unter ihnen in folgenden Fragen auf: Einige gingen davon aus, daß allein die Wissenschaft durch die Lösung ihrer Aufgaben Ergebnisse an die Industrie weitergibt, welche die Industrie bereichern und weiterentwickeln, d. h. sie waren der Meinung, der „Strom" fließe in einer Richtung, von der Wissenschaft zur Industrie. Andere waren der Auffassung, daß diese Beziehung zwischen Wissenschaft und Industrie „zweiseitig" sei, d. h. daß die Industrie nicht passiv auf Ergebnisse der Wissenschaft wartet, sondern diese vor entsprechende Probleme stellt, was einen zusätzlichen Ansporn für die Wissenschaftsentwicklung bedeutet; im gleichen Maße, in dem sich die Wissenschaft entwickelt und die Industrie wächst, werden auch die Kontakte zwischen ihnen enger, und ihre Wechselbeziehungen festigen sich.

Zur Illustration dieser Standpunkte bringen wir hier einige Äußerungen Butlerovs, Mendeleevs und Berthelots.

Ergiebige theoretische Untersuchungen führen nach den Worten Butlerovs stets zu bedeutenden praktischen Ergebnissen. „Es ist offensichtlich", schrieb er, „daß nur die zahlreichen Untersuchungen der Alkalien-Untersuchungen, die an und für sich keine technischen Ziele verfolgten, bewirkt haben, einen rationellen Weg für die Herstellung des Anilins und die Gewinnung zahlreicher Farbstoffe zu finden . . ."[99]

„Wir sahen, welche glänzende Verwendung diese Arbeiten gefunden haben, und dennoch wurden sie zum Wohle der Wissenschaft – ohne Hintergedanken, ohne ein Nutzungsziel vor Augen zu haben – durchgeführt. Und wenn man vor 20–30 Jahren einen Chemiker befragt hätte, der eben diese oder jene ähnliche Entdeckung gemacht hatte, wozu die durch Nitrierung gewonnenen Kohlenwasserstoffprodukte benötigt werden, wozu Benzol gut sein kann usw., so hätte er zu jener Zeit wahrscheinlich antworten müssen, daß diese

98 Weit bekannt sind die grundlegenden Arbeiten Liebigs auf dem Gebiet der landwirtschaftlichen Chemie (die von ihm nach Beendigung seiner fundamentalen Untersuchungen auf dem Gebiet der theoretischen Chemie durchgeführt wurden). „Die Entwicklung der negativen Seite der modernen Agrikultur, vom naturwissenschaftlichen Standpunkt, ist eins der unsterblichen Verdienste Liebigs" (K. Marx: Das Kapital, Band 1, in: K. Marx/F. Engels, Werke (im folgenden nur: MEW) Band 23, Berlin 1972, S. 529). Diese Arbeiten Liebigs, die in Verbindung mit der Erforschung des Stoffkreislaufs in der Natur und der Ertragssteigerung in der Landwirtschaft standen, waren nicht nur von großer praktischer Bedeutung, sondern führten auch zur Herausbildung eines neuen Gebiets in der Chemie (der Agrochemie). Liebig war der Ansicht, eine prinzipielle Lösung irgendeines Problems in der Wissenschaft führe sie über die Grenzen des Theoretischen in angewandte Bereiche der Wissenschaft.

99 A. M. Butlerov: Sočinenija, Band III, a. a. O., S. 16.

Stoffe nur von wissenschaftlichem Interesse sind ... Forschungsergebnisse haben stets diese oder jene praktischen Ergebnisse im Gefolge ..." [100]

Auch in seiner Schilderung über die Verdrängung des Krapps durch das künstliche Alizarin und die Folgen für die Wirtschaft einiger Länder schrieb Butlerov, daß eine „derartige Umwälzung infolge einer Vielzahl chemischer Untersuchungen eintreten werde, die keine praktischen Ziele verfolgten, aber die Wissenschaft durch allgemeines Wissen und allgemeine Methoden bereichert haben".[101]

Auch Graebe, der seine Forschungen begann, ohne irgendwelche praktischen Ziele zu verfolgen und sich von Erwägungen der wissenschaftlichen Erkenntnis leiten ließ, kam ohne Schwierigkeiten zur Methode der künstlichen Gewinnung von Alizarin.[102]

Daß die Wissenschaftsentwicklung keine optimale Verwirklichung erlangen kann, wenn die Gesellschaft kein Interesse daran habe, unterstrich Butlerov in seinem Referat auf der feierlichen Sitzung der Akademie der Wissenschaften vom 29. Dezember 1870:

„Gut und frei gedeiht die Wissenschaft nur dort, wo sie vom vollen Mitgefühl der Gesellschaft umgeben ist. Mit einem solchen Mitgefühl kann die Wissenschaft dann rechnen, wenn die Gesellschaft ihr genügend nahe ist. In diesem Falle hält sie die Interessen der Wissenschaften nicht für fremd und ist sich dessen bewußt, daß in der Wissenschaft die beste Quelle ihrer Kraft liegt, daß die Wege der Erkenntnis und der Entwicklung, ganz gleich in welcher Richtung sie verlaufen mögen, stets dieselben sind. Um diese Nähe zu erreichen, ist die Bekanntschaft der Gesellschaft mit den Zielen der Wissenschaft, mit ihren Mitteln zur Erreichung dieser Ziele nötig, und die Gesellschaft muß die Gewißheit haben, daß der von der Wissenschaft eingeschlagene Weg richtig und erfolgversprechend ist." [103]

Man muß folglich die Gesellschaft davon überzeugen, daß der Wissenschaftsfortschritt eine unentbehrliche Vorbedingung für den Fortschritt auf jedem Gebiet der menschlichen Tätigkeit ist, man muß die Gesellschaft mit den Problemen der Wissenschaft und den Mitteln für ihre Lösung konfrontieren, man muß die Gesellschaft davon überzeugen, daß der von der Wissenschaft in jeder Phase ihrer Entwicklung gewählte Weg der aussichtsreichste ist und die größten Möglichkeiten liefert, solche (ihrem erreichten Entwicklungsstand entsprechende) Ergebnisse zu zeitigen, an denen die Gesellschaft interessiert ist. Man muß die Gesellschaft davon überzeugen, sagte Butlerov, daß das, was im Laboratorium geschieht, wo Stoffe mit sonderbaren Bezeichnungen synthetisiert werden, die vorläufig noch kein Apotheker, kein

[100] Ebenda.
[101] Ebenda, S. 19.
[102] Ebenda, S. 18f.
[103] Ebenda, S. 9.

Färber kennt, für die weitere und schnelle Entwicklung der Wissenschaft nötig ist, die ihrerseits in keiner Schuld bei Personen steht, deren praktische Tätigkeit der Gesellschaft unmittelbar zugute kommt.

In einem Bericht über seine Reise ins Ausland im Sommer 1861 legt Butlerov eine Liste ausländischer Chemiker vor, unterteilt nach der Art ihrer Interessen. Er bemerkt, daß unter den älteren von ihnen sich zwei Kategorien abzeichnen, die beide berechtigten Ruhm durch ihre Verdienste erworben haben: zu der einen könnte man solche zählen, die sich, wie Liebig und Mitscherlich, in ihren späteren Jahren eher für die Anwendung der Chemie als für die reine Wissenschaft interessieren und diese der neuen Generation überließen. Die zweite Kategorie der älteren umfaßt Fachgelehrte, die eifrig ihre Arbeit fortsetzen; sie kümmern sich ebenfalls wenig um die Theorie, aber bereichern durch ihre Arbeiten, Beobachtungen und Ideen die Wissenschaftszweige weiter; hierzu gehören Bunsen, Wöhler, Chevreul, Stas u. a.

Zu einer zweiten Gruppe der Chemiker, einer jüngeren im Vergleich zur ersten und einer recht bunten, kann man alle übrigen zählen ... Die Mehrzahl dieser Chemiker ist ungeachtet ihres Alters und ihrer Stellung miteinander durch die Gleichheit ihrer wissenschaftlichen Bestrebungen verbunden; fast alle beschäftigen sich mit der organischen Chemie als dem interessantesten und gegenwärtig für die Theorie am aussichtsreichsten Gebiet. Das Hauptziel ihrer Arbeiten besteht in der Verallgemeinerung oder der Bestätigung oder auch der Widerlegung bekannter theoretischer Auffassungen.[104]

Butlerov vermerkt hier eine charakteristische Besonderheit der Chemiewissenschaft des 19. Jahrhunderts, auf dem Gebiet der theoretischen Forschung arbeiteten Vertreter der jungen Generation, während ein Teil der älteren Chemiker sich mehr für die Anwendungsmöglichkeiten der Chemie interessierten.

Mendeleev, der sich nicht nur mit theoretischen Problemen der Wissenschaft befaßte, sondern große Beachtung auch ihrer praktischen Anwendung schenkte, hob in seinen Veröffentlichungen zu dieser Frage ständig die Einheit der zwei Funktionen der Wissenschaft, der kognitiven und der praktischen, hervor.

„Die Chemie ist, wie auch jede andere Wissenschaft", schrieb er, „zugleich Mittel und Ziel. Sie ist ein Mittel für die Erreichung dieser oder jener praktischen Absicht im allgemeinen Sinne dieses Wortes ... In diesem Sinne erfüllen die Wissenschaften eine Dienstaufgabe, sie sind ein Mittel, um Nützliches zu erreichen. Dieser schon ehrwürdigen Mission schließt sich in der Chemie noch anderes hinzu: In der Chemie gibt es, wie in jeder entfalteten Wissenschaft, Bestrebungen höherer Art, die sich durch zeitweilige und besondere Ziele nicht einschränken lassen (obwohl sie zu diesen Zielen führen und sich ihnen gegenüber keineswegs gegensätzlich verhalten); die Bekannt-

104 Vgl. ebenda, S. 79.

schaft mit diesen Bestrebungen, die ihre Anhänger begeistern, drückt sich vor allem in einer bestimmten Weltanschauung hinsichtlich des Gegenstandes ihrer Untersuchungen aus."[105]

„Der unmittelbare Gebrauch des Wissens zwecks bewußter Beherrschung der Natur", schreibt Mendeleev, „liefert die Kraft und bildet das Unterpfand der weiteren Wissenschaftsentwicklung."[106]

Bei Butlerov finden wir die Hervorhebung des Primats theoretischer Forschungen gegenüber solchen Forschungsarbeiten, die zu praktischen Ergebnissen führen sollen und den Hinweis darauf, daß die Lösung praktischer Aufgaben sich im Ergebnis von Erfolgen auf dem Gebiet der Theorie einstellt. Mendeleev solidarisiert sich mit dieser Auffassung[107], entwickelt aber zugleich die These von der gewaltigen Bedeutung der Stellung und Lösung praktischer Aufgaben, der Unterwerfung der Naturkräfte unter die Herrschaft des Menschen für die weitere Entwicklung der Wissenschaft.

Die Frage der Beziehung zwischen Theorie und Praxis im 19. Jahrhundert mündet in die Frage nach der Beziehung zwischen Wissenschaft und Technik, zwischen Wissenschaft und Ökonomie. Einige Chemiker des 19. Jahrhunderts erkannten bereits den wechselseitigen Charakter dieser Beziehung, d. h. die Tatsache, daß die Wissenschaft in bezug auf die Technik nicht nur als Spender, sondern auch als Empfänger auftritt.

Auf die gegenseitige Befruchtung der Wissenschaft und Technik wies auch der bekannte Historiograph der Chemie E. Meyer hin. Die chemische Industrie, schrieb er, ist ein Kind der Neuzeit. Ihre Entfaltung verläuft Hand in Hand mit der Entwicklung der reinen Chemie. „Hat auf solche Weise die wissenschaftliche Chemie sich der Technik nutzbringend erwiesen, so ist auch diese der ersteren dankbar gewesen; denn manche wichtigen Entdeckungen – ich erinnere an die des Selens und des Thalliums – sind mit ihrer Hilfe ermöglicht, und höchst wertvolle Untersuchungen, z. B. über die Oxydationsstufen des Stickstoffs (Lunge) und deren Verhalten zu schwefliger Säure ..." usw. sind „... durch technische Fragen veranlaßt worden."[108] Das Studium des tatsächlichen Verlaufs der Entwicklung der Chemie führte Meyer zu diesen Schlußfolgerungen.

Eine weitgehende Fragestellung nach den Beziehungen zwischen der Wissenschaft und den wichtigsten Seiten der Praxis finden wir bei M. Berthelot,

[105] D. I. Mendeleev: Predislovie k 3-emu izd. „Osnov chimii", in: Sočinenija, Band XXIV, a. a. O., S. 5.

[106] Ebenda, S. 4.

[107] Er schreibt z. B.: „Wir haben uns so sehr daran gewöhnt zu behaupten, unsere Zeit wäre ein praktisches Zeitalter, daß es durchaus nützlich ist, sich einmal mehr davon zu überzeugen, daß Interessen, die den praktischen Aufgaben völlig fremd sind, sich ebenso einer gesellschaftlichen Beachtung erfreuen" (D. I. Mendeleev: Sočinenija, Band XXIV, a. a. O., S. 235).

[108] E. Meyer: Geschichte der Chemie ..., a. a. O., S. 539.

der die Wissenschaft als einen Faktor betrachtet, der das Leben umgestaltet und auf alle wichtigsten Bereiche des Lebens einen großen Einfluß ausübt. M. Berthelot erkannte nicht nur den großen Einfluß der Wissenschaft auf die Sphäre der materiellen Produktion, sondern auch ihre Rolle im gesamten geistigen Leben. Mit der Wissenschaft, sagte Berthelot, entstand ein neuer Faktor, der seinen Einfluß auf die politische, ökonomische und moralische Sphäre ausbreitet, ein Faktor, der früher nicht mal im Keim vorhanden war, eine Kraft, die ständig zunimmt und mit steigendem Elan gegen die Engstirnigkeit und Geistesträgheit von Parteien zu Felde zieht, die sich an die dunkle Vergangenheit klammern.

Berthelot sieht das „Zeichen unserer Zeit im Einbruch der modernen Wissenschaft mit ihren von Tag zu Tag zunehmenden Aktivitäten und Erfolgen in den Alltag, dem sie ihre Gesetze und Methoden aufzwingt. Die unbelebte Welt wird von der Physik und der Chemie gelenkt werden, und man wird auf jenen zukunftsfernen Tag warten können, an dem die Wissenschaft vielleicht die Umwandlung von Lebewesen in Angriff nimmt".[109]

Das größte Verdienst der Wissenschaft sieht Berthelot darin, daß sie die Gedanken befreit habe, die freien Gedanken aber befreiten das Volk. Die Entwicklung der menschlichen Gesellschaft verbindet Berthelot mit dem Wissenschaftsfortschritt; ihre Bedeutung für die Gegenwart ist groß, ihre Rolle bei der Verwirklichung der edelsten Träume der Menschheit ist gewaltig.

„Die Wissenschaft herrscht buchstäblich über allem, sie allein leistet dauerhafte Dienste. Keine einzige Person, keine einzige Institution würde dauerhafte Autorität genießen, wenn sie sich nicht an die Anforderungen der Wissenschaften hielte. Dank der Wissenschaft werden schließlich die gesegneten Zeiten der Brüderlichkeit kommen, da alle vor dem lichten Gesetz der Arbeit gleich sein werden."[110]

Somit stellen die Chemiker des 19. Jahrhunderts einen entscheidenden Einfluß der Wissenschaft auf die Entwicklung der Technik fest und über sie auf alle Bereiche des wirtschaftlichen Lebens, ferner den rückwirkenden Einfluß der Belange der Technik und der Praxis auf die Wissenschaftsentwicklung und schließlich den Einfluß der Wissenschaft auf alle Gebiete des geistigen Lebens der Menschen.

Zugleich wird unterstrichen, daß die optimale Art und Weise der Existenz der Wissenschaft, die am effektivsten die größte Entfaltung ihrer Möglichkeiten und die Lösung ihrer praktischen Aufgaben gewährleistet, eine solche ist, bei der die Wissenschaft in erster Linie auf die Beantwortung der fundamentalen Fragen orientiert ist und die vom Verlauf ihrer eigenen Entwicklung auf die „Tagesordnung" gesetzt werden.

Alle Wissenschaftler, von Voskresenski und Zinin, die nur eine Seite der

[109] M. Berthelot: Science et Libre Pensee, Paris 1905, S. 186f.
[110] Ebenda, S. 11.

Beziehungen zwischen der Wissenschaft und der Praxis – ihre Bedeutung für die Entwicklung der Industrie – unterstrichen bis hin zu Mendeleev und Berthelot, die den Einfluß der Wissenschaft auf alle Sphären des materiellen und geistigen Lebens hervorgehoben haben, waren sich darüber einig, daß diese Erscheinungen ein Kind des 19. Jahrhunderts waren, und daß sie eine dauerhafte Tendenz weiterer Entwicklung verkörpern.

Probleme der Wissensvermittlung

Die Notwendigkeit, Wissenschaftler – Chemiker und hochqualifizierte Ingenieure – für die chemische Industrie auszubilden, lenkte die Aufmerksamkeit auf verschiedene Aspekte dieses Problems, so u. a. auf die Frage, wie ein Lehrbuch der Grundlagen der Chemie aufgebaut sein muß. Zentrale Fragen, die in diesem Zusammenhang zum Gegenstand von Überlegungen wurden, waren Fragen zum Verhältnis von Ergebnissen und Wegen, die zu diesen Ergebnissen geführt haben. Es war zu klären, was als Ausgangspunkt genommen werden soll – der gegenwärtige Stand der Wissenschaft oder ihre historische Entwicklung. Die interessantesten Gedanken zu diesen Fragen wurden von dem hervorragenden Chemiker und Denker S. Cannizzaro geäußert, der in Erwägung zog, ob es nötig ist, daß der Studierende den ganzen Weg der Wissenschaftsentwicklung „durchläuft". Cannizzaro stellte diese Frage vor allem im Hinblick auf das Studium der Chemie und konkretisierte sie folgendermaßen: Die Grundlage der modernen Chemie bildet die Atomistik, zu der sie nach einem langwierigen und beschwerlichen Wege gekommen ist – womit also beginnen? Mit der Atomistik? Oder soll man den „langen und beschwerlichen Weg der Induktion durchlaufen, um zu ihr zu gelangen"?

In Beantwortung dieser Frage nach der Weite und der Form des gedanklichen Nachvollzuges der Wissenschaft schreibt Cannizzaro: „Es wäre sehr nützlich, zu ihr (d. h. zur Atomistik – N. R.) im Eilschritt unter Zuhilfenahme eines jener Kniffe zu gelangen, deren sich der menschliche Verstand nicht selten bedient, um auf eine Höhe zu gelangen, von der aus man die Beziehungen zwischen den Erscheinungen sofort übersehen kann."[111] Zugleich weist er aber darauf hin, daß „es recht oft vorkommt, daß der Verstand desjenigen, der das Studium einer Wissenschaft beginnt, alle die Phasen durchwandern muß, die die Wissenschaft in ihrer historischen Entwicklung selbst durchwandert hat.

Im Unterricht der Astronomie z. B. kann man bis zu einem gewissen Punkt allmählich den aufwärtsgehenden Weg der Induktion befolgen, weil die Wissenschaft selbst in ihrer Entwicklung diesen Weg gegangen war: die Ge-

[111] S. Cannizzaro: O predelach i o forme teoričeskogo prepodavanija chimii, a. a. O., S. 1.

setze Keplers wurden entdeckt, bevor sie erklärt werden konnten und in ein Ganzes – die Gravitationslehre – eingebunden wurden. Nicht so verlief die Entwicklung der Chemie. Die Atomtheorie wartete mit ihrem Erscheinen nicht ab, bis unabhängig von ihr alle empirischen Gesetze entdeckt und genau definiert waren: im Gegenteil war sie es ja, die die Möglichkeit schuf, einen großen Teil dieser Gesetze vorauszusehen und zu entdecken; sie war es ja, die geholfen hat, die Bedeutung des Wenigen, was über diesen Gegenstand bekannt war, einzuschätzen; sie war es schließlich, die uns die Sprache gab, um alle diese Gesetze ausdrücken zu können".[112] Mit dieser entwickelten und vervollkommneten (atomistischen) Theorie müßte man darum den Unterricht beginnen.[113]

In diesem Zitat ist dem Wesen der Sache nach sowohl die Konzeption über die Entwicklung der Chemie im Unterschied z. B. von den Besonderheiten der Geschichte der Astronomie als auch eine bestimmte Einstellung zur Frage des Chemieunterrichts enthalten, wobei das zweite sich aus dem ersten ergibt. Die Atomistik stellt von diesem Standpunkt aus jenen Punkt dar, der „in sich" das „Wenige" aufnahm, was vorher gewesen ist (in dem Sinne, daß sie eine rationelle Erklärung für die früher entdeckten empirischen Gesetze lieferte), und dessen Entwicklung eine ununterbrochene Aufstockung der „Macht" der Chemie bewirkt.

Wichtig ist natürlich auch der von Cannizzaro unterstrichene Umstand, daß die Atomistik der Chemie die „gemeinsame Sprache" gegeben und ihre verschiedenen Zweige und Richtungen zu einer einheitlichen Wissenschaft zusammengeführt habe, die sich nunmehr im Fahrwasser der atommolekularen Lehre erfolgreich weiterentwickelt.

Cannizzaro unterschied zwischen der eigentlichen wissenschaftsgeschichtlichen Forschung, in der man die Entwicklung der verschiedenen Teile miteinander vergleichen und in der man streng chronologisch vorgehen müsse, und dem Heranziehen der Geschichte in den Fällen, in denen man die Beweisführung veranschaulichen will.

F. N. Savčenkov war der Auffassung, daß die historische Methode bei der Stoffvermittlung Vorrang vor der Darbietung des gegenwärtigen Standes der Wissenschaft als einer Summe von Ergebnissen habe. „Wenn man aber bisher die zweite Methode bevorzugt, so geschieht das, weil man erstens bemüht ist, den Umfang des Studienmaterials zu verringern, zweitens wegen der Schwierigkeit, jenen Ausgangspunkt zu finden, von dem aus die historische Deutung der Wissenschaft ihren Anfang nehmen muß, und hauptsächlich deswegen, weil das System der Wissenschaftsgeschichte noch nicht zufriedenstellend entwickelt ist."[114]

Das Problem des Unterrichts in der Chemie wurde somit hauptsächlich

[112] Ebenda, S. 2.
[113] Ebenda, S. 3.
[114] Siehe: F. N. Savčenkov: Istorija chimii, a. a. O., S. 8.

hinsichtlich der Wahl einer Ausgangsstellung für den Unterricht untersucht. Vorgeschlagen wird, entweder vom gegenwärtigen Stand der Wissenschaft oder von der Theorie auszugehen, die sich schon vor einiger Zeit formiert hatte und auf deren Grundlage die Wissenschaft in der gegenwärtigen Etappe ihrer Entwicklung funktioniert, oder, schließlich, mit der Geschichte der Wissenschaft in ihrer konzentrierten Form zu beginnen. Die letzte Variante wäre nach Meinung Savčenkovs die günstigste, jedoch ist ihre Anwendungsmöglichkeit durch das Fehlen eines gut entwickelten Systems der Wissenschaftsgeschichte begrenzt. Cannizzaro schlägt als Ausgangspunkt die Atomistik vor, in deren Fahrwasser die Entwicklung der Chemiewissenschaft vor sich ging.

Probleme des Schöpfertums

Fragen nach dem Mechanismus des wissenschaftlichen Schöpfertums wurden am gründlichsten und systematischsten von Liebig untersucht. Große Beachtung schenkt er der Rolle, die im wissenschaftlichen Schaffensprozeß der Phantasie zukommt, und er verbindet dieses mit der Rolle des diskursiven Denkens.

„Verstand und Phantasie sind für unser Wissen gleich nothwendig und in der Wissenschaft gleich berechtigt, sie haben beide einen bestimmten Antheil an allen Problemen der Physik und Chemie, der Medizin, Nationalökonomie, Geschichte und Sprachwissenschaft, und nehmen jede einen gewissen Raum in ihrem Gebiet ein; der Theil desselben, den die Einbildungskraft beherrscht, ist in eben dem Verhältniß weiter und umfangreicher, je unbestimmter und undeutlicher das positive Wissen ist, mit welchem der Verstand es umgränzt; der Fortschritt besteht darin, daß mit der Zunahme an Kenntnissen die Vorstellungen schwinden, die aus der Einbildungskraft entsprungen sind, und während in den ersten Perioden der Wissenschaft die Phantasie die volle Herrschaft hat, unterordnet sie sich später dem Verstand und wird dessen hülfreiche und willige Dienerin.“[115]

Liebig ist also der Ansicht, daß die Phantasie (die Einbildung) eines der Mittel ist, mit dessen Hilfe Vorstellungen gebildet und bestimmte Ergebnisse erreicht werden, aber ihre Rolle sich mit dem Wissenschaftsfortschritt verringert und eine Dienstaufgabe übernimmt. Liebig verbindet mit der Einbildung und dem Verstand zwei wissenschaftliche Hauptmethoden, die Induktion und die Deduktion. „Die Induction unter der Leitung der Phantasie ist intuitiv und schöpferisch, aber unbestimmt und maßlos; die Deduction unter der Leitung des Verstandes analysiert und begränzt, ist bestimmt und maßvoll.

[115] J. v. Liebig: Induction und Deduction, a. a. O., S. 18f.

Einer der wesentlichsten Charaktere der deductiven Forschung in der Naturwissenschaft ist das Maß, und das Endziel aller ihrer Arbeiten ist auf einen unveränderlichen Zahlenausdruck für die Eigenschaften der Dinge, für die Vorgänge und Erscheinungen gerichtet. Die Phantasie vergleicht und unterscheidet, aber sie mißt nicht, denn zum Messen gehört ein Maßstab, der ein Product des Verstandes ist."[116] Folglich liefert die Phantasie, gleich der Induktion, Ergebnisse qualitativer Art; die Vorzüge der Deduktion, gleich dem Verstande, sind quantitative Ergebnisse.

Liebig setzte bei einem Gelehrten nicht beide Untersuchungsmethoden voraus; er unterteilte die Gelehrten in induktive Forscher, für die das Wichtigste eine weitgehende Kenntnis der Sinneserscheinungen ist, deren Tätigkeitsfeld die physikalischen, physiologischen und chemischen Laboratorien sind, und in deduktive Denker, deren Element die Gesetze und Verallgemeinerungen bilden. Zugleich war Liebig aber der Auffassung, daß die Mehrzahl der in der Wissenschaft, darunter in der abstraktesten aller Wissenschaften, der Mathematik, erzielten Ergebnisse nicht durch Deduktion, sondern kraft der Einbildung oder auf empirischem Wege erreicht wurden.

Wie in der Wissenschaft, so vollziehen sich auch im alltäglichen Leben gedankliche Operationen nicht nach den Regeln der Logik, behauptete Liebig: Vorstellungen von irgend einer Wahrheit, die Betrachtung irgend eines Prozesses oder der Ursache einer Erscheinung gehen der Beweisführung immer voran. Der Gelehrte komme nicht von Voraussetzungen aus zu abschließenden Folgerungen, sondern umgekehrt, diese Folgerungen gingen ihnen voraus; erst danach suche man gründlich nach der Voraussetzung als dem Beweis.

Nach dieser Konzeption wird das wissenschaftliche Ergebnis nicht durch eine konsequente logische Fortführung des Gedankens, sondern durch einen „Gedankensprung" erreicht, zu dessen Festigung die dazugehörigen Voraussetzungen gefunden werden müssen, damit die gesamte logische „Prozedur" realisiert werden kann.

Interessant ist auch die Einstellung Liebigs zur Nutzung der Mathematik in der Naturwissenschaft. Liebig betrachtet die Mathematik als Instrument der Naturforscher, „welches ihnen als Mittel dient, um gewisse Zwecke zu erreichen; sie müssen in seiner Handhabung, in seinem Gebrauche so geübt sein, daß ihre Anwendung zu einer mechanischen Fertigkeit wird, die nur ihr Gedächtniß in Anspruch nimmt; aber das Instrument macht ja das Werk nicht, sondern der menschliche Geist. Sie werden zugeben, daß ihnen ohne Urtheil, ohne Scharfsinn und Beobachtungsgabe alle mathematischen Kenntnisse nutzlos sind".

Der Gelehrte beginnt ein Gelehrter zu sein, „sobald er . . . die Fähigkeit und das Talent besitzt, sich selbst eine Frage zu stellen und die Wahrheit seiner

116 Ebenda, S. 19.

Rechnung zu prüfen ...; denn wo sonst sollte die Aufgabe hergenommen sein, wenn nicht aus der Natur oder aus dem Leben?"[117]

Ausdrücklich betont Liebig seinen Standpunkt: „... allein die Mathematik macht in der Wissenschaft der Naturforschung, von sich selbst ausgehend, keine Entdeckungen, sie verarbeitet stets nur das Gegebene, das durch die Sinne Beobachtete, den durch den Geist geschaffenen neuen Gedanken".[118]

Somit hat die Mathematik vom Standpunkt Liebigs keine heuristische Bedeutung, d. h. es können mit ihrer Hilfe keine neuen Ergebnisse erzielt werden; ihre Funktion beschränkt sich auf die Bearbeitung des empirischen Materials und auf eine bestimmte Formgebung für Ideen.

Zusammenfassung

Die Chemiker des 19. Jahrhunderts interessierten sich für einen sehr großen Fragenkomplex, der alle Seiten der Existenz- und der Entwicklungsweise der Wissenschaft umfaßte. Das Interessante für diese Problematik war vom Gefühl der Verantwortung für die Wissenschaftsentwicklung und vom Streben diktiert, die Wissenschaft selbst zum Gegenstand des Studiums zu machen. Charakteristisch für das 19. Jahrhundert war das Herausarbeiten jener Probleme, die erst in der zweiten Hälfte des 20. Jahrhunderts ihre volle Aktualität erlangt haben.

Den namhaften Gelehrten entging das Auftauchen neuer Probleme nicht, vor allem von Problemen des sozialen Bezuges, der Entwicklung der Wissenschaft und der Form ihrer Beziehung zu anderen gesellschaftlichen Institutionen.

Die Gelehrten der chemischen Wissenschaft schenkten dieser Problematik viel größere Beachtung als etwa die Mathematiker. Das läßt sich dadurch erklären, daß die Chemie als Wissenschaft in besonders enger Beziehung zur chemischen Industrie und dem Gebiet der Chemie in anderen Zweigen der Produktion (z. B. der Metallurgie) stand. Mehr noch: neue, erst im 19. Jahrhundert aufgekommene chemische Produktionszweige (z. B. die Herstellung chemischer Farbstoffe) verdanken ihre Entstehung den Erfolgen der chemischen Wissenschaft.

Diese Linie läßt sich recht deutlich verfolgen – angefangen spätestens bei Liebig; sie verläuft mit steigender Tendenz zu Berthelot und Mendeleev.

In Verbindung mit diesen Eigentümlichkeiten in der Entwicklung der Chemie wird das Problem der Ausbildung von Wissenschaftskadern und der Gründung der ersten wissenschaftlichen Schulen diskutiert. Allerdings

117 J. v. Liebig: Chemische Briefe, a. a. O., S. 7f.

118 Ebenda, S. 9f.

spielten im Selbstverständnis der Wissenschaftler des 19. Jahrhunderts – besonders in den ersten 70 Jahren – die methodologischen Probleme, d. h. Fragen, die sich auf die Schilderung der logischen (und nicht der sozialen) Natur der Wissenschaft bezogen, die dominierende Rolle. Der Chemie wurde der Status einer empirischen Wissenschaft zugesprochen; diese Bestimmung ging auf die Philosophie (Kant) und Vertreter der physikalisch-mathematischen Gebiete der Wissenschaft zurück, wurde aber auch von einigen Chemikern von „innen heraus" genährt.

Diese Charakteristik der Chemie entsprach jedoch nicht der wirklichen Situation, die durch eine höchst angestrengte Arbeit des theoretischen Denkens gekennzeichnet war; davon zeugt eine Reihe fundamentaler Erkenntnisse und das Auftauchen „starker" Theorien und Verallgemeinerungen, wie die Strukturtheorie, das Periodische System u. a. m.

Probleme der Retrospektive haben in der Chemie wohl eine größere Rolle gespielt als in den anderen exakten Wissenschaften, die sich unter der Schirmherrschaft der Newtonschen Mechanik entwickelt haben. Mängel in der theoretischen Sphäre der Chemie der ersten Hälfte des 19. Jahrhunderts, der verhältnismäßig rasche Wechsel der Theorien (in der organischen Chemie, in der die Mehrzahl der namhaften Chemiker jener Zeit gearbeitet hat), erzeugten ein gesteigertes Interesse für Probleme der Genesis der wissenschaftlichen Theorie, für die Art ihres Funktionierens, für das Problem der Koexistenz rivalisierender Theorien und der Voraussetzungen für ihre Überprüfung, für das Problem der Beziehungen zwischen einander folgenden Theorien usw.

Die Wissenschaftskonzeptionen und ihre Entwicklung in den Werken der Gelehrten der chemischen Wissenschaft des 19. Jahrhunderts sind als Richtpunkte in der Evolution des theoretischen Selbstverständnisses in der Wissenschaft, als Widerhall entsprechender Situationen in der Wissenschaft von Interesse. Vieles von ihren Anschauungen ist nicht nur von retrospektiver Bedeutung, sondern auch heute noch aktuell, da es ein Bestandteil des sich stets ergänzenden und sich erneuernden Fonds von Vorstellungen über die Art und Weise ist, wie die Wissenschaft funktioniert und sich entwickelt.

S. R. Mikulinskij/N. F. Utkina

Probleme der Wissenschaftsentwicklung in Werken von Biologen des 19. Jahrhunderts

Die Biologie des 19. Jahrhunderts stellte reichhaltiges Material für die Erörterung von Problemen der Wissenschaftsentwicklung zur Verfügung. Gemessen an der Intensität der Veränderungen, die sich in den Methoden und Prinzipien der Erforschung der lebenden Natur vollzogen, sowie an dem Einfluß auf das geistige Leben der Gesellschaft nahm die Biologie Mitte des 19. Jahrhunderts unter den anderen Naturwissenschaften eine führende Stellung ein. So zumindest empfanden die Biologen die damalige Situation. T. Huxley sagte im Jahre 1876 in einem seiner Vorträge: „In der gesamten Wissenschaft gibt es nichts Bemerkenswerteres als die rasche Entwicklung des biologischen Wissens in den letzten fünfzig Jahren; die tiefgreifenden Veränderungen, die sich in der Biologie vollzogen haben, beeinflußten die grundlegenden Vorstellungen der Naturforscher beträchtlich."[1] Die großen Entdeckungen in der Biologie übten auf philosophische und soziologische Forschungen eine beachtliche Wirkung aus; die Biologie verlieh den Anhängern der materialistischen Weltanschauung neue Kräfte, indem sie ihnen neues, umfangreiches und wesentliches Material lieferte.

Besonders bedeutungsvoll in der Entwicklung der Biologie waren solche Ereignisse wie die Aufstellung der Zellulartheorie, die zur Feststellung der strukturellen Einheit aller Organismen führte; der Nachweis, daß die Gesetze der Physik und der Chemie auch in der organischen Welt Gültigkeit haben, wodurch die Einheitlichkeit der Naturgesetze bekräftigt und der Weg für die Erklärung vieler Lebensvorgänge der Organismen freigegeben wurde; die Schaffung der Evolutionstheorie der organischen Welt, die den ganzen Aufbau des biologischen Denkens änderte und es auf das Prinzip des Historismus umorientiert hat.

Die Theorie Darwins wurde ihrer Bedeutung nach oft der Gravitationstheorie Newtons gleichgestellt; einen derartigen Vergleich unternahm z. B. E. Haeckel: Die Theorie Darwins kann „unmittelbar neben die Gravitationstheorie Newtons"[2] gestellt werden. K. A. Timirjazev schlug im Anschluß an

[1] T. H. Huxley: Science and Culture and other Essays, London-New York 1888, S. 149.

[2] E. Haeckel: Natürliche Schöpfungsgeschichte, Erster Teil, in: Gemeinverständliche Werke, Band I, Leipzig-Berlin 1924, S. 33.

L. Boltzmann vor, das 19. Jahrhundert als das „Jahrhundert der mechanischen Deutung der Natur, das Jahrhundert Darwins“ zu bezeichnen.[3] Eine hohe Wertschätzung der Leistungen Darwins kommt auch in der Parallele zum Ausdruck, die F. Engels zwischen dessen Entdeckung des Gesetzes der „Entwicklung der organischen Natur“ und dem Verdienst von K. Marx zog, der das grundlegende Gesetz über „den Gang und die Entwicklung der menschlichen Geschichte“ entdeckte.[4]

Es ist nur natürlich, daß in einer Wissenschaft, die die Geburt einer Theorie Darwinschen Typs miterlebt hat, der Intensitätsgrad theoretischer Untersuchungen zu einem überaus großen Problemkreis stark ansteigen mußte.

1. Prinzipien und Methoden der Forschung – Allgemeine Gesetzmäßigkeiten der Wissenschaftsentwicklung

Im Verlauf fast des ganzen 19. Jahrhunderts beschäftigte die Biologen wohl mehr als die Vertreter anderer Wissenschaften die Frage nach den Wechselbeziehungen zwischen dem empirischen und dem theoretischen Wissen, oder anders gesagt, nach dem Platz, welcher dem empirischen und theoretischen Denken in einer Wissenschaft gebührt, die den Anspruch erhebt, als exakt und reif bezeichnet zu werden. Zwei Umstände führten dazu, daß diese Frage hinsichtlich der Biologie besonders deutlich gestellt wurde. Erstens: Im Unterschied zur Physik und zur Chemie, in denen sich seit Galileis und Boyles Zeiten die experimentelle Methode einen festen Platz erobert hatte und eine Grundlage dieser Wissenschaften bildete, blieb die Biologie im 19. Jahrhundert, mit Ausnahme einiger weniger Zweige wie Physiologie und Mikrobiologie, weitestgehend eine beschreibende Wissenschaft. Zweitens: In der Biologie hatte sich gegen Anfang des 19. Jahrhunderts eine gewaltige Menge empirischen, beschreibenden Materials angehäuft. Aber eine Vielzahl der zusammengetragenen Fakten blieb verstreut und wurde nicht zu einer Einheit zusammengefaßt. Es war unter diesen Umständen nicht möglich, die Bedeutung dieses Materials einzuschätzen. Dazu war es vor allem notwendig, eine bestimmte allgemeine Auffassung von der organischen Welt auszuarbeiten. Viele Biologen der ersten Jahrzehnte des 19. Jahrhunderts wußten, daß Fakten allein noch keine Wissenschaft ausmachen, und sie waren sich der Notwendigkeit der Schaffung einer verallgemeinernden Theorie bewußt.

Die Lösung dieses Problems wurde zu Beginn des Jahrhunderts durch die Forderungen der Naturphilosophie Schellings erheblich erschwert. Schelling beobachtete den Stand der Wissenschaften seiner Zeit und stellte fest, daß

[3] K. A. Timirjazev: Sočinenija, Band IV, Moskau 1938, S. 24.

[4] F. Engels: Entwurf zur Grabrede für Karl Marx, in: MEW, Band 19, a. a. O., S. 333.

die gewaltige empirische Arbeit infolge des Fehlens einer theoretischen Sinngebung für die beobachteten Erscheinungen unvollendet geblieben ist. Jedoch setzte Schelling diesen Stand der Wissenschaft als Norm fest und kam zu der Schlußfolgerung, die Wissenschaft könne prinzipiell eine Erscheinung lediglich beschreiben; ihr Wesen vermag nur die philosophische Spekulation aufzudecken.

Die Naturphilosophie Schellings rief unter den Gelehrten, besonders unter den Biologen, unterschiedliche Reaktionen hervor. Manche erblickten in der Naturphilosophie einen Ausweg aus der Sackgasse, in die, wie es ihnen schien, die Wissenschaft geraten war. Andere traten scharf gegen die Legalisierung des Bruchs zwischen den empirischen und theoretischen Elementen der Wissenschaft und gegen die Unterschätzung der experimentellen Forschung auf.

Sehr aufschlußreich sind in dieser Hinsicht die Arbeiten der russischen Biologen I. E. Djad'kovskij, M. A. Maksimovič, A. M. Filomafitskij und K. F. Rul'e. In ihnen wird die Anerkennung der Rolle der Theorie und die Idee der Einheit und der Entwicklung, die in der Naturphilosophie Schellings enthalten war, mit der Kritik der idealistischen Grundrichtung des Schellingianertums verbunden, der spekulativen Gegenüberstellung von Erfahrung und theoretischem Weg in der Forschungstätigkeit.[5] Rückblickend schrieb H. Helmholtz später, daß diese Zeit eine Periode der Feindschaft zwischen der Philosophie und der Wissenschaft war, als die Philosophen glaubten, „neue Wege entdeckt zu haben, um die Resultate, zu denen die Erfahrungswissenschaften schließlich gelangen müßten, im voraus auch ohne Erfahrung durch das reine Denken finden zu können".[6] I. I. Mečnikov bezeichnete die naturphilosophische Aggression als einen Prozeß, der „im allgemeinen den Fortschritt der Naturwissenschaften verzögert habe".[7]

In der zweiten Hälfte des Jahrhunderts entstand in den Wechselbeziehungen zwischen der Philosophie und der Wissenschaft eine Lage, die der zu Beginn des Jahrhunderts ziemlich genau entgegengesetzt war. Unter dem Einfluß der naturwissenschaftlichen Erfolge und der Verbreitung des Positivismus sprachen viele Naturforscher der Philosophie die Existenzberechtigung

[5] Siehe: I. E. Djad'kovskij: Rassuždenie ob obraze dejstvija lekarstv na čelovečeskoe telo, 1816; M. A. Maksimovič: Različie nauki po sposobu poznanija, 1828, o fizike „Ateneja", 1828; A. M. Filomafitskij: Pervaja lekcija fiziologii, 1836; K. M. Baer: Vseobščij zakon prirody, projavljajuščijsja vo vsjakom razvitii, 1934. Vzgljad na razvitie nauk, 1836; K. F. Rul'e: Somnenija v zoologii kak nauke, 1841. Obščaja zoologija, 1850. O pervom pojavlenii rastenij i životnych na zemle, 1851, in: Izbrannye proizvedenija russkich estestvoispytatelej pervoj poloviny XIX veka. Red. i vstupit. stat'ja G. S. Vaseckogo, S. R. Mikulinskogo u. a., Moskau 1959.

[6] H. Helmholtz: Vorträge und Reden, Erster Band, Braunschweig 1896, S. 89.

[7] I. I. Mečnikov: Akademičeskoe sobranie sočinenija, Band I, Moskau, 1955, S. 189.

entweder überhaupt ab oder aber sie betrachteten ihre Pflege als eine Sache der Naturforscher selbst. Helmholtz schrieb in diesem Zusammenhang: „Die Philosophie hatte Alles in Anspruch nehmen wollen; jetzt ist man kaum noch geneigt, ihr einzuräumen, was ihr wohl mit Recht zukommen möchte.“[8]

Ein solcher Standpunkt war eine Reaktion auf die Naturphilosophie mit ihren spekulativen Konstruktionen, die sie an die Stelle echter experimenteller Naturforschung setzte, Reaktion auf ihren Versuch, der Natur irgendeinen überirdischen Wesensgehalt anzudichten.

Zugleich waren sich viele Naturforscher der Bedeutung einer echten theoretischen Verallgemeinerung, einer allgemeinen Weltanschauung im Interesse der Wissenschaftsentwicklung durchaus bewußt. Die größte Bereitschaft und Begeisterung für den Aufbau einer neuen, einheitlichen Weltanschauung zeigte unter den Biologen E. Haeckel, der die Schaffung eines Systems der „monistischen Philosophie“ plante. „Expansionistische“ Bestrebungen in die Sphäre der Philosophie wurden auch von Mečnikov unterstützt: eine einheitliche, die gesamte Welt umfassende Theorie müßte aufgrund des Materials und der Methode der Naturwissenschaften aufgebaut werden, da „nur die theoretische Behandlung naturwissenschaftlicher Fragen (im breitesten Sinne) die richtige Methode für die Erkenntnis der Wahrheit liefern und zum Aufbau einer abgeschlossenen Weltanschauung führen oder zumindest an sie näher heranbringen kann“.[9]

Somit gestalteten sich die Wechselbeziehungen zwischen der Wissenschaft und der Philosophie im Laufe des 19. Jahrhunderts fürwahr recht dramatisch. Die Schwankungen in den Antworten auf die Frage, welcher Art die Beziehungen zwischen Erfahrung und Theorie, zwischen Wissenschaft und Philosophie sein müßten, waren erheblich: von der Behauptung, nur die Philosophie sei in der Lage, das Wesen der Erscheinungen aufzudecken, wobei der Wissenschaft nur die Funktion gebühre, die Erscheinungen zu beschreiben, bis zur völligen Negierung der erkenntnistheoretischen Bedeutung der Philosophie und der Übergabe ihrer theoretisch-methodologischen und weltanschaulichen Funktion an die Naturwissenschaften.

Natürlich haben diese extremen Meinungen die ganze Vielfalt der Auffassungen über die Beziehungen zwischen der Wissenschaft und der Philosophie nicht ausdrücken können. Weltanschauliche Elemente waren in den Arbeiten der Naturforscher stets enthalten. Anhänger der strengen Empirie haben nicht selten die ordinärsten Anschauungen des Jahrhunderts – die autoritäre kirchliche Dogmatik – geteilt; Biologen des vitalistischen Flügels neigten zur spiritualistischen Philosophie; großer Popularität unter den Gelehrten erfreuten sich der Rationalismus Kantianischen Typs und der Positivismus; ein großer Teil der Gelehrten teilte die philosophischen materialistischen Anschauungen, darunter auch einen materialistisch interpretierten Positivismus.

[8] H. Helmholtz: Vorträge und Reden, a. a. O., S. 89.

[9] I. I. Mečnikov: Akademičeskoe sobranie sočinenija, a. a. O., S. 124.

Es war schließlich auch im Bereich der Naturwissenschaften selber schwer, sich über das Wechselverhältnis von Empirie und Spekulation, von Experiment und Theorie zurechtzufinden.

Die Idee von der fundamentalen Rolle des Experiments in der Entwicklung der Wissenschaft war für das 19. Jahrhundert durchaus nicht neu, aber Charakter und Möglichkeiten des Experiments bei der Erforschung der lebenden Natur bedurften einer gründlichen Klärung. Es entstanden Fragen über theoretische Konstruktionen folgender Art: War es möglich, eine Erklärung für beliebige Prozesse in der organischen Welt, darunter auch der eigentlichen Entstehung und Entwicklung der organischen Natur, im Rahmen der Naturwissenschaften selbst und unter völligem Ausschluß religiöser und „metaphysischer" Deutung zu finden? Muß sich der Naturforscher mit gefundenen funktionellen Abhängigkeiten zufriedengeben oder sollte er eine verallgemeinernde Theorie anstreben? Ähnliche Fragen gab es mehr.

Bei der Behandlung der Frage nach den Wechselbeziehungen zwischen den erfahrungsmäßigen und theoretischen Elementen in der Wissenschaft griffen die Biologen zuweilen auf die Wissenschaftsgeschichte zurück, um zu klären, ob vielleicht die Wissenschaft in ihrer geschichtlichen Entwicklung in dieser Hinsicht irgendwelche Gesetzmäßigkeiten aufzuweisen habe. In seinen der Geschichte des Darwinismus gewidmeten Artikeln weist I. I. Mečnikov darauf hin, daß in den Wissenschaften Perioden festgestellt werden können, welche reich an theoretischen Konstruktionen sind und die von Perioden abgelöst werden, in denen es kaum theoretische Neubildungen gibt. Was die Zoologie betrifft, so wurden hier ganz offensichtlich „Perioden mit vorwiegend theoretischer Tendenz von solchen Perioden abgelöst, in denen die Gelehrten, übersättigt von zahlreichen bis ins Äußerste gehenden Verallgemeinerungen, sich auf das Studium unmittelbarer Fakten stürzten; dabei fiel man von einem Extrem direkt ins andere und konnte die ersehnte harmonische Verbindung von induktiven und deduktiven Verfahren nie erreichen".[10]

Zweifellos hat Mečnikov in der Wissenschaftsgeschichte Perioden der intensiven Entwicklung in Verbindung mit der Suche nach neuen Theorien und neuen Anschauungen erkannt, ihre Ablösung durch extensive Perioden festgestellt, diesen Gedanken aber nicht weiter verfolgt. Diese Zeitabschnitte betrachtete man auch als Perioden revolutionärer Veränderungen in der Wissenschaft und Perioden evolutionärer und allmählicher Anhäufung des Wissens. Gerade für die Biologen, die nach Erscheinen des Werkes von Ch. Darwin „Über die Entstehung der Arten" eine radikale Umwälzung der traditionellen Vorstellungen, einen Wandel in der gesamten Form des biologischen Denkens erlebt hatten, war eine derartige Auffassung besonders naheliegend und natürlich. Es ist deshalb auch kein Zufall, daß von den ersten Darwinisten mit großer Genauigkeit der Gedanke formuliert wird, der Peri-

[10] I. I. Mečnikov: O darvinizme, Moskau-Leningrad 1943, S. 3.

odenwechsel in der Wissenschaftsentwicklung hänge vom Auftauchen einer neuen Theorie oder der Schaffung prinzipiell neuer Methoden ab.

So schrieb T. Huxley – ein Zeitgenosse von Ch. Darwin und sein Gefährte im Kampf um den Sieg des Darwinismus – in einem Überblick über die Wissenschaftsgeschichte zu Beginn der sechziger Jahre, daß das Wissen infolge von Entdeckungen immer neuer Fakten an Umfang erheblich zunimmt, aber dieser stetige, allmähliche Prozeß des quantitativen Anhäufens von Wissen von Zeit zu Zeit von fundamentalen Umgestaltungen, von kardinalen Wandlungen in der Wissenschaft abgelöst wird. Es vollziehe sich das Abstreifen einer dem Wissen nicht mehr passenden Haut und sein Einkleiden in eine neue, aber auch nur zeitweilige Form. Das erinnert an das periodische Häuten von Reptilien. Die europäische Wissenschaft, schrieb T. H. Huxley, warf ihre „Haut" im 16. Jahrhundert und Ende des 18. Jahrhunderts ab; Mitte des 19. Jahrhunderts „lieferte uns die außergewöhnliche Entwicklung aller Zweige der physikalischen Wissenschaften so viel geistige Kost von derart nahrhafter und zugleich aufpeitschender Wirkung, daß man wohl eine neue Häutung zu erwarten hatte." Die sich nicht so oft wiederholenden kardinalen Umwälzungen in der Theorie der wissenschaftlichen Erkenntnisse werden von „qualvollen Anstrengungen, krankhaften Anfällen, einer Schwächung des Organismus und vielleicht von noch wichtigeren Störungen" begleitet. Die Pflicht jedes Gelehrten – dem Zeitgenossen einer derartigen kardinalen Transformation – ist es, nach Kräften und Möglichkeiten zu „helfen, daß die geplatzte Haut abgestreift wird".[11]

Die „Knotenpunkte" der Entwicklung wurden mit der Tätigkeit von Genien in Verbindung gebracht. Claude Bernard verglich sie mit Fackeln, die von Zeit zu Zeit aufleuchten, um den Verlauf der Wissenschaft zu erhellen. „Von Zeit zu Zeit wiederholt sich dieselbe historische Erscheinung", schrieb Geoffroy Saint-Hilaire, „eine große und stets wachsende Zahl von Mitarbeitern ist bestrebt, die in der Wissenschaft neu entdeckten Wege zu bearbeiten, jedoch nur einige wenige Auserwählte schlagen mit ihrem Schaffen neue Richtungen ein."[12]

Große Entdeckungen – das sind weniger neue Fakten als vielmehr neue Ideen. „Gewöhnlich verleiht man den Namen Entdeckung der Erkenntnis einer neuen Tatsache", schrieb Claude Bernard, „aber ich denke, in Wirklichkeit macht die Idee die Entdeckung aus, die in Verbindung mit der entdeckten Tatsache steht. Die Tatsachen sind an und für sich weder groß noch klein. Eine große Entdeckung ist eine Tatsache, die, sobald sie in der Wissenschaft erscheint, leuchtende Ideen hervorruft, deren Schein aus zahlreichen Winkeln

[11] T. H. Huxley: Zeugnisse für die Stellung des Menschen in der Natur, Stuttgart 1963, zitiert nach: O položenii čeloveka v rjadu organičeskich suščestv, St. Petersburg 1864, S. 66.

[12] G. Saint-Hilaire: Obščaja biologija, Band 1, Moskau 1860, S. 45f.

die Finsternis vertreibt und neue Wege erhellt."[13] Produktive Ideen, großartige Theorien werden nach Meinung Mečnikovs von Menschen geschaffen, die sich „nicht in Einzelheiten verlieren, sich nicht mit unbedeutenden Details herumschlagen, sondern die Natur in ihrer Ganzheit beobachten und nur auf große Fakten ihr Augenmerk lenken".[14]

Mit dem Periodenwechsel, der allmählichen Wissensanhäufung und der „vollständigen Revolution" in der Wissenschaft befaßte sich im Hinblick auf den Einfluß der Darwinschen Theorie auch V. O. Kovalevskij.[15] Was aber die Wissenschaft betrifft, die nur dem Zuwachs an Fakten und ihrer Beschreibung nachjagt, ohne den Versuch zu wagen, ihren Sinn aufzudecken und die Gesetzmäßigkeiten des untersuchten Gebiets festzustellen, so kann man sie, schrieb Kovalevskij, „nicht mal als Wissenschaft bezeichnen, denn dieses Wort setzt Gesetze und ihre Verbindung zu einer Theorie voraus".[16]

Es wurde angenommen, daß ein theoretisches Vorgehen in naturwissenschaftlichen Forschungen nicht nur zu verschiedenen Zeiten, sondern auch bei verschiedenen Völkern vorherrschen kann. N. I. Pirogov und K. A. Timirjazev waren der Meinung, daß eine starke Betonung des theoretischen Weges eine Eigentümlichkeit der „Denkart" russischer Gelehrter sei. Unter ihnen wird „einfache Faktenbeherrschung" wenig geschätzt, schrieb Timirjazev.[17] Eine der Ursachen dieser Eigentümlichkeit sah Timirjazev in der Tatsache, daß die russische Wissenschaft noch verhältnismäßig jung war: „Wir fürchten alle, wir könnten hinter jemandem zurückbleiben, uns irgendwo verspäten, wir befürchten, daß wir uns zu lange mit Kleinigkeiten befassen und streben nach dem Allerwichtigsten, dem Allgemeinsten, nach der allerletzten Schlußfolgerung".[18]

In diesen erklärenden Worten Timirjazevs ist sicherlich ein Körnchen Wahrheit enthalten. Man könnte noch hinzufügen, daß die Wissenschaftler der Völker, die den Pfad der wissenschaftlichen Entwicklung später betreten haben, in nicht so hohem Maße mit herkömmlichen Traditionen und allgemeingültigen Vorstellungen belastet sind, welche sonst nur wenige wagen, außer acht zu lassen. Aber auch mit diesem Zusatz kann die Einschätzung Timirjazevs nur bedingt gelten. In den USA setzte eine breite Entfaltung der Wissenschaften später ein als in Rußland, aber im 19. Jahrhundert schlug sie dort im Vergleich zu Rußland eine andere Richtung ein. In der amerikanischen Wissenschaft jener Zeit überwog nicht die theoretische, sondern eine

[13] C. Bernard: Introduction à l'étude de la médicine experimentale, Paris 1930, zitiert nach: Vvedenie k izučeniju opytnoj mediciny, St. Petersburg 1886, S. 44.
[14] I. I. Mečnikov: Akademičeskoe sobranie sočinenija, a. a. O., S. 192.
[15] V. O. Kovalevskij: Sobranie naučnych trudov, Band III, Moskau 1960, S. 26.
[16] Ebenda, Band II, Moskau 1956, S. 93.
[17] K. A. Timirjazev: Sočinenija, Band V, Moskau 1938, S. 53.
[18] Ebenda, S. 54.

dermaßen utilitär-pragmatische Richtung, daß es schwerfällt, unter den amerikanischen Naturforschern des 19. Jahrhunderts außer Gibbs noch einen weiteren namhaften Theoretiker zu benennen.

Dabei geht es nicht in erster Linie um nationale Besonderheiten dieses oder jenes Volkes, sondern um die historisch-sozialen Verhältnisse, welche die Entwicklungsrichtung der Wissenschaft bestimmen, und die nicht nur die „Denkart“ der Gelehrten, sondern auch die nationalen Besonderheiten der Völker formen. Was Rußland betrifft, so tritt der Zusammenhang zwischen der Richtung in der Entwicklung der Naturwissenschaften in der Mitte des 19. Jahrhunderts und den historisch-sozialen Verhältnissen, die hier zu jener Zeit herrschten, ebenso klar zutage[19], wie der Zusammenhang zwischen dem Charakter der klassischen deutschen Philosophie und den Verhältnissen in Deutschland Ende des 18. und Anfang des 19. Jahrhunderts.

Allerdings hatte Timirjazev durchaus Recht, wenn er behauptete, die russische Wissenschaft des 18. und 19. Jahrhunderts offenbare sich hauptsächlich „nicht in der Anhäufung endloser Zahlenreihen meteorologischer Tagebücher, sondern in der Aufdeckung der Grundgesetze des mathematischen Denkens, nicht in der Erforschung der lokalen Fauna und Flora, sondern in der Aufdeckung der Grundgesetze der Entwicklung von Organismen, nicht in der Beschreibung der Naturschätze des Landes, sondern in der Aufdeckung der Grundgesetze chemischer Erscheinungen; hauptsächlich damit habe die russische Wissenschaft ihre Gleichberechtigung, zuweilen auch ihre Überlegenheit bewiesen. Folglich hat die russische Wissenschaftsidee die meisten Erfolge überhaupt nicht auf einem Felde erzielt, in der sie vor der Konkurrenz der europäischen Wissenschaft (die ihr um einige Jahrhunderte voraus war) geschützt gewesen wäre, sondern sie erkämpfte sich gerade solche Ehrenplätze, um welche sie mit den Konkurrenten hart ringen und die sie im Sturm erobern mußte“.[20]

Zugleich mit diesen allgemeinen Gesetzmäßigkeiten der Wissenschaftsentwicklung, zu denen auch die von Claude Bernard festgestellte ungleichmäßige Entwicklung einzelner Zweige der Naturwissenschaften und einzelner Abschnitte dieser oder jener Wissenschaft gehört (er schrieb, daß diese oder jene Wissenschaft „sich nicht in allen ihren Punkten gleichzeitig etabliert“, da zunächst jene Abschnitte die Reife erlangen, „in denen ein wissenschaftliches Vorgehen möglich ist, während die übrigen Teile der Wissenschaft weiterhin im Dunkel verbleiben“[21]), wurde in den Werken der Biologen des 19. Jahr-

[19] Siehe: S. R. Mikulinskij: Razvitie obščich problem biologii v Rossii, Moskau 1961, S. 7ff.

[20] K. A. Timirjazev: Sočinenija, Band V, a. a. O., S. 42.

[21] C. Bernard: Lecons de pathologie expérimentale et lecons sur les propriétes de la moelle épiniere, Paris-London-Madrid 1880, zitiert nach: Lekcii po èksperimental'noj patologii, Moskau-Leningrad 1937, S. 347.

hunderts das Verhältnis zwischen den theoretischen und empirischen Momenten im Rahmen besonderer Untersuchungen behandelt.

Ein genaues Schema des Verhältnisses zwischen erfahrungsmäßigen und theoretischen Momenten in der wissenschaftlichen Forschung schlägt C. Bernard vor. Die Idee, schrieb er, greift dem Versuch vor; sie kann auch unklar, unausgeprägt sein, aber in dieser oder jener Form geht sie dem Versuch stets voraus. Würde man sich an die Forderung nach absoluter Klarheit der Idee klammern, so „müßte man sehr lange und manchmal sogar vergeblich warten; am vorteilhaftesten ist es dann, die Versuche durchzuführen".[22]

Ein Experimentator ist derjenige, der „wegen mehr oder minder wahrscheinlicher, aber vorgefaßter Deutung der beobachteten Erscheinungen den Versuch in einer derartigen Weise anstellt, daß nach dem logischen Regime seiner Vermutungen solche Ergebnisse zustande kommen, die der Überprüfung der Hypothese oder vorgefaßten Idee dienen könnten".[23] Indem er sich vergleichend, kombinierend, überlegend und tastend vorwärtsbewegt, strebt er nach „Versuchsmöglichkeiten, die für die Erreichung des von ihm vermuteten Zieles am geeignetsten sind"; der Verstand des Experimentators „muß rege sein, das heißt, er muß verstehen, die Natur zu befragen und an sie Ansprüche in jeder Richtung zu stellen – je nach der Hypothese, die ihm vorschwebt".[24]

Nach diesem Stadium folge die Zeit der Beobachtung der Versuchsergebnisse. Hier muß jede vorgefaßte Meinung völlig ausgeschlossen werden. In diesem Stadium vollziehe sich auch eine Wandlung des Forschers: „Der Experimentator muß hier verschwinden, oder, besser gesagt, er muß sich augenblicklich in einen Beobachter verwandeln".[25] Der Experimentator stellt an die Natur Fragen, aber „sobald sie zu sprechen beginnt, muß er schweigen; er muß herausbekommen, welche Antworten sie gibt, sie bis zum Schluß anhören und sich in jedem Fall ihrer Entscheidung fügen".[26]

Wenn der Experimentator die Natur zwingt, ihm ihre Geheimnisse anzuvertrauen, dann „darf er niemals an ihrer Stelle antworten oder sie nicht bis zum Ende anhören, und er darf sich nie mit nur einem Teil der Versuchsergebnisse zufrieden geben, welche seine Hypothese bestätigen oder für sie günstig sind".[27] Gerade dies Stadium birgt große Gefahren in sich, die darin bestehen, daß ein Forscher, der während des Versuchs „bei seiner vorgefaßten Idee verbleibt" und „nur von diesem Standpunkt aus die Versuchsergebnisse registriert, unvermeidlich in einen Fehler verfällt". In keinem Falle darf der

[22] Ders.: Introduction à l'étude de la médicine experimentale, zitiert nach: C. Bernard: Vvedenie k izučeniju opytnoj mediciny, a. a. O., S. 26.

[23] Ebenda, S. 28.

[24] Ebenda.

[25] Ebenda.

[26] Ebenda, S. 29.

[27] Ebenda.

Experimentator vergessen, daß „er seine Idee nur dazu braucht, um von der Natur eine Antwort zu erzwingen. Aber er muß seine Idee der Natur unterordnen und bereit sein, sie zu verwerfen, sie zu korrigieren oder sie zu ändern, je nachdem, was ihm die Beobachtung der von ihm heraufbeschworenen Erscheinungen vorschreibt".[28]

Nach Feststellung der Versuchsergebnisse beginnt das dritte Stadium, in dem die Rolle der Schlußfolgerungen, Beurteilungen wieder steigt: es muß entschieden werden, ob „die Versuchshypothese durch diese Versuchsergebnisse bestätigt oder verworfen wurden".[29] Befürchtungen bezüglich vorgefaßter Beurteilungen, die man so oft in der Wissenschaft findet, entstehen durch Unkenntnis der verschiedenen Forschungsstadien. „Diejenigen, die den Gebrauch von Hypothesen und vorweggenommener Ideen in der Versuchsmethode verurteilt haben, waren im Unrecht, da sie die Anlage des Versuchs mit der Feststellung der Ergebnisse verwechselten. Richtig ist, daß man die Versuchsergebnisse mit einem Verstand prüfen muß, welcher frei von Hypothesen und vorgefaßten Ideen ist. Aber keineswegs darf man Hypothesen und Ideen außer Gebrauch setzen, wenn es um die Durchführung des Versuchs oder das Finden von Beobachtungsweisen geht. Im Gegenteil, man muß, wie wir das bald sehen werden, der Einbildungskraft freie Bahn geben. Die Idee ist das Prinzip jeder Überlegung und jeder Erfindung, von ihr aus kommt jede Initiative."[30] In einer realen Untersuchung, hob C. Bernard hervor, fließen diese Stadien ineinander, verflechten und vermischen sich, und nur ein bedeutender Schuß Abstraktion gestattet es, sie zu trennen und ihre Unterschiede festzuhalten. Das Wissen entsteht, nach Bernard, im Experiment, in der Erfahrung, in der Beobachtung. Sie sind die wichtigste Grundlage der Wissenschaft. Das alles ist richtig, man darf nur nicht vergessen, daß derjenige, der nicht weiß, was er sucht, auch nicht begreifen wird, was er gefunden hat.

Der Prozeß der Synthetisierung des theoretischen und des empirischen Ansatzes birgt viele Überraschungen in sich. In der Wissenschaft kann eine Situation entstehen, meint Mečnikov, in der die Empirie auf eine Theorie wartet; die Theorie existiert aber bereits, sie ist schon gebildet worden, aber eine Synthese kann aus dem Grunde nicht erfolgen, weil die Theorie, obwohl sie durchaus richtig ist, einen zu stark ausgeprägten allgemeinen Charakter trägt oder mit Begriffen operiert, die einer experimentellen Überprüfung nicht zugänglich sind. Dies geschah, seiner Meinung nach, mit der Zellularpathologie Virchows. Mečnikov zitiert ihre Grundthesen – alle Krankheiten gehen letzten Endes auf aktive oder passive Beschädigungen einer größeren Anzahl von Lebenselementen, d. h. von Zellen zurück, deren Wirkungsfähigkeiten sich entsprechend ihrem Molekularbestand je nach den physikalischen und

[28] Ebenda.
[29] Ebenda.
[30] Ebenda, S. 30.

chemischen Veränderungen ihres Inhalts wandelt – und schließt: „Eine derartig allgemeine, fast metaphysische Formulierung der Zellenpathologie konnte in den Bereich der medizinischen Praxis nicht eindringen, so daß die Medizin weiter in ihrem vorherigen empirischen Zustand verharrte.“[31]

Anders entwickelte sich die Situation in der Mikrobiologie, schrieb Mečnikov. Die theoretischen Leitsätze Pasteurs kamen aus der Praxis und erhielten in der Praxis sofort ihre Bestätigung; dies bestimmte auch ihre verändernde Wirkung auf die Biologie und die Medizin.

Man kann verschiedener Meinung sein, wie weit Mečnikovs Einschätzung der Zellularpathologie Virchows richtig ist, der von ihm geäußerte Gedanke ist aber zweifellos nicht ohne Interesse.

In den Arbeiten Lamarcks entdeckte Mečnikov eine andere interessante Erscheinung – eine nur scheinbare Synthese des theoretischen und des empirischen Ansatzes. „Gesetze“, „zoologische Prinzipien“, „Axiome“ werden von Lamarck am häufigsten auf einer „rein theoretischen Grundlage“ aufgestellt; allerdings werden die von ihm gebrachten Beispiele „nicht der Wirklichkeit entnommen, sondern zwecks anschaulicher Erklärung der theoretischen Prinzipien erdacht“. Sobald er sich aber selbst auf den rein wissenschaftlichen Boden stellt und beginnt, die Fakten zu untersuchen und zu ordnen, „wird er zu genau demselben Zoologen und Systematiker, wie alle anderen auch“.[32] Seine „Prinzipien“ und „Axiome“ bleiben ohne Verwendung.

Als weiter oben von der empirischen Forschung die Rede war, wurden damit zwei Operationen erfaßt: die Beobachtung und das Experiment. Man war der Auffassung – wie das am Beispiel von Claude Bernard zu ersehen ist –, daß die Beobachtung weniger mit theoretischen Konstruktionen verbunden ist als das Experiment. Jedoch stellte sich die Frage nach dem Abhängigkeitsgrad nicht so einfach und nicht frei von Bedenken. Nach der Aussage von Francis Darwin habe Ch. Darwin oft geäußert: „Niemand könne ein guter Beobachter sein, wenn er nicht gewandt im Theoretisieren sei“.[33]

Hinsichtlich dessen, was Bernard als „Vollzugsabschnitt der experimentellen Methode“ bezeichnete, d. h. der Kunst und Technik des biologischen Experiments, ergeben sich für den experimentierenden Biologen erhöhte Anforderungen. In der Biologie ist es besonders schwierig, „gut zu experimentieren und Fakten unter genau festgelegten Bedingungen zu erhalten“.[34] „Die Kunst, genaue Fakten bei zahllos vorhandenen Fehlerquellen und in Verbindung mit dem pathologischen Zustand, mittels der Vivisektion und unter

[31] I. I. Mečnikov: Osnovateli sovremennoj mediciny. Pasteur – Lister – Koch, Moskau 1915, S. 9.

[32] I. I. Mečnikov: O darvinizme, a. a. O., S. 31f.

[33] F. Darwin (Hrsg.): Leben und Briefe von Charles Darwin, I. Band, Stuttgart 1887, S. 137.

[34] C. Bernard: Lekcii po èksperimental'noj patologii, a. a. O., S. 353.

Anwendung von Instrumenten verschiedenster Art, zu erhalten ... bildet die natürliche und wesentliche Grundlage der experimentellen Methode. In allen Wissenschaften ist dies von grundlegender Bedeutung, aber in keiner in so hohem Grade wie in der biologischen Wissenschaft, weil die Schwierigkeiten des Experimentierens mit der Kompliziertheit der Erscheinungen tatsächlich stets größer werden."[35]

Mängel in den Untersuchungsverfahren, schrieb C. Bernard, können zur Quelle ernster Fehler werden, können die Wissenschaftsentwicklung verzögern, sie vom richtigen Weg abbringen.[36] Von großer Wichtigkeit im biologischen Experiment ist die „glückliche Wahl des Tieres, ein entsprechend konstruiertes Instrument und die Verwendung eines ganz bestimmten Reaktivs; oft genügt das, um allgemeine Probleme von allergrößter Bedeutung zu lösen".[37]

In Verbindung mit den hier erörterten Fragen ist es auch von Interesse, an das inzwischen in Vergessenheit geratene Werk des bekannten schweizerischen Gelehrten Jean Senebier (1742–1809) „Über die Kunst der Beobachtung" zu erinnern, das im Jahre 1775 in Genf veröffentlicht wurde.[38] Im Jahre 1802 erschien die vierte erweiterte Auflage dieses Werkes (in drei Bänden) unter dem Titel „Studie über die Kunst, Beobachtungen anzustellen und Versuche durchzuführen". Es ist erstaunlich, daß dies Werk, das sowohl vom Standpunkt der Wissenschaftsgeschichte als auch vom Standpunkt der Philosophiegeschichte und besonders der Geschichte der Logik von höchstem Interesse ist, bislang weder in der Literatur über die Geschichte der Biologie noch in philosophiehistorischen Abhandlungen gebührende Beachtung gefunden hat. Flüchtige Erwähnungen dieses Werkes fanden wir nur in einigen Artikeln von K. A. Timirjazev und in dem Werk von Sigmund Guenther über die Wissenschaftsgeschichte der anorganischen Natur (1911).

Senebier war einer der Begründer der Pflanzenphysiologie und einer der ersten Gelehrten, der durch seine Forschungsarbeiten einen Beitrag für ihre Umwandlung in eine experimentelle Wissenschaft geleistet hat. Der Erfolg Senebiers auf diesem Gebiet war in erster Linie damit verbunden, daß er sich beim Studium der Probleme der Physiologie auf den Chemismus der pflanzlichen Lebensprozesse und ihre quantitative Analyse orientierte. Seine Untersuchungen der chemischen Wirkung von Sonnenstrahlen auf die Zersetzung der Kohlensäure durch die Pflanze fanden allgemeine Anerkennung und erlangten weltweite Berühmtheit.

Interessant ist, daß Senebier seine wissenschaftliche Tätigkeit mit der Erörterung der Wege und Methoden der wissenschaftlichen Forschung begonnen

35 Ebenda.

36 C. Bernard: Vvedenie k izučeniju opytnoj mediciny, a. a. O., S. 18.

37 Ebenda.

38 J. Senebier: Essai sur l'art d'observer et de faire des expériences, Genève 1775.

hatte und Fragen dieser Art auch dann nicht aufgab, nachdem er zu experimentellen Untersuchungen auf dem Gebiet der Pflanzenphysiologie hinübergewechselt war; er ist, an eigenen Erfahrungen im Experimentieren inzwischen reicher geworden, wieder zu ihnen zurückgekehrt; dies zeugt von der Stetigkeit seiner Interessen an philosophisch-methodologischen Problemen der Wissenschaft.

Das Werk „Über die Kunst der Beobachtung" ist in vielerlei Hinsicht beachtenswert. Wir wollen hier nur einige besonders wesentliche Momente herausgreifen. Vor allem zeigt das Werk jenen Umschwung in den Ansichten der Gelehrten über die Aufgabe der Wissenschaft an, der mit der ideologischen Vorbereitung der Großen Französischen Revolution und dem Beginn der Industrierevolution zusammenhing. „Ein wahrer Gelehrter", schrieb Senebier, „schließt sich nicht mehr in seine Studierstube ein, um sich mit fruchtlosen Berechnungen oder rein abstrakten Überlegungen zu befassen ... Die Heimat, ja die ganze Welt ist berechtigt, von ihm Rechenschaft darüber zu fordern, wie er seine Zeit nutzt."[39] Die Bestimmung der Wissenschaft bestehe darin, der Verbesserung der Lebensbedingungen der Menschen zu dienen und sie von ermüdender Arbeit und physischen Leiden zu befreien. Ein wirklicher Gelehrter „stellt vor allem, bevor er mit Untersuchungen beginnt, die Frage, welche Vorteile die Menschen aus seinem Wirken werden ziehen können".[40]

Der Botaniker oder Entomologe empfindet Genugtuung „in der Freude des Getreidebauers, dem er die Ernte gerettet hat, und in der Anerkennung der Menschen, denen er die Möglichkeit gab, sich mit geringeren Kosten besser zu ernähren".[41] „Nötig ist, daß der Gelehrte sich der Heimat und dem gesamten menschlichen Geschlecht verschreibt, daß er in die Werkstatt des Handwerkers einkehrt, daß er Arbeitsvorgänge mit der Zielsetzung studiert, sie zu vereinfachen und weniger qualvoll zu gestalten ..., daß er das Gewerbe studiert und vervollkommnet".[42] Vom Gelehrten wird nicht die bloße Betrachtung und Beschreibung von Erscheinungen gefordert, sondern eine „aktive Betätigung", die auf die Erkenntnis der Natur und die Ausnutzung dieser Erkenntnisse für praktische Zwecke gerichtet ist. Man sollte die Natur nicht einengen, um sie in die schmalen Rahmen von Verstandesschemata zu pressen, sondern die Rahmen der Erkenntnis so ausweiten, daß sie die ganze Natur, so wie sie ist, umfassen.

Hieraus folgt die zweite prinzipielle Richtlinie Senebiers: nur die Beobachtung und die Erfahrung (das Experiment) können als Grundlagen wahren Wissens dienen. Der schnelle Fortschritt der Wissenschaften im Verlauf fast eines ganzen Jahrhunderts ist, nach Senebier, das Ergebnis von Beobach-

[39] Ebenda, S. VIf.
[40] Ebenda, S. VIII.
[41] Ebenda, S. VIIf.
[42] Ebenda, S. VIIIf.

tungen.[43] Die Beobachtung ist das „einzige effektive Mittel, um Entdeckungen zu tätigen".[44] Aber eine wissenschaftliche Beobachtung ist keine einfache Sache, und um beobachten zu können, genügt es nicht, sich das nur zu wünschen und auch nicht, von der Wichtigkeit der Beobachtung überzeugt zu sein. Es ist nötig, „fundamentale Regeln der Beobachtungskunst" zu entwickeln.[45] Die Erarbeitung solcher Regeln würde nach der Meinung Senebiers die Voraussetzung für „ernsthafteste Revolutionen in der Vervollkommnung des menschlichen Geistes" und folglich auch für Revolutionen in der Wissenschaft bilden.[46] Somit betrachtete Senebier die Vervollkommnung der Forschungsmethoden als den wichtigsten Faktor des Wissenschaftsfortschritts.

Die zu diesen Problemen angestellten Überlegungen führen Senebier zu einer dritten Schlußfolgerung. Sie besteht in der Feststellung, daß „die herkömmliche Logik nicht ausreicht, um dies Ziel zu erreichen"[47]; neben ihr ist die Entwicklung einer besonderen „Wissenschaftslogik" nötig. Die traditionelle Logik, schrieb er, „ist eine rein intellektuelle Wissenschaft, die sinnliche Objekte verschmäht"[48]. Sie ist im Grunde genommen eine Wissenschaft „von der Kunst des Denkens"; die Wissenschaft brauche jedoch außerdem noch eine Wissenschaft über die Durchführung von Beobachtungen und die Gewinnung von neuen Erkenntnissen aus ihnen.

Senebier hat nicht nur die Idee von der Ausarbeitung einer Logik der wissenschaftlichen Forschung als eines Wissenschaftszweiges und von Verfahrensweisen der wissenschaftlichen Untersuchung verkündet, er unternahm auch einen breitangelegten Versuch, diese Aufgabe zu lösen. Es kann kaum angezweifelt werden, daß eine derartige Aufgabenstellung das Heranreifen ernsthafter Veränderungen im gesellschaftlichen Status der Wissenschaft und die Erweiterung ihrer Funktionen im Zusammenhang mit dem Beginn der Industrierevolution widerspiegelte.

Senebier untersuchte gründlich die Schwierigkeiten, auf die ein Forscher stößt, der die Natur studiert; er sah eine Gefahr für Fehlerquellen dort, wo es der Forscher nicht versteht, Beobachtungen und Versuche richtig zu organisieren und aus ihnen richtige Schlüsse zu ziehen. Besondere Abschnitte seines Werkes widmete er solchen Fragen wie: die Bedeutung von Grundkenntnissen des Gelehrten für eine richtige Organisation der Forschungsarbeit; die Bedeutung der Beherrschung von Mathematik; die Bedeutung der Fähigkeit, die gewonnenen Angaben in Zweifel zu ziehen; die Bedeutung der Wahl von

43 Ebenda, S. XII.
44 Ebenda.
45 Ebenda.
46 Ebenda, S. XIII.
47 Ebenda.
48 Ebenda.

Forschungsobjekten und Forschungsmitteln; die Bedeutung von Methoden für die Einschätzung und Bekräftigung der Glaubwürdigkeit der gewonnenen Angaben sowie für die Koordinierung gegensätzlicher Angaben, die verschiedene Forscher bezüglich desselben Objekts gewonnen haben u. a. m.

Das alles zeugt davon, daß das Werk Senebiers sowohl für die Geschichte der Philosophie als auch für die Wissenschaftsgeschichte von großem Interesse ist. Wichtig wäre es, den Zusammenhang zwischen den demokratischen und den philosophischen Strömungen in der zweiten Hälfte des 18. Jahrhunderts, besonders dem Sensualismus und dem französischen Materialismus jener Zeit und den Anschauungen Senebiers zu untersuchen (bekannt ist, daß eine der speziellen Arbeiten Senebiers in der berühmten französischen Enzyklopädie Aufnahme fand), und die Beziehung seiner Anschauungen zu der begonnenen industriellen Revolution und dem Stand der Wissenschaften festzustellen.

Von großem Erkenntniswert wäre auch die Klärung, welchen Einfluß die philosophischen Anschauungen Senebiers auf seine Tätigkeit als Experimentator hatten. Dieselbe Bedeutung hätte auch ein genauer Vergleich des Textes seiner ersten Ausgabe des Werkes mit den Texten der weiteren Auflagen, um den Einfluß festzustellen, den seine persönlichen, beim Experimentieren gewonnenen Erfahrungen auf ihn ausgeübt haben; denn wir haben hier den seltenen Fall vor uns, daß ein Gelehrter zunächst als Philosoph und Wissenschaftsmethodologe wirkt, sich dann maßgeblich als Naturforscher und Experimentierer betätigt und schließlich, Jahre später, zur Arbeit über philosophisch-methodologische Probleme der Wissenschaft zurückkehrt.

Interessant wäre es auch zu verfolgen, ob und welchen Einfluß das Werk Senebiers auf die Naturwissenschaft seiner Zeit und auf die nachfolgende Entwicklung der Methodologie und der Wissenschaftslogik ausgeübt hat.

Eine wesentliche Besonderheit der biologischen Forschung stellte J. Müller fest. Sie bestehe darin, daß der Biologe, der Natur folgend, danach streben muß, aus der Kenntnis des Ganzen die Bedeutung seiner Teile zu erkennen mit dem Ziel, ihre Wechselbeziehungen zu erkunden und unter der Voraussetzung, daß während der Analyse das Ganze gedanklich nicht außer acht gelassen wird.[49]

Was die Theorie betrifft, so verbreitete sich in der zweiten Hälfte des 19. Jahrhunderts unter den Naturforschern die allgemeine Überzeugung, daß sie auf dem Experiment und der Beobachtung beruhen und mittels des Experiments und der Beobachtung überprüft werden muß; als den sichersten Weg für ihren Aufbau erachtete man den der Induktion.

Huxley empfahl denjenigen, die die verschiedenen Methoden kennenlernen möchten, nach denen die Gelehrten zu ihren Schlüssen und Theorien gelangen, in erster Linie das „System of Logic“ von John Stuart Mill.

[49] Vgl. J. Müller: Die Geschichte der Bildung der Genitalien aus anathomischen Untersuchungen der Embryonen des Menschen und der Tiere, Berlin 1830, S. 10.

Die Grundprinzipien der biologischen Theorie sollten – das war der dominierende Standpunkt – die gleichen sein wie die der Physik und Chemie. Vor allem meinte man damit das Prinzip des Determinismus. Im Verlauf des 19. Jahrhunderts eroberte sich der Determinismus in der Biologie feste Positionen. Anstelle teleologischer Vorstellungen hielten die Fragen „warum" und „wie" Einzug in die Biologie. Aber die Biologen fanden bald, daß diese zwei Fragen nicht ausreichten und daß sie nicht immer ohne die Fragen „wozu" und „zu welchem Zweck" auskommen können. Allerdings wurden diese Fragen jetzt auf eine neue Art gestellt. Noch im Jahre 1850 schrieb der Moskauer Zoologe K. F. Rul'e, daß die Frage „zu welchem Zweck" in der Antwort mit der Frage „woher" übereinstimme.

Darwin versetzte, wie K. Marx formulierte, der Teleologie den tödlichen Stoß, indem er ihren rationellen Sinn aufdeckte. Im Grunde genommen schuf er eine neue, eine rationelle Teleologie. In diesem Zusammenhang schrieb Timirjazev, daß der Darwinismus die Fragen „wozu" und „zu welchem Zweck" nicht absetzt, sondern sie zu „völlig wissenschaftlichen" Fragen macht.[50] Die Begriffe des Überlebens und der Arterhaltung, die in Darwins Theorie Eingang fanden, erklärten den Sinn biologischer Erscheinungen; zugleich wurden in seiner Theorie die natürlichen Ursachen und Mechanismen geklärt, die in der organischen Welt eine relative Zweckmäßigkeit, die Erhaltung nützlicher Organe und Eigenschaften bedingen; das Überleben selbst trat als Bestandteil und Element des natürlichen Prozesses der Evolution von Arten auf. Nachdem geklärt wird, *welchem Zweck* dieses oder jenes Organ, diese oder jene Eigenschaft dient, worin ihre Bedeutung und ihr Nutzen für den Organismus bestehen, begreifen wir, *warum* sie im Prozeß der Evolution erhalten geblieben sind und sich vervollkommnet haben.

Unter den deterministischen Erklärungsmethoden war der Reduktionismus – das Zurückführen des Komplizierten auf das Einfache – am meisten verbreitet. Das Ziel biologischer Forschungen sah man in der Aufdeckung der physikalischen und chemischen Grundlagen des Lebens und der Prozesse von Lebenstätigkeit. Außerhalb dieses Erkenntnisweges, schrieb F. Magendi, stützt sich jede Erklärung nur auf „einfache Metaphern".[51] Später schrieb Huxley: „Die Ideen, nach denen die Lebensprozesse auf dieselbe Weise erklärt werden können wie auch andere Naturvorgänge und wonach ein lebender Organismus folglich einen Mechanismus darstellt ... verwandelten sich nunmehr in ein fundamentales Prinzip der gesamten Doktrin der wissenschaftlichen Physiologie".[52]

Parallel dazu reifte die Überzeugung, daß für die Erklärung dieser Erscheinungen und Prozesse die Zerlegung komplizierter biologischer Erscheinungen

[50] K. A. Timirjazev: Sočinenija, Band I., Moskau 1938, S. 237.

[51] F. Magendi: Kratkoe osnovanie fiziologii, Band I, Moskau 1830, S. 3.

[52] T. Huxley: Science and Culture and other Essays, a. a. O., S. 199.

und Prozesse in einfachere nicht ausreicht; das wäre nur eines der Mittel und eine der Methoden, zum Ziel zu gelangen. Die Aufdeckung des biologischen Wesens dieser Erscheinungen und Prozesse in einem lebenden unversehrten Organismus in seiner komplizierten und untrennbaren Einheit mit der biotischen und abiotischen Umwelt ist das abschließende Glied der biologischen Theorie.

Diesen zwei wissenschaftlichen Richtungen stand der Vitalismus gegenüber, dessen Zählebigkeit durch die Schwierigkeit, das Leben zu erkennen, durch die Beschränktheit der mechanischen Auffassungen und durch den Einfluß der idealistischen Weltanschauung bedingt war.

Mitte des 19. Jahrhunderts wurden die Kontakte der Biologie mit den Wissenschaften von der unbelebten Natur, vor allem mit der Physik und der Chemie, bedeutend enger. Naturgemäß betraf das insbesondere die Physiologie. Zur Biologie stießen, sie mit erstklassigen Arbeiten bereichernd, die Physiker Helmholtz und Du Bois-Reymond, die Chemiker Liebig und Pasteur. Eigentlich ging es hier nicht so sehr um Kontakte als darum, daß die Physiologie – wie Du Bois-Reymond im Vorwort zu seinem Werk „Untersuchungen über tierische Elektrizität" schrieb – mit ihren besonderen Interessen ganz und gar im gewaltigen Reich der theoretischen Naturwissenschaft aufging, um sich in der Physik und organischen Chemie aufzulösen.[53] Die Physiologie wurde als eine „angewandte Physikochemie"[54] verstanden und sollte „nichts anderes darstellen als eine der Biologie angepaßte Physik".[55] „Der Fortschritt in allen Wissenschaften", schrieb Claude Bernard, „besteht in der Vereinfachung der Probleme; dies erreicht man, wenn zum Studium komplizierter Probleme solches Wissen eingesetzt wird, das aus einfacheren und besser bekannten Fakten hervorgeht".[56]

Trotz seiner durchaus positiven Rolle war der Reduktionismus unfähig, komplizierte biologische Erscheinungen richtig zu erklären. Einer von denen, der dieses sah und vermerkte, war K. A. Timirjazev. Im vollen Ausmaß hat sich die Begrenztheit des Reduktionismus in unserer Zeit herausgestellt.

Der Sieg des Darwinismus führte zur schnellen Verbreitung der historischen Methode in der Biologie, die das biologische Denken veränderte. Die Naturforscher (und nicht nur sie) erkannten in der Entwicklungslehre eine „epochemachende Theorie".[57]

Die zweite Hälfte des 19. Jahrhunderts war vom Triumph der historischen Methode gekennzeichnet. Keine biologische Theorie konnte jetzt mit einem

[53] E. Du Bois-Reymond: Untersuchungen über tierische Elektrizität, Band 1, Berlin 1848, S. 5.

[54] I. M. Sečenov: Avtobiografičeskie zapiski, Moskau-Leningrad 1945, S. 53.

[55] K. A. Timirjazev: Sočinenija, Band I, a. a. O., S. 467.

[56] C. Bernard: Lekcii po ėksperimental'noj patologii, a. a. O., S. 13.

[57] E. Haeckel: Über unsere gegenwärtige Kenntnis vom Ursprung des Menschen (1898), in: Gemeinverständliche Werke, Band V, Leipzig-Berlin 1924, S. 358.

Erfolg rechnen, wenn sie das Entwicklungsprinzip außer acht ließ. In den breitesten Kreisen der Gelehrten gelangte die Überzeugung zum Durchbruch, daß die Lehre von der natürlichen Auslese und der Evolution nunmehr die endgültige Erklärung für biologische Erscheinungen liefere. Zur Ernüchterung der „allzu eifrigen Verfechter“ dieser Anschauung schrieb K. A. Timirjazev, daß nach Lösung der allgemeinen biologischen Probleme in der Folgezeit eine „unendliche Reihe physiologischer Probleme“ auftauchen werde.[58]

Bereits in den siebziger Jahren des 19. Jahrhunderts entwickelte Timirjazev (siehe seine Rede „Grundfragen der Pflanzenphysiologie“)[59] überzeugend den Gedanken, daß bei der Erforschung der Lebewesen nur die Verbindung und in keinem Falle eine Gegenüberstellung der zwei wichtigsten Methoden den wirklichen Entwicklungsweg der Wissenschaft ausmacht: der experimentell-physiologischen, die sich auf die Anwendung der Physik und der Chemie stützt, und der geschichtsbiologischen Methode; beide Methoden „ergänzen und stützen sich gegenseitig“.[60] Den Mangel an Verständnis für die Notwendigkeit einer solchen methodischen Verbindung hielt er für einen großen Fehler. Die Arbeiten Timirjazevs legten (zumindest für den russischen Raum) den Grundstein für ein tiefgreifendes spezielles und auch wissenschaftshistorisches Studium der Wechselwirkung verschiedener Wissenschaften und ihrer Methoden sowie der Rolle dieser Wechselwirkung für den Wissenschaftsfortschritt.

Zugleich mit den theoretisch-methodologischen Problemen der Wissenschaftsentwicklung, die wir bisher behandelt haben, begann man unter den Gelehrten in der zweiten Hälfte des 19. Jahrhunderts mit einer weitgehenden Erörterung von Fragen über die Organisation der wissenschaftlichen Forschung, über Bedingungen und Faktoren, die die Wissenschaftsentwicklung fördern oder hemmen, über Wege und Methoden für die Vervollkommnung der Ausbildung von Fachkräften, über die Bewältigung des rapide anschwellenden Stroms neuer wissenschaftlicher Ergebnisse u. a. m.; man befaßte sich nunmehr – um das mit heutigen Worten auszudrücken – mit Fragen des Funktionierens der Wissenschaft als einer besonderen sozialen Institution, als einer spezifizierten Form gesellschaftlicher Tätigkeit. Zu diesen Fragen wollen wir jetzt übergehen.

2. Wissenschaftsfortschritt und Organisation der wissenschaftlichen Tätigkeit

Den Menschen unserer Zeit erscheint das Anwachsen der Kenntnisse, dessen Zeugen sie sind, als etwas Außergewöhnliches. Aber dieses Gefühl hat wahrscheinlich jede neue Generation. Die Gelehrten des vorigen Jahrhunderts

58 K. A. Timirjazev: Sočinenija, Band V, Moskau 1938, S. 32.
59 Ebenda, Band VIII, Moskau 1939, S. 143–169.
60 Ebenda, Band V, Moskau 1938, S. 32f.

empfanden deutlich, daß die Wissenschaft sich in einem beschleunigten Tempo entwickelt, und dies Gefühl wurde im Laufe der Jahre immer stärker. In einem Referat, das K. M. Baer 1835 in einer öffentlichen Sitzung der Petersburger Akademie der Wissenschaften hielt, behauptete er, daß das Wissen in jeder beliebigen Disziplin so stark angewachsen ist, daß kein einziger Mensch es allein erfassen kann, und daß niemand den Mut aufbringen würde, seine Konturen festzulegen. Wenn vor 90 Jahren, sagte er, nicht mehr als 600 Arten von Lebewesen bekannt waren, so übertrifft die Anzahl der heute bekannten Arten einer einzigen Familie der Insekten diese Zahl um das Vierfache. Derjenige, der sich rühmen würde, sagte Ber, daß er alle Tatsachen nicht etwa des ganzen Gebiets der Zoologie, sondern nur die eines ihrer größeren Abschnitte kennt, würde in den Augen eines Fachmanns als absoluter Stümper erscheinen. „Der Entwicklungsverlauf der Wissenschaften beschleunigt sich nach Maßgabe der Erfolge", sagte Baer, „und je mehr auf einem Gebiet in der neuesten Zeit geschehen ist, um so sicherer kann man sein, daß im weiteren Verlauf noch mehr geschehen wird."[61]

F. Engels schrieb über den Beschleunigungsgrad, der für die Wissenschaftsentwicklung charakteristisch ist: Angefangen mit dem Zeitalter der Renaissance „ging auch die Entwicklung der Wissenschaften mit Riesenschritten vor sich und gewann an Kraft, man kann wohl sagen im quadratischen Verhältnis der (zeitlichen) Entfernung von ihrem Ausgangspunkt".[62]

A. Wallace war der Meinung, daß man das 19. Jahrhundert hinsichtlich der Erfolge der Naturwissenschaft mit keinem anderen Jahrhundert, sondern nur mit allen vorangegangenen Jahrhunderten zusammen vergleichen darf. In der Rede des deutschen Professors O. Wiener, die K. A. Timirjazev übersetzt und in sein Buch „Vordringliche Aufgaben der modernen Naturwissenschaft" aufgenommen hatte, hieß es, daß die Wissenschaftsentwicklung „an die Reaktion irgendeines Sprengstoffes erinnert ... Jede Entdeckung erzeugt einen Zustand, der die weitere Entwicklung beschleunigt".[63]

Der Verfasser brachte die Beschleunigung der Wissenschaftsentwicklung mit dem Anwachsen der Anzahl der in der Wissenschaft beschäftigten Personen und mit der Entwicklung der Technik in Verbindung: „Jede Entdekkung schafft neue Berührungspunkte und bringt auch technische Anwendungsmöglichkeiten hervor; die wissenschaftliche Technik, die Elektrotechnik, Optik, die Chemie benötigen ihrerseits neue wissenschaftliche Kräfte. Ihre Errungenschaften ermöglichen wiederum rasche weitere Erfolge der Wissenschaft; so entsteht jene Vorwärtsbewegung ..., die bei uns den Eindruck

[61] K. M. Baer: Vzgljad na razvitie nauk, in: Izbrannye proizvedenija russkich estestvoispytatelej pervoj poloviny XIX veka, (red. i vstupit. stat'ja G. S. Vaseckogo, S. R. Mikulinskogo u. a.) Moskau 1959, a. a. O., S. 217.

[62] F. Engels: Dialektik der Natur, Einleitung, in: MEW, Band 20, a. a. O., S 313

[63] K. A. Timirjazev: Sočinenija, Band V, a. a. O., S. 356f.

einer Explosion hervorruft".[64] Viele Passagen dieser Rede klingen so, als wäre sie zu unserer Zeit gehalten worden. Der Verfasser lenkt in ihr die Aufmerksamkeit auf „tiefgreifende Veränderungen unserer Lebensbedingungen" und spricht vom Anwachsen der Überbelastung. „Zugleich stellt der Explosionscharakter dieses Entwicklungsprozesses auch ungewöhnlich hohe Anforderungen an den Menschen, besonders an sein Nervensystem".[65] Diese Worte wurden vor fast hundert Jahren gesprochen und bezogen sich auf die Gesellschaft zu Ende des 19. Jahrhunderts!

Es ist möglich, daß die Biologen das lawinenhafte Ansteigen des Wissens gerade deshalb besonders empfindlich registrierten, weil die Wissenschaft, mit der sie sich beschäftigten, sich unter ihren Augen mit einer nie dagewesenen Intensität ausweitete. Ende der sechziger Jahre erwähnte Helmholtz, daß die Wissenschaft vom Leben in den zurückliegenden vierzig Jahren größere Erfolge erreicht habe als in den zwei vorangegangenen Jahrtausenden.

Der rasche Anstieg der Zahl der in der Wissenschaft beschäftigten Personen wurde gegen Ende des 19. und zu Anfang des 20. Jahrhunderts vom Anschwellen der wissenschaftlichen Literatur begleitet; diese Erscheinung wurde als „beispiellos" empfunden, und sie war es im Vergleich zu der jüngeren Vergangenheit auch tatsächlich. Befürchtet wurde, ein derartiges Wachstum der Anzahl von Publikationen könnte Hektik und Qualitätsverlust in den wissenschaftlichen Veröffentlichungen hervorbringen.

K. A. Timirjazev schildert 1884 diese Situation mit der ihm eigenen Schärfe folgendermaßen: „Der eben aufgegriffene, noch nicht ausgereifte Gedanke wird eiligst zu Papier gebracht, das noch nicht trockene Manuskript schwirrt in die Druckerei, man ist mit dem Druck noch nicht fertig, als schon eine Ergänzung – irgendein Nachtrag oder eine Berichtigung (‚Nachtrag' und ‚Berichtigung' im Original in Deutsch – d. Übers.) nachgeflogen kommt. Die Zeitschrift tötete das Buch, die Zeitung tötete die Zeitschrift; jedes Laboratorium, jedes Institut ist bestrebt, ein eigenes Organ zu besitzen, das dann mit irgendeinem Stoff gefüllt werden muß. Noch ein Schritt, und wir sind so weit, daß wir tägliche Bulletins darüber herausgeben, was irgendein Gelehrter heute gemacht hat, was er morgen zu tun beabsichtigt, und vielleicht werden diese Bulletins gar nichts über die Tätigkeit solcher Gelehrten berichten, für die sich die Wissenschaft am meisten interessiert. Man könnte annehmen, diese fieberhafte Eile sei durch den natürlichen Wunsch, für sich das Autorenrecht einer Entdeckung oder eines neuen Gedankens zu sichern, zu erklären, aber auch in dieser Hinsicht tötet das Mittel das Ziel. Gedanken werden verwischt, werden neu entdeckt, und nicht selten erlangen sie nach Jahrzehnten die ganze Pracht des Neuen."[66]

64 Ebenda, S. 357.
65 Ebenda.
66 Ebenda, S. 56.

Man muß schon sagen – diese Situation ist uns in unserer Zeit durchaus nicht fremd. Vielen unseren Zeitgenossen kommt es so vor, als sei sie erst in den letzten zwei – drei Jahrzehnten entstanden. Wenn aber dieser Zustand sich in den vergangenen hundert Jahren (seit der Zeit, da K. A. Timirjazev die Lage so umrissen hatte) noch mehr verschlimmert und die Wissenschaft trotzdem gewaltige Errungenschaften zu verzeichnen hat, so gibt es vielleicht gar keinen Grund, die Situation zu dramatisieren?

In den tausend Jahren ihrer Entwicklung haben Wissenschaft und gesellschaftliche Praxis Mittel für die Auswahl wertvoller Ergebnisse ausgearbeitet. Das bedeutet keineswegs, daß man die Suche nach einem Weg zur Überwindung der Schwierigkeiten, die vom lawinenhaften Anstieg der Publikationen hervorgerufen werden, vernachlässigen darf. Im Gegenteil, man muß diese Bemühungen verstärken, denn dieser sich beschleunigende Prozeß führt nicht nur zu einem sinnlosen Aufwand an materiellen Mitteln, sondern auch an Arbeit qualifizierter Fachkräfte, zur Minderung der Effektivität wissenschaftlicher Arbeit und nicht zuletzt zu einem noch größeren Chaos in den wissenschaftlichen Publikationen, in denen es immer schwieriger wird, sich zurechtzufinden.

Folglich muß man wahrscheinlich zugleich mit den zweifellos notwendigen verstärkten Maßnahmen, die den Schutz der Gesellschaft vor nicht ausgereiften, übereilten und inhaltslosen Publikationen gewährleisten, das Hauptaugenmerk auf das Informationssystem konzentrieren. Bei einem gut eingerichteten Informationssystem und einer gut funktionierenden Kritik werden Veröffentlichungen, die es nicht wert sind, daß man ihnen Beachtung schenkt, viel schneller ausgemacht und ausgesiebt und werden ihre Verfasser in der Gesellschaft viel eher Vertrauen und Ansehen verlieren.

Die beschleunigte Entwicklung der Biologie wurde im 19. Jahrhundert von einer intensiven Differenzierung ihrer Gebiete begleitet. Es entstand die Frage, „wie die zwei drohenden schädlichen Folgen eines schnellen Wachstums der Wissenschaft bewältigt werden können – die kolossale Anhäufung des Faktenmaterials und die ständig steigende Spezialisierung der wissenschaftlichen Arbeit“.[67]

Gelehrte wie Timirjazev vertraten die Auffassung, daß „die Intensität der modernen wissenschaftlichen Arbeit ihre Extensität ausschließt“[68] und man der Spezialisierung nicht ausweichen könne – in ihr liege die Schwäche, aber auch die Kraft der modernen Wissenschaft. Den Ausweg aus der entstandenen Lage sah Timirjazev in der Vervollkommnung des Austauschs von arbeitsteilig erzielten Ergebnissen und in dem nächstliegenden Mittel dazu – dem Zusammenschluß der Gelehrten in wissenschaftlichen Gesellschaften, in denen die unmittelbaren Kontakte der auf verschiedenen Gebieten arbeiten-

[67] Ebenda, S, 55.
[68] Ebenda, S. 57.

den Wissenschaftler die gegenseitige Wissensbereicherung sowie die Zusammenfassung der Einzelergebnisse zu einem einheitlichen Ganzen fördern würde. Für ein zweites wichtiges Mittel, um dieses Ziel zu erreichen, hielt er die Popularisierung der wissenschaftlichen Errungenschaften. Ohne diese Maßnahmen sei es nicht möglich, die durchschnittliche Entwicklungsrate beizubehalten, besonders wenn man in Betracht zieht, daß Kollegen bei dem gegenwärtigen Stand der Spezialisierung der wissenschaftlichen Tätigkeit einander nicht mehr verstehen.

Somit übt die Popularisierung des Wissens nach Timirjazev nicht nur eine Bildungsfunktion aus, sondern ist auch eines der Mittel, das die Entwicklung der Wissenschaft fördert und ihre Einheit sichert. Eine solche Popularisierung sollte allerdings nicht schlechthin als Verbreitung von Kenntnissen im Rahmen der gesamten Gesellschaft verstanden werden – der Timirjazev eine große selbständige Bedeutung beimaß –, sondern als schöpferische Zusammenfassung von Schlußfolgerungen zur Entwicklung dieses oder jenes Wissenschaftsgebietes.

Andere Wissenschaftler sahen in der einseitigen Differenzierung eine zeitweilige Erscheinung, welche eine Anfangsetappe der Entwicklung charakterisiert. So meinte V. O. Kovalevskij, nach der Periode der Aufgliederung und nachdem diese alle ihre Früchte getragen haben wird (gründliches und nach Möglichkeit erschöpfendes Studium der einzelnen Gebiete und Erscheinungen), würde eine neue Phase, die Periode der Verallgemeinerungen folgen. Einzelne Gebiete werden sich nicht nur berühren, sondern miteinander auch verschmelzen, wobei sich die Aufmerksamkeit auf das Studium von Übergangserscheinungen konzentrieren wird, welche die verschiedenen Teile der Wissenschaft miteinander verbinden.[69]

Es fällt nicht schwer, einen unmittelbaren Zusammenhang zwischen diesen Gedanken V. O. Kovalevskijs über einen ständigen Wechsel von Perioden der Differenzierung und der Synthese des Wissens und der Situation festzustellen, in der sich in den siebziger Jahren des 19. Jahrhunderts jenes Wissenschaftsgebiet befand, auf dem Kovalevskij selbst arbeitete – die Paläontologie. Nach einer annähernd fünfzigjährigen Periode rascher Anhäufung vereinzelter Fakten über Tiere und Pflanzen der geologischen Vergangenheit gelang es dank Darwins Theorie und größtenteils dank der Anstrengungen von V. O. Kovalevskij selbst, diese einzelnen Fakten erstmalig sinnvoll zu verbinden und in allgemeinen Zügen ein Ganzheitsbild von der Entwicklung der organischen Welt zu rekonstruieren. Die Paläontologie erhielt ein theoretisches Fundament und verwandelte sich in eine Wissenschaft; erst jetzt erhielten die vielen von den Forschern zusammengetragenen Fakten ihre wahre Bedeutung und Erklärung – nicht selten völlig andere, als das früher der Fall war.

69 Vgl. V. O. Kovalevskij: Neskol'ko slov o grannicach meždu jurskoj i melovoju formacijami, in: Sobranie naučnych trudov, Band I, Moskau 1950, S. 159.

Auf demselben Verallgemeinerungswege können Komplikationen überwunden werden, die durch das schnelle Wachstum des Umfangs wissenschaftlicher Daten hervorgerufen werden. So hielt z. B. K. M. Baer die Situation in der Wissenschaft zu Beginn des Jahrhunderts für bedrohlich; aber die „Unfaßbarkeit der Grenzen" werde ihre Lösung finden. In den einzelnen Wissenschaftsgebieten wurde sie praktisch mehr als einmal gelöst, und auf irgendeiner Etappe werde diese Lösung auch der Wissenschaft in ihrer Gesamtheit zuteil werden. Die Lösung besteht Baers Meinung nach in der Tatsache, daß „einzelne Erkenntnisse, die miteinander verbunden werden, sich in allgemeine Ideen auflösen".[70]

So geschah es bei der Erforschung der Elektrizität: eine Unmenge von Versuchen und einzelnen Thesen ging in einigen allgemeinen Gesetzen auf. Die strengen und eindeutigen Gesetze der himmlischen Mechanik lösten dank Copernicus, Kepler, Newton die schwerfällige und komplizierte Ptolemäische Astronomie ab. Dasselbe werde auch in der Biologie geschehen: Endlose und chaotische Daten der beschreibenden Botanik und Zoologie werden sich zu „Anschauungen viel allgemeinerer Art" steigern, zu denen die Biologie durch das „Studium der Theorie vom organischen Aufbau der Körper und dem Forschen nach Spuren der Verwandlung organischer Formen unter dem Einfluß von Zeit, Ort und anderer Lebensbedingungen" gelangen wird.[71]

Allerdings darf man trotz aller Hoffnung auf eine rettungbringende Synthese das Forschen nach Verfahren zur Erfassung des kolossalen wissenschaftlichen Materials nicht unterlassen. Helmholtz meinte, daß, „je riesenhafter dieser Umfang ist, eine desto bessere und genauere Organisation und Anordnung dazu gehört, um nicht im Labyrinth der Gelehrsamkeit sich hoffnungslos zu verlaufen. Je besser die Ordnung und Systematisierung ist, desto größer kann auch die Anhäufung der Einzelheiten werden, ohne dass der Zusammenhang leidet. Unsere Zeit kann eben so viel mehr im Einzelnen leisten, weil unsere Vorgänger uns gelehrt haben, wie die Organisation des Wissens einzurichten ist".[72]

Diese Organisation bestehe vor allem in einer äußeren mechanischen Unterteilung mittels unserer Kataloge, Nachschlagwerke, Register, Verzeichnisse, Literaturübersichten, Jahresberichte, Gesetzessammlungen, naturwissenschaftlich-geschichtlichen Systeme usw.[73] Aber diese „äußere mechanische Unterteilung" bildet kein Ideal für eine Systematisierung. Die Arbeit des Zusammentragens und der Unterteilung von wissenschaftlichem Material müsse so organisiert werden, daß nur derjenige sich damit beschäftigt, der

70 K. M. Baer: Vzgljad na razvitie nauk, in: Izbrannye prozvedenija ..., a. a. O., S. 218.

71 Ebenda, S. 219.

72 H. Helmholtz: Populäre wissenschaftliche Vorträge, Erstes Heft, Braunschweig 1865, S. 12.

73 Ebenda.

sich des Ziels dieser Sammeltätigkeit voll bewußt ist und der sich den inneren Gehalt dieser Wissenschaft und ihrer Methoden organisch angeeignet hat. Einem solchen Menschen offenbart sich jede einzelne Tatsache in ihrem Zusammenhang mit dem gesamten Wissenschaftssystem, und sie ist für ihn von besonderem Interesse.[74]

Die gewaltige Rolle verallgemeinernder Übersichten über die Entwicklung und den Stand der Naturwissenschaften in ihrer Gesamtheit, in ihren einzelnen Disziplinen wie auch in ihren Zweigen trat somit in der entstandenen Situation immer deutlicher hervor. Das in der zweiten Hälfte des 19. Jahrhunderts gestiegene Interesse für die Wissenschaftsgeschichte als einem Mittel der Selbstverständigung über die Probleme, den Stand und die Perspektiven der Wissenschaft war ebenfalls mit derselben Situation verbunden. Viele Biologen hielten diese Arbeit hinsichtlich der Wissenschaftsentwicklung für außerordentlich wichtig und zollten ihr große Beachtung. Unter den russischen Biologen maßen ihr K. A. Timirjazev, I. I. Mečnikov und I. M. Sečenov besondere Bedeutung bei. Ihre Übersichten und historischen Untersuchungen waren bedeutsame Erscheinungen nicht nur im wissenschaftlichen, sondern auch im gesellschaftlichen Leben.

Das Wachstum der Wissenschaft und ihrer Rolle, das Steigen der Anzahl der in der Wissenschaft Tätigen und das Bedürfnis nach Auffüllung ihrer Reihen erhöhte bereits Mitte des 19. Jahrhunderts das Interesse an der Klärung von Eigenschaften, die ein Wissenschaftler haben muß, an der Klärung der Bedingungen, die die Herausbildung dieser Eigenschaften fördern könnten und an der Organisation der Ausbildung. Zwar lieferte keiner der Biologen eine derartige Arbeit wie etwa das Werk von W. Ostwald über „Große Männer“ (1909), das speziell diesem Thema gewidmet war, aber sie wie auch andere Naturforscher zeigten ein lebhaftes Interesse für diese Fragen.

In den Werken der Biologen gibt es verstreut zahlreiche wertvolle Beobachtungen und Äußerungen, die diese Probleme berühren. Leider wurden sie bisher nicht gesammelt und nicht analysiert, obwohl eine derartige Arbeit von wesentlicher Bedeutung für die Wissenschaft und sogar für die Praxis sein könnte. Es wurden solche persönlichen Eigenschaften herausgestellt wie: tiefe Ergebenheit gegenüber der Sache; völliges Aufgehen in dem Gegenstand der Untersuchung; die Fähigkeit, sich auf Details zu konzentrieren und zugleich das Ganze in allen seinen Wechselbeziehungen zu erfassen; das Vermögen, die Perspektive zu erkennen; gute Beobachtungsgabe und Beharrlichkeit im Erstreben des Ziels; Originalität im Denken; die Entschlußkraft und die Fähigkeit, sich gegen vorherrschende Meinungen durchzusetzen und schließlich selbstverständlich Talent. Noch vor Beginn des 20. Jahrhunderts begann man mehr die Wichtigkeit der schöpferischen Phantasie, die Befähigung zur Zusammenarbeit u. a. m. in den Vordergrund zu stellen.

[74] Ebenda, S. 14f.

Francis Galton (1822–1911), ein Vetter von Ch. Darwin, veröffentlichte 1869 sein Buch „Die Erblichkeit des Talents". In diesem wie auch in seinem nächsten Werk „Englische Männer der Wissenschaft/Ihre Natur und ihre Erziehung" (1874) versuchte er zu beweisen, daß Fähigkeiten für eine wissenschaftliche Tätigkeit erblich sind und von Generation zu Generation ebenso wie das Aussehen und andere physische Merkmale weitergegeben werden.

Die Rolle von Erbanlagen wurde von vielen Wissenschaftlern anerkannt. In einem Fragebogen, den Galton unter einer Anzahl Gelehrter verteilt hatte, antwortete Ch. Darwin 1873 auf die Frage: „Erscheinen Ihnen Ihre wissenschaftlichen Geschmacksrichtungen angeboren?" mit: „Sicher angeboren".[75] Jedoch war die Schlußfolgerung Galtons, die Vererbung bilde einen entscheidenden Faktor bei der Herausbildung der Gelehrtenpersönlichkeit und im Erfolg seiner wissenschaftlichen Arbeit, auf Widerspruch gestoßen.

Als einer der ersten trat gegen diese Auffassung Alphonse de Candolle (1806–1893) auf, ein Botaniker, Verfasser klassischer Untersuchungen, die eine wichtige Rolle in der Entwicklung der Pflanzengeographie gespielt haben, der Begründer der Lehre von der Herkunft der Kulturpflanzen und ein aktiver Verfechter des Darwinismus. Im Jahre 1873 veröffentlichte er in französischer Sprache sein großes Werk „Zur Geschichte der Wissenschaften und der Gelehrten seit zwei Jahrhunderten".[76] Ebenfalls in Genf erschien 1885 eine zweite erweiterte Auflage, und 1911 gab W. Ostwald eine deutsche Übersetzung dieses Werkes heraus.[77]

Heute ist das Buch de Candolles völlig in Vergessenheit geraten. Trotzdem ist es als einer der ersten Versuche einer soziologischen und sozial-psychologischen Analyse der Wissenschaft und der Anwendung der statistischen Methode in der Wissenschaftsgeschichte von bedeutendem Interesse. In seiner Arbeit berührt de Candolle die Geschichte wissenschaftlicher Ideen überhaupt nicht. Gegenstand seiner Untersuchungen sind soziale und einige naturwissenschaftliche Bedingungen, die die Wissenschaftsentwicklung fördern oder hemmen.

Für das Auffinden objektiver Kennziffern wählte de Candolle folgende Methode. In der Annahme, daß bei der Wahl von ausländischen Gelehrten zu Mitgliedern und korrespondierenden Mitgliedern von Akademien im höchsten Maße wissenschaftliche Verdienste als Kriterium für die Einschätzung ihrer Eignung dienen und daß Umstände, die nicht zur Wissenschaft gehören, am wenigsten eine Rolle spielen, überprüfte er die Listen ausländischer Mitglieder

[75] F. Darwin (Hrsg.): Leben und Briefe von Charles Darwin, III. Band, Stuttgart 1887, S. 173.

[76] A. de Candolle: Histoire des sciences et des savants depuis deux siècles, Genève-Bâle-Lyon 1873.

[77] Siehe: A. de Candolle: Zur Geschichte der Wissenschaften und der Gelehrten seit zwei Jahrhunderten. Leipzig 1911.

der Pariser Akademie der Jahre 1666 bis 1883, der Londoner Königlichen Gesellschaft von 1750 bis 1869 und der Akademie der Wissenschaften zu Berlin ebenfalls von 1750 bis 1869. Er berücksichtigte dabei die Fachrichtung, die soziale Abstammung, die Nationalität der Gewählten und verfolgte die Veränderungen im Verlauf von je 50 Jahren. Er errechnete das prozentuale Verhältnis der Vertreter verschiedener Länder in den erwähnten Akademien und ihre Veränderungen für die Jahre 1750, 1789, 1829 und 1869, den Prozentsatz der Gewählten pro 1 Million Einwohner des Landes, aus dem der Gelehrte stammt, prozentuale Verhältnisse und ihre zeitliche Dynamik bei Vertretern verschiedener Wissenschaften, das prozentuale Verhältnis der Vertreter verschiedener Klassen der Gesellschaft – des Adels, der Bourgeoisie und der Abkömmlinge aus Familien der niedrigsten Schichten, der Angestellten, Bauern, Handwerker, Soldaten, Matrosen usw.

Wir haben hier nicht die Möglichkeit, den Inhalt dieser originellen Untersuchungen neuer Art genau zu prüfen. Das würde einen zu großen Raum beanspruchen. Eine gewisse Vorstellung von diesem Werk de Candolles kann die Aufzählung der wichtigsten Probleme vermitteln, die in ihm behandelt wurden. Die Notwendigkeit, sich zu beschränken, zwingt uns, uns mit einem flüchtigen Überblick über die wichtigsten Thesen des Verfassers zu begnügen.

De Candolle beginnt mit der Darlegung der Ausgangsprinzipien seiner Untersuchung und der Begründung seiner Untersuchungsmethode. Darauf folgt ein Bericht über die gewonnenen Daten, die er im Ergebnis seiner Überprüfung der Listen von Mitgliedern der drei Akademien für einen Zeitraum von 200 Jahren erhalten hatte. Der vierte Teil umfaßt eine Analyse der Fakten und Untersuchung der Ursachen, die der Wissenschaftsentwicklung dienen oder sie hemmen. Hier werden folgende Zusammenhänge untersucht: 1. Die Dynamik in der Verteilung der Anzahl von Gelehrten nach Wissenschaftszweigen im Verlauf zweier Jahrhunderte; 2. das Ansteigen der Spezialisierung; 3. der Anteil der Frauen an der Wissenschaftsentwicklung; 4. die Gliederung der Wissenschaftler nach ihrer sozialen Herkunft; 5. Ursachen, die auf die Richtung der Interessen wirken, Erfolge und Anzahl der Gelehrten, die die Wissenschaftsentwicklung gefördert haben, darunter Einflüsse der Vererbung, Erziehung, Bildung, der für die wissenschaftliche Tätigkeit nötigen materiellen Mittel, Einflüsse der Religion, der Familientradition, der öffentlichen Meinung, Einflüsse der politischen Struktur und der Regierung des Staates, der wissenschaftlichen Gesellschaften, der Größe des Landes, der Sprache, der geographischen Lage, des Klimas und der Rasse. De Candolle interessierte sich nicht nur für die Ursachen, die Einfluß auf die Wissenschaftsentwicklung ausüben, sondern auch für die Dauer ihrer Wirkung. Er untersuchte die Geographie der Verbreitungsgebiete der Wissenschaft und den damaligen Stand der Mathematik sowie der Naturwissenschaften in verschiedenen Ländern. Der sechste Teil seines Werkes ist dem Vergleich der

Entwicklung von historischen und sozialen Wissenschaften mit der Entwicklung der Natur- und der mathematischen Wissenschaften gewidmet.

De Candolle war sich des Neuerertums seiner Arbeit bewußt. Er unterstrich, daß Arbeiten zur Wissenschaftsgeschichte entweder der Geschichte einer der Wissenschaften, einem einzelnen Gelehrten, einer bestimmten Schule, der Entwicklung der wissenschaftlichen Erkenntnisse oder auch der Wissenschaft in den einzelnen Ländern gewidmet sind. Die Gesamtheit der Wissenschaften wurde dagegen sehr selten untersucht, und auch dies, schrieb de Candolle, geschah nur von einem sehr allgemeinen Standpunkt aus, wenn die Rede vom Fortschritt der Kultur war.

De Candolle schlug einen anderen Weg ein. Im Unterschied zum traditionellen Typ eines Werkes zur Geschichte der Wissenschaft stellte er sich die Aufgabe, die Wissenschaftsentwicklung in ihrer Gesamtheit als eine Tätigkeit besonderer Art zu untersuchen und die Abhängigkeit des Wissenschaftsfortschritts von den sozialen, politischen und kulturgeschichtlichen Faktoren und von den sozialpsychologischen Bedingungen zu klären, die einen Einfluß auf die Herausbildung der Persönlichkeit und die Orientierung ihrer Interessen ausüben. Die sozialen Bedingungen verstand er freilich in einem sehr begrenzten Sinne. Ihre Analyse konzentrierte er fast ausschließlich auf die Herausbildung der Gelehrtenpersönlichkeit, auf ihre Neigungen und Interessen. Die sozialen Verhältnisse treten nur als Faktor auf, der sich auf ihre wissenschaftliche Tätigkeit günstig oder negativ auswirkte. Eine tiefere Wechselwirkung zwischen Wissenschaft und den sozialökonomischen Verhältnissen, der Einfluß der gesellschaftlichen Produktion und der ökonomischen Bedürfnisse der Gesellschaft auf die Ausrichtung der Wissenschaftsentwicklung, welcher zu jener Zeit vom Marxismus bereits aufgedeckt war, blieb außerhalb seines Gesichtskreises. Darum tragen seine Untersuchungen eher einen sozial-psychologischen als einen soziologischen Charakter im eigentlichen Sinne dieses Wortes.

Trotzdem liegt der prinzipielle Unterschied der Untersuchungen de Candolles im Vergleich zu Geschichtswerken, die vor ihm erschienen waren, klar auf der Hand, ebenso wie der Umstand, daß seine Untersuchungen – trotz ihrer Begrenztheit – in einer Reihe von Fragen an jene Problematik in der Erforschung der Wissenschaftsgeschichte anklingen, die vom Marxismus aufgeworfen wurde, und daß sie an jene Richtungen in der modernen Geschichte und Soziologie der Wissenschaft erinnern, die in den Mittelpunkt der Aufmerksamkeit die Aufgabe stellen, die Abhängigkeit der Wissenschaftsentwicklung von den sozialen Bedingungen zu erforschen. Deshalb muß man sich wundern, daß diesem Werk de Candolles bisher so wenig Beachtung geschenkt wurde.[78]

[78] Ausführlicher über de Candolle und sein Buch siehe: S. R. Mikulinskij: Alfons Dekandol' i ego rabota. Istorija nauki i učenych za dva veka, in: Iz istorii biologii, Teil 4, Moskau 1972.

In der Anwendung der statistischen Methode beim Studium der Wissenschaftsgeschichte vermied de Candolle jede Verabsolutierung und unterstrich die Notwendigkeit, diese Methode mit der inhaltlichen Analyse der zu untersuchenden Erscheinungen zu verbinden. Die in der statistischen Methode verwendeten Zahlen sind nur ein Mittel, die Fakten zu gruppieren und ihre Bedeutung und Ursachen besser einschätzen zu können. „Der gesunde Menschenverstand muß bei jeder Untersuchung vorherrschen; sonst kommt nur eine jener Scheinstatistiken ohne jede Bedeutung heraus, wie sie die Zeitungen so anfüllen.“ [79] De Candolle sagte weiter, daß man zählen, abwägen, klassifizieren und vergleichen muß, um sich in wenig bekannten Tatsachen und ihren Ursachen zurechtzufinden. Bei hellem Verstand kann man das auch ohne Zahlen erreichen, schrieb er. Aber wenn wir Zahlen zusammensuchen und sie gruppieren, so zergliedern wir das Problem in seine Elemente, verleihen unseren Überlegungen größere Überzeugungskraft und ermöglichen damit eine leichtere Überprüfung des Wahrscheinlichkeitsgrades unserer Schlußfolgerungen.

Mit der Zielsetzung, zu erkunden, welche Gesellschaftsschichten der Menschheit die größte Anzahl angesehener Gelehrter gegeben haben, stellte de Candolle fest, daß von 100 Ausländern, die in die Pariser Akademie gewählt wurden, 41% aus dem Adel und aus reichen Familien stammten; aus der Mittelschicht sind 52% und aus der Schicht der Handwerker, Bauern usw. 7% hervorgegangen. Eine Erklärung für diese Gliederung sucht er ausnahmslos in den sozialen Verhältnissen.

Die Schlußfolgerungen F. Galtons über die dominierende Rolle der Vererbung bei der Herausbildung der Gelehrtenpersönlichkeit stießen bei A. de Candolle auf entschiedene Ablehnung. Er trug umfangreiches Material (und zwar bedeutend mehr als Galton selbst) über die Ahnen und die Verwandtschaftsbeziehungen vieler Gelehrter zusammen; auf den ersten Blick sah es so aus, als ob die Fakten die Schlußfolgerungen Galtons bestätigten, aber de Candolle gab den Fakten, ohne sie zu leugnen, eine völlig neue Interpretation. Für eine erfolgreiche wissenschaftliche Arbeit sind zweifellos bestimmte naturbedingte Anlagen vonnöten, aber das Überwiegen von Personen unter den Gelehrten, die aus Familien stammen, welche sich auf einem intellektuellen Gebiet bereits hervorgetan haben, ergibt sich, seiner Meinung nach, nicht so sehr aus der Vererbung als aus den Verhältnissen der Erziehung und Bildung sowie aus anderen sozialen und psychologischen Faktoren (Einflüsse von Familien der unmittelbaren Umgebung, der Schule, der gesellschaftlichen Meinung, der politischen Institutionen des Landes u. ä. m.).

Die Grundlage aller Entdeckungen, schrieb de Candolle, ist die Neugierde. Wenn in der Familie und in der Schule an das Kind Fragen herangetragen werden oder es in Umstände gerät, wo es sich selbst Fragen stellen muß, so

79 A. de Candolle: Zur Geschichte . . ., a. a. O., S. 242.

wird seine Neugier geweckt. Wenn man ihm umgekehrt unaufhörlich einprägt, es sei unnötig, sich mit diesen oder jenen Dingen zu befassen, wenn man ihm rät, nicht neugierig zu sein, dieses und jenes wäre Sache der Eltern und der Lehrer, es sei unnütz oder schädlich oder verboten, sich mit solchen Dingen zu beschäftigen und nach ihrem Sinn zu forschen, man würde dies und jenes sowieso nicht verstehen – so würden Anwandlungen der Neugier beim Kinde niedergedrückt, Geist und Verstand würden allmählich von Gleichgültigkeit und Schüchternheit befallen.

„Der schlimmste ist meiner Ansicht der," schrieb de Candolle, „welcher die Wissenschaft als abgeschlossen darstellt."[80]

Der Einfluß der Religion auf die Wissenschaft vollzieht sich nach de Candolle in erster Linie durch eine direkte oder indirekte Einflußnahme der Priesterschaft auf die Erziehung und Bildung und durch ihren allgemeinen Einfluß auf Sitten und Ideen. Jede Religion steht laut de Candolle im prinzipiellen Gegensatz zur Wissenschaft.[81] Religiöse Dogmen, schrieb er, haben an und für sich eine sehr geringe Bedeutung. Eine viel größere Bedeutung hat seiner Meinung nach der von der Religion verbreitete Autoritätsgeist, der sich in dem Zwang äußert, religiöse Dogmen anzuerkennen und an sie, unabhängig davon, ob man sie versteht oder nicht, zu glauben. Weil der Autoritarismus im Widerspruch zum Geist wissenschaftlicher Forschung steht, leidet die Wissenschaftsentwicklung unter solcher Religion am wenigsten, welche eine größere Meinungsfreiheit als die anderen Religionen zuläßt.

Von diesem Merkmal ausgehend, verglich de Candolle die protestantische Religion mit der katholischen. Er meinte, die protestantische Kirche übe einen weniger intensiven Druck auf den Geist aus als die katholische. Schon die Entstehung des Protestantismus in einem Aufstand gegen die Dogmen der offiziellen Kirche gab für den Kampf gegen Autoritäten jeder Art Anlaß. Um seine These von der negativen Wirkung des religiösen Autoritätsanspruchs und der Niederhaltung der Gedankenfreiheit zu erhärten, zählte de Candolle eine Anzahl großer Gelehrter auf, die aus protestantischen und katholischen Kreisen hervorgegangen sind und wies nach, daß die Zahl der aus protestantischen Familien stammenden viermal größer war als derjenigen aus katholischen, obwohl es in Europa während dieser Periode anderthalbmal mehr Katholiken als Protestanten gab.

Als Beispiel für den Einfluß eines autoritativen Druckes führte de Candolle seine Heimat an: „Die Geschichte der kleinen Republik Genf bietet einen ausgezeichneten Nachweis für die Wirkungen der Autorität. Während beinahe zweier Jahrhunderte (1535–1725) haben die absoluten Prinzipien der ersten Reformatoren die Laien und Geistlichen vollständig beherrscht. Der Unterricht wurde durch die Religion vorgeschrieben. Fast alle Bürger besuchten das

80 Ebenda, S. 259.
81 Ebenda, S. 283.

Gymnasium und viele unter ihnen hörten später spezielle Vorlesungen an der Universität; aber während dieser ganzen Periode hat sich kein Genfer in den Wissenschaften ausgezeichnet. Von 1720–1730 beginnt sich der calvinistische Einfluß abzuschwächen; die Erziehung und die Sitten ändern sich in einem freien Sinne und von 1739 ab, dem Tag der ersten Wahl eines Genfers in eine wichtige auswärtige Gesellschaft, die Royal Society von London, hat Genf nicht aufgehört, Mathematiker, Physiker und Naturforscher in einem im Verhältnis zu seiner geringen Bevölkerung bemerkenswerten Maße hervorzubringen."[82]

Dieses Beispiel dient eigentlich nicht nur zur Klärung des kirchlichen Einflusses, sondern auch des Einflusses seitens des Staates und der politischen Macht. Obwohl de Candolle diesem Einfluß eine geringere Bedeutung beimaß, untersuchte er recht gründlich die Lage der Gelehrten unter verschiedenen gesellschaftlichen Bedingungen. Größere Bedeutung haben für die Wissenschaftsentwicklung seiner Meinung nach die öffentliche Meinung, die Art der Erziehung und Bildung, das Vorhandensein von Menschen, die genügend Freizeit haben und über ausreichende Mittel verfügen, um sich einer wissenschaftlichen Tätigkeit widmen zu können; am allerwichtigsten aber für die Wissenschaftsentwicklung ist nach de Candolle die persönliche Freiheit und Sicherheit.

Beachtenswert ist, daß de Candolle sich nicht mit der Untersuchung der Umstände begnügt hat, die auf die wissenschaftliche Entwicklung Einfluß haben. Nach einer Zusammenfassung der Ergebnisse seiner Untersuchungen formuliert er 20 (in der ersten Ausgabe 18) konkrete Bedingungen, die die Wissenschaftsentwicklung fördern, d. h., er unternahm den Versuch, praktische normative Schlußfolgerungen zu ziehen.[83] Es ist möglich, daß dieses unter dem Einfluß der unter Botanikern und Zoologen üblichen Gepflogenheit geschah, nach der Beschreibung dieser oder jener Art mit einer kurzen Charakteristik des Dargebotenen abzuschließen.

Der größte Teil dieser Schlußfolgerungen kam bereits in unserer Darlegung seiner Anschauungen zum Ausdruck. Trotzdem wird es doch zweckmäßig sein, zu unterstreichen, daß de Candolle folgende Meinungen zu besonderen Punkten zusammengefaßt hatte: Das Vorhandensein von genügenden Mitteln für den Lebensunterhalt, die einem größeren Teil der Bevölkerung gestatten, sich mit den Wissenschaften zu befassen; das Vorhandensein einer Tradition, die Realität zu untersuchen; ein gut organisiertes System von Grundschulen und besonders von Mittel- und Hochschulen, in denen die Forschungsarbeit stimuliert wird und in denen der Wissenschaft ergebene junge Menschen und Professoren Ansporn finden; eine reiche und gut organisierte wissenschaftliche Basis (Bibliotheken, Observatorien, Laboratorien, Sammlungen);

[82] Ebenda, S. 268.
[83] Ebenda, S. 326ff.

Freiheit für die Äußerung und Veröffentlichung einer jeden Meinung zumindest zu wissenschaftlichen Themen, ohne unangenehme Folgen befürchten zu müssen (P. 9); eine für die Wissenschaften und für diejenigen, die sich mit ihr befassen, günstige öffentliche Meinung (P. 10); freie Berufswahl (P. 11); eine Religion, die das Autoritätsprinzip nicht zu ihrem Hauptgrundsatz macht (P. 12); freie Beherrschung von Fremdsprachen; Unabhängigkeit kleiner Länder oder der Vereinigung kleinster Länder (P. 16); die Nähe von Zivilisationszentren; eine Vielzahl von Akademien oder wissenschaftlichen Gesellschaften; Reisefreudigkeit, besonders in fremde Länder u. a. m.

Wir sind von der Struktur unseres Artikels etwas abgekommen und haben hier die Ansichten de Candolles auf die Wissenschaftsentwicklung in ihrer Gesamtheit dargelegt. Wir taten dies hauptsächlich deshalb, weil wir den Charakter seiner Untersuchungen besser veranschaulichen wollten, die man mit Recht als eine der frühesten speziellen wissenschaftswissenschaftlichen Arbeiten bezeichnen darf.

Große Beachtung schenkten Biologen des 19. Jahrhunderts wie auch Gelehrte anderer Wissensgebiete Problemen der Bildung. Im 19. Jahrhundert, besonders in seiner zweiten Hälfte, verknüpften die Naturforscher dieses Problem immer stärker mit der Frage nach den Bedingungen für die Herausbildung schöpferischer Fähigkeiten und nach der Zukunft der Wissenschaft. Es ist nur natürlich, daß sie bei der Erörterung von Bildungsproblemen von solchen Vorstellungen über einen Gelehrten ausgingen, die am meisten dem damaligen Stand der Wissenschaft, ihren Anforderungen und Tendenzen und den neuen Formen ihrer Organisation (welche sich damals abzuzeichnen begonnen hatten) entsprochen haben. Wenn darum vieles von dem, was damals heiß umstritten war (wie z. B. in der Diskussion um den klassischen und naturwissenschaftlichen Typ der Schulen), heute nicht mehr aktuell ist, so sind die Fragen, die damals in Verbindung mit dem Bildungsproblem standen, in ihrer Gesamtheit von bleibendem Interesse.

Unter den Biologen beschäftigt sich mit Fragen der Bildung T. Huxley besonders intensiv. Von ihm stammen viele Arbeiten, und zwar sowohl in kritischer Übersicht der traditionellen Anschauungen über die Bildung als auch zu dem Neuen, das in das System der Bildung Eingang finden müßte, um beste Voraussetzungen für die Herausbildung des Intellekts zu schaffen. Huxleys Biographen halten ihn nicht nur für einen hervorragenden Naturforscher, sondern mit Rücksicht auf den Umfang und die Bedeutung dieser Arbeiten auch für einen bedeutenden Akteur auf dem Gebiet der Bildung.[84]

Huxley verteidigte energisch die naturwissenschaftliche Richtung in der Schulpolitik vor Angriffen der zahllosen Anhänger des klassischen Bildungssystems. Aber er unterstrich auch die Mängel einer einseitigen Geistesent-

[84] Siehe: B. Cyril: T. H. Huxley. Scientist, Humanist and Educator, London 1959.

wicklung. Er schrieb, daß die Schulbildung und Erziehung so organisiert sein müsse, daß die verschiedensten Fähigkeiten des Menschen geweckt und kultiviert werden, damit ein begabter Mensch sowohl Schriftsteller als auch Staatsmann, Gelehrter oder Künstler werden kann; d. h. Bildung und Erziehung müßten „die Entwicklung aller Fähigkeiten des Menschen fördern – darin besteht die wahre Bildung“.[85]

Huxley war Gegner einer einseitigen Spezialisierung. Er gab zu, daß in der Gesellschaft ein Bedarf nach eng spezialisierten technischen Hochschulen entstanden war; seine Sympathien aber lagen bei den Universitäten. Hier sollte der Mensch – um von einem Ideal zu sprechen – Wissen auf allen Gebieten der Wissenschaft schöpfen, und gerade die Universitäten werden seiner Meinung nach zu „Wahrern echter Gelehrsamkeit, zu Zentren der freien Forschung und zu Brennpunkten wissenschaftlicher Erleuchtung“.[86]

Huxley hielt frühzeitige und große intellektuelle Belastungen für schädlich und meinte, daß die Menschen in ihrer Jugend einer intellektuellen Ruhe bedürften, sonst würde eine vorzeitige Erschöpfung eintreten und die Eigenschaften, die ein Forscher haben muß und die der Jugend eigen sind – Frische und Energie –, würden sehr schnell schwinden. Energie, Begeisterung, Erhabenheit der Gefühle sind von wesentlicher Bedeutung für eine schöpferische Tätigkeit, schrieb er. Kenntnisse sind an und für sich „weniger wichtig als es die Menschen gewöhnlich geneigt sind anzunehmen“[87]; darum müßten die Studenten an den Universitäten nicht einfach Wissen vermittelt bekommen, sondern zugleich in einer Atmosphäre energischer Suche nach der Wahrheit aufgehen, dabei eine Spannung empfindend, die an Enthusiasmus grenzt – dies würde ihr höchster Gewinn sein.[88]

Ein gleich großes Interesse an Fragen der Bildung und Erziehung zeigte in Rußland N. I. Pirogov. Seine pädagogischen Schriften füllen einen recht beachtlichen Band.[89] Eines der wichtigsten Themen dieser Arbeiten besteht in der vergleichenden Analyse der klassischen Bildung mit der ihr nachfolgenden „Realbildung“. Schulen der letzten Art schlossen das Studium der Naturwissenschaften mit ein, und sie beabsichtigten die Einführung einer Spezialisierung in frühen Etappen der Ausbildung. Die Zweckmäßigkeit des Studiums naturwissenschaftlicher Fächer zog Pirogov nicht in Zweifel, aber er hielt die Idee einer frühen Spezialisierung für ganz unannehmbar. Er war durchaus damit einverstanden, daß „die riesengroßen Erfolge der Wissenschaften und Künste unseres Jahrhunderts den Spezialismus zu einem notwendigen Bedürfnis der Gesellschaft gemacht haben“; aber zugleich war er

85 T. H. Huxley: Ob universitetskom vospitanii, St. Petersburg 1876, S. 3.
86 Ebenda, S. 15.
87 T. Huxley: Science and Culture and other Essays, a. a. O., S. 74.
88 Ebenda, S. 38.
89 Siehe: N. I. Pirogov: Izbrannye pedagogičeskie sočinenija, Moskau 1953.

auch der Meinung, daß „wahre Spezialisten nie vorher so sehr einer allgemeinen humanen Bildung bedurften wie gerade in unserem Jahrhundert".[90] Für das vorteilhafteste Bildungssystem hielt er ein solches, in dem alle Menschen „bis zu einer bestimmten Periode ihres Lebens, in der ihre Neigung und ihr Talent offen zutage treten, die Früchte einer gleichen sittlich-wissenschaftlichen Aufklärung genießen" können.[91] „Beeilt euch nicht mit eurer angewandten Realität" und verbreitet sie nicht „auf Kosten einer allgemeinen humanistischen Bildung".[92]

Die Gegner der klassischen Schule zeichneten sich nicht selten durch skeptische Einstellung zum Bildungswert der humanistischen Wissenschaften aus. Pirogov war bereit, diese Skepsis zu akzeptieren, da „nichts so leicht eine derart leblose, erstarrte Form annimmt wie die humanen (humanistischen – d. Verf. d. Art.) Wissenschaften"; aber, bemerkt er dazu, dieses geschieht nur dann, wenn sie von „unbefugten Schulmeistern" dargeboten werden; alles kann anders werden, wenn man die „lebenspendenden Ansätze" auszunutzen vermag, „die in ihnen enthalten sind".[93] Für die Erziehung des Intellektuellen erkannte er die höchste Bildungskraft im Studium der Sprachen, der Geschichte und der Mathematik.[94] Das Wichtigste für die ersten Bildungsetappen liege allgemein nicht in der Wahl dieser oder jener Disziplinen als vielmehr in der Anwendung des wichtigsten Grundsatzes der Pädagogik: der Lehrer soll sein Ziel in erster Linie nicht „in der Ausführlichkeit der Stoffvermittlung in diesem oder jenem Fach, sondern in der Entwicklung dieser oder jener geistigen Fähigkeit des Schülers mittels des Faches" sehen.[95] „Nicht die Wissenschaft selbst, sondern eine geordnete methodische Vorbereitung der geistigen Aufnahmefähigkeit der Schüler im Hinblick auf die Wissenschaft und die Anregung zum selbständigen Denken"[96] soll Ziel der Bildung sein. Unter den verschiedenen Formen der Hochschulbildung bevorzugte Pirogov die Universitäten.

Einseitigkeit – darauf lenkte Helmholtz die Aufmerksamkeit – ist nicht nur im Bildungsprozeß, sondern auch im Verlauf der gesamten Tätigkeit des Gelehrten unerwünscht; „die Vereinigung der verschiedenen Wissenschaften ist nöthig, um das gesunde Gleichgewicht der geistigen Kräfte zu erhalten. Jede einzelne Wissenschaft nimmt gewisse Geistesfähigkeiten besonders in Anspruch und kräftigt sie dem entsprechend durch anhaltendere Uebung. Aber jede einseitige Ausbildung hat ihre Gefahr; sie macht unfähig für die weniger geübten Arten der Thätigkeit, beschränkt dadurch den Blick für den

[90] Ebenda, S. 61.
[91] Ebenda, S. 59.
[92] Ebenda, S. 56f.
[93] Ebenda, S. 159f.
[94] Ebenda, S. 201.
[95] Ebenda, S. 74.
[96] Ebenda, S. 74.

Zusammenhang des Ganzen; namentlich aber treibt sie auch leicht zur Selbstüberschätzung".[97]

Für besonders wichtige Eigenschaften der zukünftigen Forscher hielt Pirogov das Gedächtnis, die Phantasie und die Aufmerksamkeit. Darwin schrieb bei der Analyse seines Intellekts: „Blicke ich nun so gut ich kann auf meinen Charakter während meiner Schulzeit zurück, so waren die einzigen Eigenschaften in dieser Periode, die etwas Gutes für die Zukunft versprachen, die, daß ich stark ausgeprägte und verschiedenartige Neigungen, sehr viel Eifer für alles hatte, was mich nur irgend interessierte, und eine lebhafte Freude an dem Verstehen irgendeines komplizierten Themas oder Gegenstandes."[98] Bei der Beurteilung der Erfolge Pasteurs hob Mečnikov „zwei hervorragende Eigenschaften" hervor: „eine ungewöhnliche Akkuratesse und Genauigkeit in der Arbeit, verbunden mit einem unbändigen Enthusiasmus".[99]

In der Wissenschaft sind außergewöhnliche Leistungsfähigkeit, ständige intellektuelle Anstrengung und allumfassende Konzentration vonnöten. Ohne diese gibt es in der Wissenschaft keinen Erfolg. Es ist schwer und zuweilen qualvoll, sich derartigen Anforderungen für längere Zeit unterzuordnen, dafür wird im Falle eines Erfolges die Entspannung von einer Woge der Freude und Begeisterung begleitet, deren emotionale Wirkungen kaum mit den Empfindungen anderer Erlebnisbereiche vergleichbar sind. Für eine erfolgreiche Arbeit auf den meisten Gebieten der Wissenschaft braucht der Gelehrte eine nicht minder reiche Einbildungskraft wie Künstler, Dichter oder Schriftsteller, obwohl ihre Tätigkeiten naturgemäß andersgeartet sind. Das alles muß bei der Ausbildung künftiger Wissenschaftler berücksichtigt werden. Bildung und Erziehung sind neben vielem anderen dazu berufen, im Menschen eine hohe emotionale und ästhetische Kultur zu entwickeln.

Viele Naturwissenschaftler haben das alles sehr wohl verstanden, und sie traten darum gegen den Mythos einer emotionalen Verarmung der Männer der Wissenschaft auf, gegen die verbreitete Vorstellung vom Gelehrten als einem Menschen, dem jede Regung, Freude und Begeisterung, jedes ästhetische Gefühl fremd sind. Im Gegenteil ist die emotional-ästhetische Sphäre bei einem wahren Gelehrten besonders hoch entwickelt. Man vermerkt diese Emotionen nicht, weil sie auf einen Untersuchungsgegenstand des Gelehrten gerichtet sind, welcher bis zu einem gewissen Zeitpunkt niemandem bekannt oder nur wenigen Fachleuten verständlich ist, weil der Gelehrte im Endprodukt seiner Arbeit – in der wissenschaftlichen Publikation – seine Gefühle sorgfältig verbirgt und aus ihr alles ausschließt, was nicht unmittelbar zur Sache gehört. Nur in Briefen, Erinnerungen und manchmal in den Vorworten ihrer Werke erlauben sich die Gelehrten, auf ihre Gefühle einzugehen, aber

[97] H. Helmholtz: Populäre wissenschaftliche Vorträge, a. a. O., S. 10f.

[98] Ch. Darwin: Autobiographie, Leipzig-Jena 1959, S. 45.

[99] I. I. Mečnikov: Osnovateli sovremennoj mediciny, a. a. O., S. 67.

auch das geschieht ziemlich selten. Ch. Darwin z. B. hielt die Wissenschaft für eine Quelle tiefster Emotionen: „Wenn ich zurückblicke, so kann ich wohl bemerken, wie meine Liebe zur Naturwissenschaft alle meine anderen Neigungen überwältigte.“ [100] H. Helmholtz sprach in ähnlichem Sinne auch von einer „Verwandtschaft zwischen Wissenschaft und Kunst“.[101]

Tiefe und starke Emotionen rufen bei den Gelehrten sowohl der Prozeß der wissenschaftlichen Sucharbeit als auch die wissenschaftlichen Ergebnisse hervor. „Weder das Werk eines Kunstmalers noch die Schöpfung eines Poeten“, schrieb K. A. Timirjazev, „wirken so stark auf unsere Phantasie, erzeugen vor unserem geistigen Auge ein derart erhabenes, grenzenloses und allumfassendes Bild von der Sonne, wie jenes, das die moderne Wissenschaft vor uns entfaltet. Und schon keinem jener armseligen Dichterlinge des fin de siècle, die in ihrer Kunst nicht weiter zu kommen vermögen, als daß sie passende schmückende Beiwörter zusammensuchen oder nur einfach das Ohr mit klangvollen Reimen kitzeln, steht es zu, die Wissenschaft zu bezichtigen, sie lasse den Geist verdorren. Eher könnte man der Wissenschaft der zweiten Hälfte des Jahrhunderts den Vorwurf machen, daß sie keinen zweiten Byron, keinen zweiten Shelley hervorgebracht habe, der imstande gewesen wäre, den Flug der wissenschaftlichen Gedanken dieser Zeit in poetische Formen zu kleiden“.[102]

Fragen der Bildung waren, wie wir schon feststellten, Bestandteil eines größeren Problemkreises, der mit der Klärung von Voraussetzungen für die Wissenschaftsentwicklung verbunden war. Im 19. Jahrhundert begannen die Formen der wissenschaftlichen Tätigkeit sich rasch zu ändern. Der Universitätsprofessor, der nur mit Büchern gearbeitet oder in einem primitiven privaten Laboratorium im Alleingang experimentiert hatte, schickte sich an, von der Bühne abzutreten. Zur Regel wurde das Vorhandensein eines Forschungslabors an jedem Lehrstuhl, wo der Professor mit seinen Assistenten und Studenten ständig arbeiten konnte, in dem unter der Anleitung des Professors mehrere Themen zugleich bearbeitet wurden und sogar in mehreren Richtungen geforscht wurde: die Forschungsarbeit wurde nunmehr kollektiv betrieben.

Solche Laboratorien tauchten in den fünziger Jahren des 19. Jahrhunderts auf. Gegen Ende des Jahrhunderts entstanden auf dieser Basis besondere Forschungseinrichtungen, die nur ein Ziel verfolgten – die Entwicklung der Wissenschaft; hier war die Forschungsarbeit völlig von der Wissensvermittlung getrennt. Die Maßstäbe dieses Prozesses konnte in der Zeit seiner Anfänge niemand voraussehen. Aber schon damals entstanden Meinungsverschiedenheiten in der Einschätzung der Zweckmäßigkeit einer Trennung der

[100] Vgl. F. Darwin (Hrsg.): Leben und Briefe von Charles Darwin, a. a. O., S. 57.

[101] H. Helmholtz: Vorträge und Reden, Zweiter Band, Braunschweig 1896, S. 348.

[102] K. A. Timirjazev: Sočinenija, Band V, a. a. O., S. 408.

Forschungsarbeit von der Lehre. Huxley hielt die Verbindung der Forschungstätigkeit mit der Lektionsarbeit für überaus nützlich – schon aus dem Grunde, weil sie dazu zwingt, eine bestimmte Wissenschaft in ihrer Ganzheit zu beherrschen. Gegensätzlicher Meinung war Mečnikov, der die Auffassung vertrat, daß ein Wissenschaftler, der nicht gezwungen ist, sich mit der Wissensvermittlung zu befassen, „sich zur Wissenschaft unvergleichlich freier“[103] verhalte. Mečnikov forschte unter den Vorgängern Darwins, verglich die Arbeiten Buffons und Linnés und glaubte, den lebhaften, philosophisch freien Geist Buffons damit erklären zu können, daß er nie Professor gewesen war – im Gegensatz zu Linné, der ein Vierteljahrhundert lang unterrichtet hatte.

Dieses Problem ist bis heute noch nicht gelöst, und der Streit in dieser Sache ist aus den Spalten der Publikationen nicht verschwunden. Das Problem gewann Ende der vierziger Jahre unseres Jahrhunderts in Verbindung mit der Entwicklung eines (analog dem der Sowjetunion aufgebauten) Systems von Forschungseinrichtungen in industriell entwickelten Ländern erneut an Schärfe, da im Gefolge dieses Prozesses ein großer Teil der schöpferisch tätigen Wissenschaftler die Universitäten verließ. Viele Gelehrte in den Vereinigten Staaten sprechen mit Besorgnis darüber, daß dieser Umstand zu einer rapiden Verschlechterung der Ausbildung von Fachkräften an den amerikanischen Hochschulen führen kann bzw. bereits geführt hat.

Diese Frage ist überaus kompliziert und kann nicht alternativ gelöst werden. In jeder neuen und großen Sache geht irgend etwas Nützliches und Wertvolles vom Alten verloren, damit eine entscheidende Hauptaufgabe gelöst werden kann, damit ein wichtiges Bedürfnis befriedigt werden kann.

Der Prozeß der Herausbildung von Forschungsorganisationen als selbständige Institutionen war von den Anforderungen der Zeit diktiert; er kann wohl nicht aufgehalten werden und ist nicht umkehrbar. Möglich sind aber mannigfaltige Organisationsformen, welche – unter Beibehaltung der unbezweifelbaren Vorzüge der Forschungsinstitute – den negativen Effekt dieser Institute in Sachen Bildung herabsetzen könnten. Die Schaffung von komplexen Lehr- und Forschungszentren, probezeitartige Qualifizierungsmaßnahmen für Studenten und Lehrkräfte an Forschungsinstituten, ein System von thematischen Verträgen mit den Hochschulen über gemeinsame Bearbeitung wissenschaftlicher Probleme, ein System kongruenter Arbeit in einem Forschungsinstitut und einer Hochschule, eine periodische und zugleich systematische Freistellung von Hochschullehrern für die Erfüllung eines Forschungsauftrages in einem verhältnismäßig großen Zeitraum u. a. m. könnten solche Formen sein.

Die neue Etappe in der Organisationsstruktur der Wissenschaft, die mit dem Auftauchen von Forschungsinstituten im 19. Jahrhundert eingeleitet wurde, hat sich noch nicht in genügendem Maße entwickelt, um umfang-

[103] I. I. Mečnikov: O darvinizme, a. a. O., S. 12.

reiches Material für Überlegungen über ihre Vorteile und Nachteile zur Verfügung zu haben. Aber die Kollektivität der Arbeit und der neue Typ von Wechselbeziehungen zwischen dem Forscher und der Wissenschaftsverwaltung haben von Anfang an die Aufmerksamkeit der Gelehrten auf sich gezogen.

Die kollektive Arbeitsorganisation in der Wissenschaft unter der Leitung einer Verwaltungsinstanz rief einen stürmischen Protest Timirjazevs hervor. „Eine solche künstliche Organisation, die an die bürokratische Methode ‚des Einholens von Informationen' erinnert, wird die Wissenschaft nicht vorantreiben. Eine gemeinschaftliche Wissenschaftsproduktion, die zudem einer streng hierarchischen Kontrolle unterworfen ist, erscheint mir genauso unmöglich wie eine ebensolche Poesieproduktion".[104] Von einer so gearteten Unterordnung könnte höchstenfalls dann die Rede sein, wenn berücksichtigt wird, daß „nur ein Genie in der Wissenschaft berechtigt wäre, eine Leitungsfunktion auszuüben; denn nur einem Genie sollte man sich unterordnen".[105]

Wer Timirjazev und sein hoch entwickeltes und leidenschaftliches bürgerrechtliches Bewußtsein kennt, der wird leicht verstehen, daß seine Reaktion auf die Frage nach kollektiven Formen der wissenschaftlichen Arbeit nicht unbedingt als eine Stellungnahme zum Kern dieses Problems gelten kann. Vielmehr ist diese Reaktion Ausdruck seiner Befürchtung, daß unter den Bedingungen des zaristischen Rußlands mit seinem bürokratischen Apparat die Verbreitung kollektiver Arbeitsformen, die eine bestimmte Zentralisation und Leitung notwendig machen, zur Bürokratisierung der Wissenschaft und der Unterwerfung der Gelehrten unter die stumpfsinnige zaristische Verwaltung führen würde. Mit anderen Worten, der Standpunkt Timirjazevs war nicht von der prinzipiellen Ablehnung der Möglichkeit und Zweckmäßigkeit kollektiver Formen der wissenschaftlichen Arbeit bestimmt, sondern von sozialen Motiven, weil Timirjazev die Gefahr erkannte, die der Wissenschaft bei der Verbreitung dieser Arbeitsformen unter den gegebenen sozialen Verhältnissen gedroht hätte.

Die gemeinschaftliche, kollektive Wissensproduktion wurde jedoch von den Anforderungen der Zeit und der Wissenschaftsentwicklung selbst diktiert. Mehr noch, die Wissenschaftsgeschichte zeugt davon, daß in den experimentellen Wissenschaften schon seit geraumer Zeit sowohl eine Arbeitsteilung als auch eine gewisse Kooperation in der Tätigkeit der Wissenschaftler besteht.

Im Zusammenhang damit schrieb C. Bernard: „Am ehesten kommt es vor, daß in der Wissenschaftsentwicklung verschiedene Teile der experimentellen Erörterung Gemeingut vieler Menschen werden. So gibt es Menschen, die sowohl in der Medizin als auch in der Naturgeschichte nur Beobachtungen

[104] K. A. Timirjazev: Sočinenija, Band V, a. a. O., S. 60.
[105] Ebenda, S. 61.

zusammentragen; andere Menschen sind in der Lage, mehr oder weniger geistreiche und mehr oder minder wahrscheinliche Hypothesen aufzustellen, die sich auf diese Beobachtungen stützen; danach treten wiederum andere auf, um auf der Basis von Erfahrungen solche Voraussetzungen zu schaffen, die es ermöglichen, einen Versuch durchzuführen, der einer Überprüfung dieser Hypothese dienen könnte; schließlich gibt es solche, die sich in besonderer Weise bemühen, die von den Beobachtern und den Experimentatoren gesammelten Ergebnisse zu verallgemeinern und zu systematisieren. Eine derartige Gliederung des Erfahrungsbereichs ist überaus nützlich, weil dadurch jeder dieser verschiedenen Abschnitte gründlicher bearbeitet werden kann. Es ist doch wirklich nicht schwer zu begreifen, daß Beobachtungen und Experimente in bestimmten Wissenschaften mit völlig unterschiedlichen Mitteln und Instrumenten durchgeführt werden müssen, deren Behandlung und Handhabung besonderer Gewohnheiten, besonderer Geschicklichkeit und der Ausprägung besonderer Sinne bedürfen." [106]

Es ging allerdings nicht nur um erhöhte Spezialisierung und Arbeitsteilung bei konkreten wissenschaftlichen Forschungen. In dem Maße, in welchem die gesellschaftliche Rolle der Wissenschaft, das gesellschaftliche Bedürfnis nach Beschleunigung ihrer Entwicklung wuchs – wodurch hauptsächlich die Steigerung der Zahl in der Wissenschaft tätiger Personen, die Spezialisierung und Arbeitsteilung hervorgerufen worden sind –, wuchs auch die Erkenntnis von der Bedeutung einer wissenschaftlichen Öffentlichkeit und einer kollektiven Arbeit für die beschleunigte Lösung wissenschaftlicher Probleme. Keine solcher Kollektive waren wissenschaftliche Schulen, die im Wirkungskreis hervorragender Hochschullehrer entstanden waren. Gewöhnlich war das eine kleine Gruppe von Schülern, die Gesinnungsgenossen ihres Professors geworden waren und die sich mit einer ihm nahen Problematik beschäftigten, ihn aber schließlich verließen, um selbst in verschiedenen Lehranstalten Lehrstühle zu besetzen, sobald sich dazu Gelegenheit bot. An ihren Platz rückten andere Jünger auf. Im 19. Jahrhundert entstand die Tendenz, solche Schulen zu erweitern und sie in ständige, gemeinschaftlich arbeitende Kollektive zu verwandeln.

Dieser Prozeß läßt sich gut am Beispiel der Institutionalisierung der Universitätsschule V. V. Dokučajevs zur Form der bekannten Dokučajevschen Bodenexpedition verfolgen. Die Erkenntnis der prinzipiellen Bedeutung der Kollektivität für die Weiterentwicklung der Wissenschaft äußerte sich auch im erhöhten Streben der Gelehrten, sich in wissenschaftlichen Gesellschaften zusammenzuschließen. Derselbe Timirjazev, der so leidenschaftlich gegen eine Bürokratisierung der Wissenschaft eintrat, unterstrich mit nicht geringerer Leidenschaft, wie wichtig wissenschaftliche Gesellschaften für die Beschleunigung der Wissenschaftsentwicklung sind.

[106] C. Bernard: Vvedenie k izučeniju opytnoj mediciny, a. a. O., S. 32.

Die Erkenntnis von der prinzipiellen Bedeutung der Kollektivität in der wissenschaftlichen Arbeit wurde Ende des 19. Jahrhunderts sehr treffend vom hervorragenden Psychiater S. S. Korsakov in einer Rede auf der ersten Sitzung der Moskauer Gesellschaft der Neuropathologen und Psychiater zum Ausdruck gebracht: „Ich bin zutiefst davon überzeugt“, sagte er, „daß bei einem Zusammenschluß von Menschen zu Zirkeln sich die Fähigkeiten der einzelnen Mitglieder nicht nur summieren, sondern daß sich infolge ihrer Wechselwirkung ein schöpferischer Akt vollzieht, etwas Neues entsteht, sich etwas entwickelt, das man gesellschaftliches Bewußtsein nennt, und diese neue Form des Bewußtseins ist ein mächtiger und unumstößlicher Faktor in der Tätigkeit einzelner Mitglieder der Gesellschaft“.[107]

Eine Beschreibung der Arbeitsorganisation eines der ersten großen Forschungsinstitute – des Pasteur-Instituts in Paris – lieferte Mečnikov. Das Institut wurde von einem Rat geleitet, zu dem Staatsfunktionäre, Rechtsanwälte (Vertreter der Öffentlichkeit – d. Übers.) und Gelehrte gehörten. Der Rat trat sehr selten zusammen, und der Direktor, ein namhafter Gelehrter, hatte faktisch völlig freie Hand. Er „mischt sich wenig ein und stört die Mitarbeiter nicht. Darum fehlt im Institut der Geist von Zwang und Zucht, der sich so schädlich auf Gelehrte auswirkt, die ihre Aufgaben ernst nehmen“.[108] Die Nichteinmischung der Leitung in die Arbeit des Instituts erscheint Mečnikov aber keineswegs als Ideal. Gewisse Ansätze von Organisation und Planmäßigkeit hielt er immerhin für notwendig, obwohl er unterstrich, daß man sie sehr behutsam anwenden müsse, um die Freiheit der Betätigung nicht einzuengen. „Für einen erfolgreicheren Ablauf der Arbeit wäre es wünschenswert“, schrieb er, „daß die Arbeiten zu den festgelegten Themen planmäßig organisiert werden, ohne zugleich die Forscher in ihrer freien Tätigkeit einzuschränken.“[109]

Die Gelehrten schnitten viele Themen an, die die Wissenschaftsorganisation betreffen. Es gab Proteste gegen ein Übermaß an wissenschaftlichen Graden und Titeln sowie gegen die große Zahl von Prüfungen, die zu ihnen führten. Eine Prüfung wurde als unvollkommener Test des Wissens und als ein noch weniger vollkommener Test zur Feststellung von Fähigkeiten betrachtet; keine Prüfung war imstande, das Wichtigste festzustellen – den Eignungsgrad eines Menschen für eine Forschungstätigkeit. Eine große Anzahl von Prüfungen zeugt von einem niedrigen Stand der Organisation. Pirogov meinte, daß sie „ein Maß darstellen, das ein allgemein niedriges Bildungsniveau der Gesellschaft anzeigt“.[110]

Es wurden Versuche unternommen, das Vorhandensein von besonders

[107] Zitiert nach: A. O. Edel'štejn: S. S. Korsakov, Moskau 1948, S. 89.

[108] I. I. Mečnikov: Stranicy vospominanij, Moskau 1946, S. 112.

[109] Ebenda, S. 113.

[110] N. I. Pirogov: Izbrannye pedagogičeskie sočinenija, a. a. O., S. 167.

ergiebigen Stadien in der Forschungstätigkeit und der altersmäßigen Grenzen der Eignung für diese Tätigkeit mittels der Selbstanalyse festzustellen.

Nach Beobachtungen Pasteurs „erreicht jedermann, der sich den experimentellen Wissenschaften verschrieben hat, einen Lebensabschnitt, in dem die Zeit einen ungewöhnlich hohen Wert bekommt: Das ist eine rasch vergehende Periode, in der sich der Erfindergeist in seiner ganzen Pracht entfaltet und jedes Jahr durch neue Errungenschaften bestätigen muß".[111] Der Forscher muß sich in dieser Periode beeilen, er muß sich bemühen, das Bestmögliche für die Lösung großer Aufgaben einzusetzen und dabei alles, was von zweitrangiger Bedeutung ist – etwaige Details – beiseite zu schieben. Diese Gedanken stellte Pasteur der Veröffentlichung seiner Vorträge „Untersuchungen über die molekulare Symmetrie natürlicher organischer Verbindungen" voran (gehalten vor der Pariser Chemischen Gesellschaft im Jahre 1860). Mit diesen Vorträgen legte Pasteur Ergebnisse von Untersuchungen vor, die er im Laufe von zehn Jahren durchgeführt hatte. In dieser Zeit kam bei ihm des öfteren der Wunsch auf, die Untersuchungen zusammenzufassen, aufmerksam die Details zu überprüfen und alle nötigen Ergänzungsarbeiten vorzunehmen; aber er hielt es zu dieser Zeit nicht für zweckmäßig, sich durch Arbeiten dieser Art aufhalten zu lassen: Keinerlei Freude über die breitere Ausführung seiner Ideen hätte die Zeit kompensieren können, die für eine viel wichtigere Arbeit verlorengegangen wäre.

Die Dynamik altersbedingten Schöpfertums fand die Aufmerksamkeit zahlreicher Gelehrten. In seiner Jugend äußerte Darwin in einem Gespräch mit Lyell die Meinung, daß Gelehrte über 60 „unweigerlich Widerstand gegen eine neue Lehre zu leisten beginnen". Viele Jahre später erinnerte Lyell, der sich erst im Alter zu der Evolutionstheorie bekannte, Darwin an diese Worte. In den Aufzeichnungen Darwins aus dem Jahre 1876, als er 67 Jahre alt war, ist nachzulesen: „Ich bin mir nicht bewußt, daß in meinem geistigen Zustande während der letzten dreißig Jahre irgendeine Veränderung eingetreten wäre, ausgenommen in einem Punkte ... Ich glaube, ich bin etwas geschickter darin geworden, die richtigen Erklärungen zu erraten und mir die experimentellen Beweise auszudenken; dies dürfte aber wahrscheinlich das Resultat bloßer Übung und eines größeren Schatzes von Kenntnissen sein."[112]

Über seine Empfindungen berichtet auch Mečnikov: Mit 65 Jahren wurde das Bedürfnis nach musikalischen Erlebnissen geringer, Gleichgültigkeit zu vielen Annehmlichkeiten des Lebens trat auf, und allein die wissenschaftliche Tätigkeit rief bei ihm immerfort einen „nie erlöschenden Enthusiasmus" hervor.[113] Mehr oder weniger allgemein war im 19. Jahrhundert die Meinung verbreitet, im Leben eines Gelehrten gebe es unzweifelhaft eine bestimmte, besonders fruchtbare Periode; zugleich war man aber auch der Meinung, daß

111 L. Pasteur: Izbrannye trudy, Band I, Moskau 1960, S. 9.
112 Ch. Darwin: Autobiographie, a. a. O., S. 114.
113 I. I. Mečnikov: Stranicy vospominanij, a. a. O., S. 174.

man das wissenschaftliche Schöpfertum wahrscheinlich zu den stabilsten und lang andauernden Potenzen des Menschen zählen darf. Dieser Gedanke ist bis auf unsere Zeit wenig entwickelt geblieben, obwohl er in der Gegenwart große Bedeutung erlangt hat. Um diese Frage zu beantworten, muß man davon abkommen, sie ausschließlich vom Standpunkt altersbedingter physiologischer Veränderungen zu betrachten, sondern die Bedingungen in der wissenschaftlichen Sphäre, in der der Gelehrte arbeitet, mit berücksichtigen (stürmischer Wechsel der Theorien und Methoden, ihre Nacharbeit, ihre Ausdehnung auf neue Objekte und die dazugehörende Begründung), muß den Einfluß eines Wechsels im Betätigungscharakter berücksichtigen (Übergang von der theoretischen Arbeit zur experimentellen, von der Grundlagenforschung zur angewandten Forschung, von der Forschung zur Lehre oder umgekehrt) usw.

Viele Naturwissenschaftler unterstrichen in ihren Forschungen nach den Ursachen des Wissenschaftsfortschritts, daß er nicht nur von den inneren Gesetzmäßigkeiten der Wissenschaftsentwicklung selbst, sondern auch vom verwickelten Komplex der Beziehungen, die sich zwischen Wissenschaft und Gesellschaft herausbilden, abhängig ist. Wie wir gesehen haben, fand dies Problem im Buch von A. de Candolle weitestgehenden Niederschlag. Im wesentlichen nahm es darin den wichtigsten Platz ein. Dies Problem wurde mit unterschiedlicher Gründlichkeit und Ausführlichkeit auch in Arbeiten anderer Biologen des 19. Jahrhunderts behandelt.

3. Wissenschaft und Gesellschaft

Bevor wir an die Untersuchung der Anschauungen der Naturforscher zu diesem Problem herangehen, müssen wir an seine außerordentliche Kompliziertheit erinnern und darauf hinweisen, daß es naturgemäß, wie auch jedes andere Problem der Wissenschaftsentwicklung, nicht im Rahmen der Naturwissenschaften gelöst werden kann. Es ist ein besonderes Problem und bedarf einer besonderen Untersuchungsmethode – der Verbindung von sozialökonomischer und philosophisch-theoretischer Analyse –, d. h. es bedarf einer wissenschaftlichen Erhellung einzig und allein von den Positionen der materialistischen Geschichtsauffassung aus. Keiner der Biologen des 19. Jahrhunderts beherrschte diese Methode. Deshalb kann nicht erwartet werden, daß in den Arbeiten der Naturforscher des 19. Jahrhunderts dieses Problem wissenschaftlich allseitig beleuchtet werden konnte. Und auch wenn man die Grundlagen der Methode gekannt hätte, die zur Klärung des Problems erforderlich ist, so wäre dadurch noch keineswegs die Gewähr für einen Erfolg gegeben, da zur Lösung des Problems – wenn man dabei nicht nur an ganz allgemeine Formulierungen denkt – besondere Untersuchungen nötig sind, die nur von Personen vorgenommen werden können, die diese besonderen Untersuchungsmethoden beherrschen und die eine Möglichkeit haben, sich auf solche Untersuchungen zu konzentrieren.

Das bedeutet keineswegs, daß Äußerungen der Naturforscher zu Problemen der Wechselwirkungen zwischen Wissenschaft und Gesellschaft eines wissenschaftlichen Interesses entbehrten. Im Gegenteil, viele Beobachtungen und Gedanken der Naturforscher sind von wesentlicher Bedeutung sowohl für die Vertiefung der gegenwärtigen Untersuchungen dieses Problems (insofern wir beim Studium der Anschauungen unserer Vorgänger solche Feinheiten entdecken, die sonst außerhalb unserer Betrachtungen geblieben wären) als auch zwecks Rekonstruktion der realen historischen Situation im 19. Jahrhundert und der Art, wie das Problem aufgefaßt wurde, sowie schließlich zum Studium der Wege, die zur Herausbildung einer Weltanschauung der Naturforscher geführt haben.

Einen vorderen Platz in der Skala der Probleme, die die Wechselbeziehungen zwischen Wissenschaft und Gesellschaft betreffen, nimmt die Frage nach der Rolle der gesellschaftlichen Bedürfnisse bei der Wissenschaftsentwicklung ein.

Der überwiegende Teil der Naturforscher des 19. Jahrhunderts vertrat den Standpunkt, daß die Bedürfnisse der Gesellschaft einen entscheidenden Einfluß auf den Stand und die Richtung der Wissenschaftsentwicklung ausüben. Interessante Äußerungen dazu finden wir in den Artikeln des Professors der Moskauer Universität A. A. Iovskij. „Die Erkenntnis", schrieb er im Jahre 1827, „ist nichts anderes als ein Gedanke, der im Verlaufe von Beobachtungen geboren wird und der durch Untersuchungen und Versuche befruchtet wird; dies ist aber nur im Rahmen gesellschaftlichen Seins möglich."[114] Darum war er der Ansicht, daß „wir die Wertung von Wissenschaft und Kunst (Gewerbe – Verf. d. Artikels) nicht außerhalb der bürgerlichen Gesellschaft suchen müssen . . . , sondern innerhalb dieser, der sie als Stütze dienen und aus der sie selbst die Kraft für ihre weitere Vervollkommnung schöpfen."[115]

„Bedürfnisse des Lebens", schrieb K. A. Timirjazev, „waren stets die ersten Stimuli, die gezwungen haben, nach Wissen zu streben."[116] Sie seien deshalb auch die wichtigsten Kriterien für die Wertung der Erfolge der Wissenschaft. Zugleich unterstrichen viele Naturforscher: während die Gesamtrichtung der Wissenschaftsentwicklung vielfach von den gesellschaftlichen Bedürfnissen, von den Lebensanforderungen und jenen Möglichkeiten abhängig sei, die die Gesellschaft der Wissenschaft bietet, so werde die Fortbewegung der Wissenschaft in ihrer konkreten Form von der gesetzmäßigen Logik ihrer eigenen Entwicklung bestimmt. Die Wissenschaft beschäftigte sich stets nur mit dem, was zum gegebenen Zeitpunkt ausgereift sei und wozu es bereits Forschungsmethoden gibt; keinerlei Bedürfnisse könnten den gesetzmäßigen Verlauf der

114 A. A. Iovskij: O važnosti chimičeskich issledovanij, in: Izbrannye proizvedenija russkich estestvoispytatelej pervoj poloviny XIX veka, (red. i vstupit. stat'ja G. S. Vaseckogo, S. R. Mikulinskogo u. a.), a. a. O., S. 309.
115 Ebenda.
116 K. A. Timirjazev: Sočinenija, Band V, a. a. O., S. 423.

Entwicklung eines wissenschaftlichen Gedankens unterbinden oder zur Lösung eines Problems führen, das in der Wissenschaft noch nicht ausgereift ist.

Das 19. Jahrhundert war eine Blütezeit des Kapitalismus. Die bürgerlichen Regierungen und die Unternehmer haben die Wissenschaft in bestimmter Weise gefördert. Doch hat der Kapitalismus der Wissenschaft gegenüber ein sehr beschränktes Bewertungsprinzip hervorgebracht. Zum unmittelbaren Maßstab aller Werte wurde das Geld. In der Einführung zu seiner „Entwicklungsgeschichte der Naturwissenschaften" schrieb G. Cuvier: „Ein großer Teil der Regierungen hält sich für berechtigt, in den Wissenschaften nur das anzuerkennen und zu fördern, was für die täglichen Bedürfnisse der Gesellschaft anwendbar ist." [117] Das Bürgertum prägte den Begriff „angewandte Wissenschaften". Die Wissenschaft sah sich in einen Rahmen gezwängt, und die Gelehrten konnten sich damit nicht abfinden.

Pasteur, dessen Arbeiten stets mit praktischen Alltagsproblemen verbunden waren, bemühte sich zu beweisen, daß es keine „angewandten Wissenschaften", sondern nur eine „Anwendung der Wissenschaft" gebe. Huxley meinte im Jahre 1880: „Nicht selten wünschte ich, der Ausdruck ‚angewandte Wissenschaft' wäre nie erfunden worden, da er voraussetzt, daß es wissenschaftliche Erkenntnisse gibt, die unmittelbar in der Praxis Verwendung finden und die getrennt von einer anderen Art wissenschaftlicher Erkenntnisse studiert werden könnten, welche keine praktische Verwendung finden und darum als ‚reine Wissenschaft' bezeichnet werden. Es gibt kaum einen größeren Irrtum als diesen. Das, was die Menschen als angewandte Wissenschaft bezeichnen, ist nichts anderes als die Anwendung der reinen Wissenschaft für eine bestimmte Art von Problemen. Die angewandte Wissenschaft stellt an und für sich eine Deduzierung allgemeiner Prinzipien dar, die durch Erwägungen und Beobachtungen festgelegt werden und die die reine Wissenschaft ausmachen." [118]

Ihre Wohltaten erweist die Wissenschaft, wie Darwin sagte, „nur auf Umwegen, und zwar im Prozeß der Suche nach abstrakter Wahrheit".[119] Zu den Verteidigern der „reinen Wissenschaft" gehörten K. A. Timirjazev und die Mehrzahl der hervorragenden Gelehrten des 19. Jahrhunderts. In ihren Äußerungen war auch nicht die Spur einer Unterschätzung praktischer gesellschaftlicher Belange und Bedürfnisse. Zeitlebens war die Devise K. A. Timirjazevs, der Gelehrte müsse stets danach streben, daß dort, wo früher eine Ähre wuchs, jetzt zwei Ähren wachsen. „Durch die praktische Anwendung der naturwissenschaftlichen Ergebnisse", sagte Helmholtz, „wurde das gesamte Leben der gegenwärtigen Menschheit umgestaltet." [120] Der Meinungs-

[117] Zitiert nach: A. A. Timirjazev: Sočinenija, Band V, a. a. O., S. 45.
[118] T. Huxley: Science and Culture and other Essays, a. a. O., S. 20.
[119] Zitiert nach: K. A. Timirjazev: Sočinenija, Band V, a. a. O., S. 439.
[120] H. Helmholtz: Populäre wissenschaftliche Vorträge, a. a. O., S. 78.

streit wurde – wenngleich in ihm zuweilen auch extreme Meinungen zum Durchbruch kamen – nicht darüber geführt, ob die Wissenschaft der Praxis zu dienen habe, sondern darüber, auf welchem Wege sie gesellschaftliche Bedürfnisse im höchsten Maße befriedigen könnte. Fortschrittliche Gelehrte kämpften um die Wissenschaft nicht um ihrer selbst willen, sondern um eine bessere Nutzung ihrer Möglichkeiten zur Befriedigung der Bedürfnisse der Menschheit. Den Kapitalismus interessierte aber der Profit und nicht die Menschheit.

Mit Bitternis schildert I. I. Mečnikov die Gründungsgeschichte des Pasteur-Instituts (dessen Schöpfer übrigens, wie Huxley meinte, „den größten Teil der Frankreich von den Deutschen auferlegten Kontribution allein durch seine Entdeckungen beglichen hat"). Die durch Sammellisten aufgebrachten Gelder und eine unbedeutende staatliche Subvention reichten nur für den Ankauf des Baugeländes und die Errichtung des Gebäudes. Um sein Lieblingswerk zu retten, wandte sich Pasteur an die reichsten Männer Frankreichs – an Alphonse Rothschild und an Baron Hirsch. Alle Bemühungen, deren Interesse für das Schicksal des Instituts zu wecken, schlugen fehl; es gelang ihm weder Hirsch noch Rothschild begreiflich zu machen, welchen Nutzen das Institut bringen würde. Glück hatte Pasteur erst beim Millionär Osiris, der dem Institut einen bedeutenden Teil seines Vermögens testamentarisch vermachte. Mečnikov erklärt diesen Schritt damit, daß der höchst eitle Osiris, der keine Nachkommen hatte, die Spende an das Institut für das sicherste Mittel hielt, seinen Namen im Gedächtnis der künftigen Generationen zu bewahren.[121]

Die Lage der einzelnen Gelehrten war nicht besser: Huxley wagte es nicht, einen Studenten, von dessen Fähigkeiten zur wissenschaftlichen Tätigkeit er überzeugt war, die wissenschaftliche Laufbahn zu empfehlen, da er ihm nicht die Gewißheit verschaffen konnte, daß ein Beruf in der biologischen Wissenschaft „ihm Brot und Käse auch nur in bescheidenem Maße bringen" werde.[122]

Wenn schon die Idee vom materiellen Nutzen der Wissenschaft von einem Komplex verwickelter Fragen umgeben war, so entstanden noch viel gewichtigere Probleme zu der Frage, wie sich letzten Endes dieser Nutzen auf das Schicksal der Menschheit auswirken würde. Unter dem Deckmantel erhabener Worte über die höchsten Werte der menschlichen Natur und des menschlichen Geistes war die Wissenschaft im gesamten Verlauf des 19. Jahrhunderts den Angriffen der Anhänger religiöser Doktrinen und anderer Moralisten ausgesetzt. Der Wissenschaft wurde vorgeworfen, sie nutze die Kräfte der Gesellschaft allein für die Erzielung eines materiellen Wohlstandes und setze sich über die hohen, wahrhaft humanen Ziele und Ideale der Menschheit hinweg. Es entstand die Vorstellung von einem Antagonismus zwischen der

121 Siehe: I. I. Mečnikov: Stranicy vospominaij, a. a. O., S. 100ff.
122 T. Huxley: Science and Culture and other Essays, a. a. O., S. 55.

Wissenschaft und der Sittlichkeit. Zusätzlich gestützt wurde die Argumentation durch Hinweise auf die Evolutionstheorie Darwins in der spezifischen Auslegung durch den Sozialdarwinismus. F. Engels machte sich über diese armseligen Versuche der Pseudomoralisten im „Anti-Dühring" lustig; Huxley widmete ihnen eine Sonderschrift „Evolution und Ethik".

Mit der Gefahr praktischer Ausrichtung rechneten viele Gelehrte. Du Bois-Reymond sah darin z. B. ein grundsätzliches Übel, den Keim des Untergangs für die gesamte moderne Zivilisation. Unter den Gelehrten war nicht selten die Meinung vertreten, die Wissenschaft sei hinsichtlich der Sittlichkeit neutral, gleichgültig dem Guten und dem Bösen gegenüber, und darum müsse sie entweder durch den Glauben oder durch außerreligiöse soziale, ethische und ästhetische Anschauungen ergänzt werden. Diese Vorschläge unterschieden sich je nach dem Charakter der philosophischen Konzeption, die vom Gelehrten vertreten wurde. Aber zugleich mit solchen Versuchen gab es eine Tendenz, auch die sozialen und sittlichen Probleme näher an die Wissenschaft heranzutragen. Die Vertreter dieser Tendenz fanden keinen Grund, Wissenschaft und Sittlichkeit entgegenzustellen.

Es handelt sich hier nicht darum, Prinzipien und Methoden der wissenschaftlichen Forschung auf Probleme der Sittlichkeit anzuwenden. Man meinte etwas anderes: Die Wissenschaft gestalte nicht allein die materielle Seite des Lebens vorteilhafter. Eine Beschäftigung mit ihr entwickele sowohl den Intellekt des Menschen als auch seine Moral; denn die Züge eines wahren Gelehrten seien für jeden Menschen bedeutsam, der im Verkehr mit anderen Menschen und der Gesellschaft steht. In seiner Rede „Warum gab es in Frankreich keine Menschen, die es vom drohenden Untergang zu bewahren vermochten?" sagte Pasteur, daß die Verbreitung der Wissenschaften für das sittliche Wohlergehen des Volkes möglicherweise mehr vonnöten ist als für die Erhöhung seines materiellen Wohlstandes.

In der Regel haben die Gelehrten selbst die sittlichen Qualitäten eines Menschen bedeutend höher eingeschätzt als seine intellektuellen Fähigkeiten. Darwin schließt seine Erinnerungen an die Bekanntschaft mit J. S. Henslow, dessen umfassendes Wissen allen eine ehrfurchtsvolle Scheu einflößte (von ihm sagte man, „er wisse alles"), mit den Worten: „In Dankbarkeit und Achtung denke ich an seinen Charakter, und ich finde, daß seine moralischen Eigenschaften seinen Intellekt noch übertreffen, ein Zug, der besonders großen Persönlichkeiten zu eigen sein muß." [123]

Die wissenschaftliche Tätigkeit prägt die moralischen Züge des Menschen, in dieser Tätigkeit bestehen sie ihre Probe. Der Forscher muß die Angst vor Fehlern überwinden lernen, sonst wird er, von dieser Angst paralysiert, in

[123] F. Darwin: The life and letters of Charles Darwin, vol. 1, London 1887, S. 188; vgl. auch: F. Darwin, Leben und Briefe von Charles Darwin, II. Band, Stuttgart 1887. S. 363.

seiner Arbeit keinen Schritt weiterkommen. Er muß „mutig und frei im Bekennen seiner Ideen sein",[124] nicht aus Furcht vor Widerspruch zu den bestehenden Theorien stehen bleiben, bereit sein, mit seinen Arbeiten auf Ablehnung und Widerstand zu stoßen; zugleich darf er sich aber auch nicht von Zweifeln trennen und seinen Theorien einen zu großen Glauben schenken. Mit dem Schwinden der Zweifel verringern sich auch die Chancen für eine unvoreingenommene Forschungsarbeit, die zu Entdeckungen führt. „Menschen, die zu stark an die eigenen Theorien glauben, glauben zu wenig an die Theorien anderer."[125]

Ein Forscher, der die Fähigkeit nicht besitzt, die für seine Theorie ungünstigen Fakten festzuhalten und zu analysieren, ist kein Gelehrter; solche Fähigkeiten zu erwerben und zu bewahren, ist sehr schwer. In der Sphäre der Wissenschaft tritt sehr deutlich auch die Gefährlichkeit von Fanatikern und rücksichtslosen Stürmern zutage. K. A. Timirjazev erteilte all denen eine scharfe Abfuhr, die die Wissenschaft unter dem Deckmantel der Ethik und Moral angriffen: „Nein, nicht dem Darwinismus, nicht der Naturwissenschaft des 19. Jahrhunderts darf man den Vorwurf machen, daß sie mit der Ethik auf Kriegsfuß stehen. Diesen Ruhm überlasse man solchen Männern der Praxis wie Bismarck, solchen Philosophen wie dem unglückseligen Nietzsche."[126]

Die Wissenschaft übt aber nicht nur auf die sittlichen Gefühle und Anschauungen der Menschen einen Einfluß aus. Die Wissenschaftler verfügen über viele Beweise, daß „unsere ganze Theorie vom Leben sich bewußt oder unbewußt unter einem weitgehenden Einfluß allgemeiner Vorstellungen vom All befindet, Vorstellungen, welche die Naturwissenschaften in uns bewirken".[127] Aber die „Theorie vom Leben", von der sie sprachen, unterschied sich ganz wesentlich von den Ideen, die vom Staat anerkannt und von der Kirche geheiligt waren. Der Konflikt der Wissenschaft mit der amtlichen Ideologie wurde immer schärfer. Diese Schärfe des Konflikts war allerdings in den einzelnen Ländern unterschiedlich.

Helmholtz war der Meinung, daß Mitte des Jahrhunderts und in seiner zweiten Hälfte die Bedingungen für eine wissenschaftliche Tätigkeit in Deutschland günstiger waren als in Frankreich und England. Die Erfolge der deutschen Physiologen und Mediziner im Vergleich zu den französischen und englischen erklärt er damit, daß die letzteren in Fragen über die Natur des Lebens, die mit der Psychologie und Ethik eng verknüpft sind, „sich bisher fast immer beugen (müßten) vor gesellschaftlichen und kirchlichen Vorurtheilen, und konnten, wenn sie ihre Ueberzeugung offen aussprechen wollten, dies nur zum Schaden ihres gesellschaftlichen Einflusses und ihrer Wirk-

[124] C. Bernard: Vvedenie k izučeniju opytnoj mediciny, a. a. O., S. 52.
[125] Ebenda, S. 49.
[126] K. A. Timirjazev: Sočinenija, Band V, a. a. O., S. 427.
[127] T. Huxley: Science and Culture and other Essays, a. a. O., S. 15.

samkeit thun".[128] Wahrscheinlich idealisierte Helmholtz die Situation in Deutschland, wenn er behauptete: „Deutschland ist kühner vorgegangen; es hat das Vertrauen gehabt, welches noch nie getäuscht worden ist, dass die vollerkannte Wahrheit auch die Heilmittel mit sich führt gegen die Gefahren und Nachteile, welche halbes Erkennen der Wahrheit hier und da zur Folge haben mag."[129] Im Prinzip gab es diese Angst überall, und sie bewirkte ein entsprechendes Verhalten zum Gelehrten. In Rußland war die Entlassung eines Professors infolge der herrschenden, auf die Gelehrten gemünzten „Unzuverlässigkeitstheorie" eine durchaus gewöhnliche Erscheinung.[130]

Eine Verbündete des Staates im Kampf gegen die Gelehrten war die Kirche. Mit einer glänzenden Kritik dieses Bündnisses traten Haeckel, Huxley, Timirjazev u. a. auf. Am schlimmsten ist selbstverständlich, daß der moderne Kulturstaat sich in die Umarmung der kulturfeindlichen Kirche stürzt[131], schrieb Haeckel, der die Wechselbeziehungen zwischen Kirche und Wissenschaft gründlich untersucht hat. Eine außergewöhnlich harte Reaktion rief die Evolutionstheorie hervor, da die Kirche in ihr mit Recht den Todfeind des herrschenden Mythos von der Weltschöpfung erblickte und eine Gefahr für das ganze Fundament des Kirchendogmas befürchtete.[132] Den Biologen schien es – und das nicht ohne Grund –, daß „wie vor drei Jahrhunderten der Ansturm der Reaktion von den Astronomen ertragen werden mußte, der Angriff jetzt hauptsächlich gegen die Biologen gerichtet ist".[133] Sicher verhielten sich nicht alle Biologen der Kirche und dem Staat gegenüber so kämpferisch, aber auch in solchen Kreisen wurde die Hoffnung genährt, daß der blinde kirchliche Glaube von der Vernunft der Wissenschaft gestürzt werden wird.[134]

Einige Gelehrte waren bemüht, die Beziehungen zwischen Wissenschaft und Staat gründlich zu untersuchen, um der Kontrolle seitens des Staates und der Kirche wirksam entgegentreten zu können. Eine interessante Analyse enthalten die Artikel N. I. Pirogovs „Was wünschen wir?", „Die Universitätsfrage", „Briefe aus Heidelberg" u. a. Wie die Wissenschaftsentwicklung ohne Einmischung des Staates vor sich gehen würde, schrieb Pirogov, sei schwer zu sagen, da die Wissenschaften, zumindest nach dem Verfall der Antike, nie und nirgends völlige Freiheit genossen haben; ein derartiges „Experiment wurde noch nie gemacht".[135] Aber absolut sicher sei, daß alle Ver-

[128] H. Helmholtz: Vorträge und Reden, a. a. O., S. 397. [129] Ebenda.

[130] Siehe: I. M. Sečenov: Avtobiografičeskie zapiski, a. a. O., S. 174.

[131] E. Haeckel: Die Welträtsel, in: Gemeinverständliche Werke, Band III, Leipzig-Berlin 1924, S. 313f.

[132] Ebenda, S. 319.

[133] K. A. Timirjazev: Sočinenija, Band V, a. a. O., S. 23.

[134] Vgl. E. Haeckel: Der Kampf um den Entwicklungsgedanken, Berlin 1905, S. 38.

[135] N. I. Pirogov: Izbrannye pedagogičeskie sočinenija, a. a. O., S. 431.

suche, die Wissenschaft zu reglementieren, zu völlig anderen Ergebnissen geführt haben, als zu denen, die man erreichen wollte; „Die Folgen von Zwangsmaßnahmen, verbindlichen Regulativen und inquisitorischen Normen waren völlig unabsehbar".[136]

Trotz der Vergeblichkeit solcher Bemühungen reißen die Versuche, die Wissenschaft in eine bestimmte Richtung zu zwingen, nicht ab. Inzwischen wachsen und häufen sich die unerwarteten Folgen der vorgenommenen Eingriffe in erschreckendem Maße. Es werde schwer sein, meinte Pirogov, ohne ein gezieltes Studium der Beziehungen des Staates zur Wissenschaft und der bewußten Anwendung des gewonnenen Wissens in der Praxis, in der Zukunft mit Erfolgen zu rechnen.

Den Einfluß des Staates auf Angelegenheiten der Wissenschaft dürfe man aber nicht gänzlich ausschließen. Pirogov gliedert die Sphäre der Wissenschaft in drei Gebiete: in die wissenschaftliche Forschung, in die Lehre und die Anwendung der Forschungsergebnisse. Den Unterrichtsprozeß dürfe der Staat regulieren und die Verbreitung einer solchen Lehre fördern, von der er meint, daß sie am meisten den vordringlichsten und den sittlichen Interessen des Staates entspricht. Dies Recht des Staates kann besonders dann nicht angefochten werden, wenn die entgegenstehende Lehre noch nicht völlig gesiegt hat und die Meinungen der Gelehrtenwelt sich widersprechen. Eine strenge Kontrolle sei für die Realisierung der wissenschaftlichen Entdeckungen unerläßlich; Pirogov empfiehlt hier, „begrenzend und mehr konservativ vorzugehen". Kein Pardon aber könne es für die Bemühungen des Staates geben, sich in die wissenschaftliche Forschung einzumischen, um eine bestimmte wissenschaftliche Richtung zu fördern oder zu unterbinden.

An der Herausbildung verschiedener Richtungen nehmen nach Pirogov folgende Faktoren teil: Das Objekt der Wissenschaft, die herrschende Überzeugung der Gelehrten und die vorangegangene Wissenschaftsentwicklung. Keiner dieser Faktoren sei mit dem Staat verbunden und von ihm abhängig. Und doch „kündet die Geschichte davon, daß der Staat sich zuweilen das Recht der Einmischung in die inneren Angelegenheiten der Wissenschaften anmaßt. Manchmal erschien es ihm aus irgendeinem Grunde, daß diese oder jene Richtung gefährlich oder schädlich sei oder daß sie im Widerspruch zu seinen Interessen stehe. Es kam auch zuweilen vor, daß übereifrige Anhänger einer Richtung mit jener Voreingenommenheit, die allen Anhängern einer alleinigen Doktrin zu eigen ist, versucht haben, das Vorankommen einer anderen, gegensätzlichen Richtung unter Zuhilfenahme des Staates zu verhindern. In diesem Falle waren die staatlichen Interessen nur ein Vorwand für die Verfolgung persönlicher Ziele. In solchen Fällen wird ein System künstlicher Hindernisse erdacht, das sich gewöhnlich auf bürokratische und inquisitorische Ansätze stützt, um die Verbreitung jener Richtung zu unter-

[136] Ebenda.

binden, die für schädlich gehalten wurde ...“[137] Wenn eine derartige Einmischung von Erfolg gekrönt war, so war das ein kurzlebiger Erfolg; das Endergebnis stand stets im Widerspruch zu dem angestrebten Ziel der Einmischung.

Die Naturforscher des 19. Jahrhunderts haben in der Behandlung der Frage nach dem Einfluß der Gesellschaft und des Staates auf die Wissenschaftsentwicklung stets mit der kapitalistischen Gesellschaft und der bürgerlichen oder feudal-bürgerlichen Form des Staates zu tun gehabt. Gegen Ende des Jahrhunderts begannen ihre Schlußfolgerungen immer düsterere Farben anzunehmen, da sich immer mehr Tatsachen anhäuften, die dazu zwangen, „mit Besorgnis in die Zukunft unserer Wissenschaft in unserer Gesellschaft zu blicken“.[138] Die Epoche des Imperialismus erzeugte eine durchaus reale Gefahr für die Existenz der Kultur selbst, so daß Gelehrte wie Timirjazev den sozial fortgeschrittenen Kräften besonders zugetan waren. Timirjazev konstatierte, daß „die gegenwärtige bürgerliche Gesellschaftsordnung der Wissenschaft gewisse Aufmerksamkeit entgegenbringt; diese Ordnung ist bereit, der Wissenschaft die Krümel zu überlassen, die vom reichgedeckten Tisch des Kapitalismus herunterfallen, und gerade dieses zwingt dazu, über die Zukunft der Wissenschaft nachzudenken; wenn sie sich mit den heutigen Siegern die Beute teilt, wird sie nicht irgendwann mit ihnen zusammen zur Verantwortung gezogen werden?“[139]

Nach der Meinung Timirjazevs kann nur eins die Wissenschaft retten – die Schaffung eines Bündnisses mit der Demokratie, da die „Ziele und Bedürfnisse der Wissenschaft und der Demokratie, der wahren Wissenschaft und der wahren Demokratie, die gleichen sind“.[140] Eigentlich würde dies Bündnis nicht nur für die Zukunft der Wissenschaft, sondern auch für die Geschichte der gesamten Menschheit von entscheidender Bedeutung sein: „In dem die ganze Welt umfassenden Kampf, der zwischen dem Teil der Menschheit entbrannt ist, der nach vorne schaut, und dem, der in verhängnisvoller Weise gezwungen wird, seine Blicke nach rückwärts zu richten, werden auf dem Banner des ersten die Worte stehen: ‚Wissenschaft und Demokratie – ein Unterpfand des Sieges!‘“.[141]

[137] N. I. Pirogov: Izbrannye pedagogičeskie sočinenija, a. a. O., S. 435.
[138] K. A. Timirjazev: Sočinenija, Band IX, Moskau 1939, S. 231.
[139] Ebenda, S. 243.
[140] Ebenda, S. 15.
[141] Ebenda, S. 242.

N. I. Rodnyj

Das Problem der wissenschaftlichen Revolution in der Konzeption der Wissenschaftsentwicklung Th. S. Kuhns

Jede Methodologie der Wissenschaftsgeschichte hat ihre bevorzugten „Knotenpunkte" und Ereignisse in der Geschichte der Wissenschaft. Für die induktivistische Historiographie galten als solche Knotenpunkte die Keplersche Verallgemeinerung der genauen Beobachtungen Tycho Brahes, die Entdekkung des Gravitationsgesetzes durch Newton auf dem Wege induktiver Verallgemeinerung der Keplerschen „Phenomena" der Planetenbewegung, die Entdeckung des elektrodynamischen Gesetzes durch Ampère mittels seiner Beobachtungen der elektrischen Punkte.

Für die konventionalistische Historiographie erscheint auch die Herausbildung der Copernicanischen Theorie als ein solcher „Knotenpunkt", dessen Genesis sie von einem anderen Standpunkt aus interpretieren als die Induktionisten. Die sich auf Popper stützenden Geschichtsschreiber der Wissenschaft suchen in der Wissenschaftsgeschichte nach kühnen falsifizierbaren Theorien und nach dem großen widerlegenden „experimentum crucis"; ihre beliebten Paradigmen sind die Theorien Newtons und Maxwells, das Strahlungsgesetz Rayleighs, Jeans' und Wiens, die Einsteinsche Revolution; die beliebten Paradigmen der „entscheidenden Experimente" – das ist der Versuch von Michelson-Morley, das Eddingtonsche Experiment mit der Finsternis, die Experimente Lumière's und Pringsheims.

Für die Geschichtsschreiber der Wissenschaft, die Adepten der Lakatosschen Methodologie der Historiographie sind, verdienen diejenigen Situationen in der Wissenschaftsgeschichte das größte Interesse, die vom Kampf konkurrierender Forschungsprogramme gekennzeichnet sind (der Kampf der Wellentheorie und der Korpuskulartheorie des Lichts, die Diskussion zwischen Prout und Berthollet in der Geschichte der Chemie usw.).

Somit konzentrieren die Geschichtsschreiber der Wissenschaft zahlreicher Richtungen ihr Augenmerk auf Wendepunkte in der Wissenschaftsgeschichte.

Das Problem der wissenschaftlichen Revolution stellt eine Grundkomponente der jeweils vertretenen geschichtswissenschaftlichen Konzeption dar. Die wissenschaftliche Revolution des 16. und 17. Jahrhunderts, die in ihrem Ergebnis die Entstehung der modernen Wissenschaft hatte, interessiert nicht nur die Vertreter der allgemeinen Wissenschaftsgeschichte und die Historiker der Mechanik, Mathematik und Physik, sondern auch die Philosophen, Soziologen sowie die Kultur- und Gesellschaftshistoriker. Kaum irgendeiner anderen Periode in der Geschichte der Wissenschaft wurde eine derart umfangreiche Literatur gewidmet wie dieser.

In den letzten drei bis vier Jahrzehnten wurden große Erfolge bei der Erforschung der Entstehungsgeschichte der modernen Wissenschaft erzielt, die in bedeutendem Maße darauf zurückzuführen sind, daß man bei der Analyse dieses Problems die Grenzen der europäischen Zivilisation verließ und zum Forschungsobjekt auch Zivilisationen eines anderen Typs wählte, in erster Linie die chinesische. Das Problem der Genesis der modernen Wissenschaft stellt einen bedeutenden Teil des Problems der wissenschaftlichen Revolutionen dar.

Zur Frage der wissenschaftlichen Revolutionen gibt es in der Literatur eine Reihe von Standpunkten, die sich voneinander beträchtlich unterscheiden. Man könnte mindestens folgende herausstellen:

1. Die sogenannten Kontinuisten negieren die Möglichkeit wissenschaftlicher Revolutionen. Sie halten die Kontinuität der Wissenschaftsentwicklung für einen Grundzug dieses Prozesses. Vom Standpunkt der Kontinuisten kann es in dieser Welt nie völlig Neues geben: jede wissenschaftliche Idee habe unweigerlich ihre Vorgänger, deren Nachweis sowie die Aufdeckung der ununterbrochenen Aufeinanderfolge der Entwicklung als Hauptaufgaben der Wissenschaftshistoriker zu gelten haben. Dadurch, daß diese Konzeption erklärt, die Tätigkeit des Wissenschaftlers sei die Folge von Einflüssen seiner Vorgänger, ist sie nicht in der Lage, die Genesis der Idee zu erklären, die am Anfang dieses Weges stand. So negierte der angesehenste Vertreter dieser Richtung, P. Duhem, der recht wertvolle Untersuchungen über mehrere Perioden der Geschichtswissenschaft hinterließ, die grundlegende Bedeutung der Arbeiten Galileis, welche das Eintreten der Wissenschaft in eine völlig neue Periode ihrer Entwicklung kennzeichneten. Duhem behauptete, daß Galileis Grundideen in dieser oder jener Form bereits der sogenannten Pariser Schule des 18. Jahrhunderts (Buridanus, Oresmius u. a.) bekannt waren.

Die Historiographen der Wissenschaft weisen mit Recht darauf hin, daß durch die Arbeiten Duhems der Eindruck einer vollständigen Kontinuität der Wissenschaftsgeschichte entstand, so daß man sogar an der Tatsache des Fortschritts zu zweifeln begann; es schien, als brauchte jeder Wissenschaftler nur das Wissen seiner Vorgänger in sich aufzunehmen. Die Geschichte der Wissenschaft lehrt jedoch, daß der Grad des Einflusses von früheren wissenschaftlichen Doktrinen in umgekehrtem Verhältnis zur Originalität und den schöpferischen Fähigkeiten der Wissenschaftler steht.

Charakteristisch für die Arbeiten dieser Richtung ist die „Modernisierung der Vergangenheit" sowie das Ignorieren der Spezifik neuer Etappen in der Entwicklung der Wissenschaft im Vergleich zu den vorangegangenen Etappen.

2. Ein weiterer Standpunkt, der auf F. Bacon zurückgeht, zielt darauf ab, es habe in der Wissenschaft nur eine einzige Revolution gegeben – die Revolution gegen Ignoranz und Scholastik. Streng genommen vollzog sich diese Revolution jedoch nicht in der Wissenschaft selbst, sondern war ein Aufstand der Wissenschaft gegen die „Unwissenheit", in dem die Wissenschaft den vollen Sieg errang.

3. Die sogenannten Diskontinuisten anerkennen die wissenschaftliche Revolution als Tatsache und als Ausdruck einer bestimmten Gesetzmäßigkeit der Wissenschaftsentwicklung. Sie vertreten den Standpunkt, daß die Wissenschaftsgeschichte eine untrennbare Einheit eines kontinuierlichen Prozesses in der Wissenschaftsentwicklung und einer Reihe von „Sprüngen" ist, die den Abschluß einer Entwicklungsetappe und den Eintritt der Wissenschaft in eine neue Phase ihrer Geschichte kennzeichnen. Die große Mehrheit der gegenwärtigen Historiographen der Wissenschaft sind Diskontinuisten, wenngleich auch sie sehr verschieden an die Lösung des Problems herangehen.

Das Auseinandergehen in dieser Frage beginnt mit der unterschiedlichen Erklärung der Ursachen für diesen Prozeß. Während manche Geschichtsschreiber der Wissenschaft (z. B. A. Koyré) unterstreichen, das Werden der modernen Wissenschaft stelle eine intellektuelle Revolution dar und sei als eine entschiedene und radikale Mutation des Denkens zu verstehen[1], sind andere der Meinung, daß man den eigentlichen Ablauf der Wissenschaftsentwicklung nicht erklären kann, wenn man die Analyse außerwissenschaftlicher Faktoren außer acht läßt – Faktoren, die eine gewichtige Rolle bei der Herausbildung der Wissenschaft gespielt haben.

Die Anhänger des letzteren Standpunktes behaupten, daß die Herausbildung einer neuen Denkweise (einer kausalen anstelle einer teleologischen und animistischen) die notwendige Vorbedingung für das Entstehen der modernen Wissenschaft war. Charakteristisch für die neue Denkweise ist das neue Verhältnis zur Wirklichkeit, der Übergang auf die Positionen der aktiven Veränderung der Wirklichkeit. Diese Erscheinungen wurden von der Aufstellung intellektueller Doktrinen begleitet und stimuliert, die dazu die philosophischen Begründungen lieferten.

In der zeitgenössischen Geschichtsschreibung ist die Vorstellung von der „erkenntnistheoretischen Explosion" in der Wissenschaft recht populär, d. h. von jenem Augenblick ihrer Entwicklung, von dem an es kein zurück in die Vergangenheit mehr gibt und man bereits vom Vorhandensein der Wissenschaft in unserem heutigen Sinne sprechen kann. Hier ist also von den ersten Revolutionen in der Geschichte der Wissenschaft die Rede, welche in den

[1] Koyré meint, daß der intellektuelle Zustand der klassischen Wissenschaft durch zwei Momente gekennzeichnet werden kann: die Geometrisierung des Raumes und die Zerstörung der mittelalterlichen Vorstellung vom Kosmos . . . Dieser Zustand war das Ergebnis einer entschiedenen Mutation, die die Struktur des Denkens selbst gewandelt hat.

verschiedenen Gebieten der Wissenschaften im Verlauf des 16. bis 18. Jahrhunderts erfolgten (Revolutionen in der Astronomie, der Mechanik, der Chemie).

Einen besonderen Platz unter ihnen nahm die Revolution in der Mechanik ein, in deren Ergebnis nicht nur die moderne Mechanik entstand, sondern auch eine prinzipiell neue wissenschaftliche Methode geschaffen wurde, die große Bedeutung für die gesamte nachfolgende Wissenschaftsentwicklung erlangte. Dieser historische Augenblick, schreiben M. Pecheux und M. Fichman, wurde durch die Arbeiten Galileis über den freien Fall der Körper eingeleitet. Von da an wurde jeder Rückgriff auf die aristotelischen und scholastischen physikalischen und kosmologischen Begriffe unmöglich.[2]

„Gegen 1690", schreibt Bernal, „hatte sich die Wissenschaft endgültig durchgesetzt ... Eine geschlossene Disziplin des Experimentierens und Berechnens war entwickelt worden, eine einheitliche Methode, mit deren Hilfe früher oder später jedes Problem in Angriff genommen werden konnte. Die Grundlagen der Wissenschaft würden vielleicht untermauert und verändert werden, doch das auf ihnen errichtete Gebäude war stabil, und, was noch wichtiger war, die allgemeine Methode zu seiner Errichtung war jetzt bekannt und sollte nie wieder in Vergessenheit geraten."[3]

Um den Gedanken zu verdeutlichen, daß es in der Wissenschaftsgeschichte einen „Punkt" gibt, von dem an die Wissenschaftsentwicklung einen unumkehrbaren Charakter bekommt, kann man zum folgenden „gedanklichen Experiment" greifen: Nehmen wir an, daß kurz nach dem Erscheinen des Werkes von Gilbert „Über den Magneten" (1600), das eine große Rolle in der tatsächlichen Entwicklung der Wissenschaft spielte, in der Geschichte Europas eine recht kräftige und langandauernde „regressive Zickzackwendung" eingesetzt hätte, in deren Ergebnis auf allen Gebieten des geistigen Lebens eine rückläufige Bewegung eingetreten wäre. In diesem Falle wäre die Wissenschaft (wenn man ihren Entwicklungsstand und besonders den Umstand in Betracht zieht, daß die neue Methode in ihr noch nicht Eingang gefunden hatte) nicht nur zum Stillstand in ihrer Entwicklung gekommen, sondern sie wäre auch gänzlich in Vergessenheit geraten; erst die Rückkehr der Gesellschaft auf den unterbrochenen Entwicklungsweg hätte zur Wiederauferstehung der Wissenschaft geführt; ihre Entwicklung hätte aber nicht von dem Punkt ihren Anfang genommen, auf dem Gilbert stehen geblieben war, sondern von einem bedeutend früheren. Wenn diese „regressive Zickzackwendung" in der Geschichte der Gesellschaft z. B. Ende des 17. Jahrhunderts eingetreten wäre, d. h. nach Galilei und Newton, so wären die Ergebnisse der Wissenschaft, ungeachtet dessen, daß das Entwicklungstempo sich bedeutend verlangsamt hätte, nie verloren gegangen.

[2] M. Pecheux, M. F. Fichmann: Sur l'histoire des sciences, Paris 1969.

[3] J. D. Bernal: Die Wissenschaft in der Geschichte, Berlin 1961, S. 351.

Unter den Diskontinuisten müssen zumindest zwei Richtungen hervorgehoben werden: an der Spitze der einen steht T. Kuhn, an der Spitze der anderen – K. Popper. Vom Standpunkt Kuhns sind wissenschaftliche Revolutionen recht seltene Erscheinungen, deren Entwicklung eine Aufeinanderfolge von zwei Zyklen darstellt: von Perioden „normaler Wissenschaft", deren Dauer den Hauptanteil an der Geschichte der Wissenschaft habe, und von Perioden „wissenschaftlicher Revolutionen", deren Dauer in der Geschichte der Wissenschaft nur einen Bruchteil ihrer Zeit ausmache.

Im Gegensatz zu T. Kuhn ist K. Popper der Meinung, daß die Revolution in der Wissenschaft eine fast alltägliche Erscheinung ist; Poppers Konzeption von der Entwicklung und dem Fortschritt der Wissenschaft kann als eine Konzeption der permanenten Revolution bezeichnet werden.

Am vollständigsten ist die Konzeption der wissenschaftlichen Revolutionen von Th. Kuhn in seinem Werk „Die Struktur wissenschaftlicher Revolutionen"[4] entwickelt worden. Kuhn hebt hier die Vorstellung vom Paradigma in der Wissenschaft hervor, das eine Gesamtheit der allgemeinsten Ideen und methodologischen Festlegungen darstellt, die sowohl die Wahl des Problems als auch die prinzipiellen Methoden seiner Lösung bestimmen.

Das in der Wissenschaft bestehende Paradigma ist mit der in ihr herrschenden Theorie verbunden, welche ihre Konkretisierung darstellt; in ihr findet das Paradigma die vollständigste Verkörperung. Alle Versuche, eine alternative Theorie in einer Zeit zu konstruieren, da die in der Wissenschaft herrschende Theorie der Lösung anstehender Probleme gerecht wird, sind ergebnislos und zum Scheitern verurteilt. Vom Standpunkt Kuhns bestehen die Besonderheiten der Geistesverfassung der Gelehrten während dieser Perioden in einer Art dogmatischer Anhänglichkeit am bestehenden Paradigma. Diese Erscheinung betrachtet Kuhn als positiv, da sie eine notwendige Bedingung für eine erfolgreiche wissenschaftliche Tätigkeit darstellt. Der mit der Lösung eines Problems in der „normalen" Wissenschaft beschäftigte Gelehrte muß die herrschende Theorie als Gesetz seines Handelns voraussetzen.

In der „normalen" Wissenschaft werden oft Überprüfungen vorgenommen, aber das sind Überprüfungen besonderer Art, denn ihnen wird letzten Endes nicht die herrschende Theorie unterworfen, sondern der Wissenschaftler als Individuum.

Kuhn betrachtet die Gemeinschaft der Wissenschaftler als eine geschlossene Gesellschaft, deren wichtigstes Charakteristikum der „Verzicht auf kritische Erwägungen" ist. Den Vorgang des Zusammenbruchs einer wissenschaftlichen Theorie und zugleich mit ihr auch des Paradigmas stellt Kuhn als Eskalation von Widersprüchen dar, die in einer späteren Entwicklungsetappe der wissenschaftlichen Theorie zwischen der Theorie und den anomalen Fakten entstehen. Die Theorie hält dem empirischen Druck nicht stand, sie ver-

[4] Th. S. Kuhn: The Structure of Scientific Revolutions, Chicago 1962.

liert die Fähigkeit, neues empirisches Material zu assimilieren, in ihren Kontext neue Tatsachen einzubringen.

Die Wissenschaft stellt nach Ansicht Kuhns ein System dar, das ständig neue „Rätsel generiert“ und Mittel für ihre adäquate Lösung hervorbringt. Eine notwendige Vorbedingung dafür, daß ein System sich als Wissenschaft konstituiert, ist, daß sie Rätsel und nicht nur eine Anhäufung von Regeln beinhaltet. So gibt es z. B. in der Astrologie Regeln, jedoch keine Rätsel, und darum hat sie nicht den Rang einer Wissenschaft.

Sobald die Wissenschaft die Fähigkeit verliert, Rätsel zu lösen, die auf ihrer „Tagesordnung“ stehen, und neue Rätsel in ihren Bestand aufzunehmen, entsteht in ihr die Situation einer Krise und das dringende Bedürfnis nach der Schaffung einer neuen Theorie, die diese Funktionen mit Erfolg erfüllen würde.

Man wird Kuhn kaum zustimmen können, daß diese Situation im Ergebnis eines gewaltigen empirischen Druckes auf die Wissenschaft entsteht, daß ein solcher Druck stets die entscheidende Ursache für die Entstehung einer Situation des Wandels und der Entwicklung ist.

Recht hat A. Hall, wenn er darauf hinweist, daß viele der dramatischsten Situationen in der Wissenschaftsgeschichte nicht aus dem Unerwarteten entstanden, nicht aus der Tatsache heraus, daß der Froschschenkel ausschlug anstatt unbeweglich zu bleiben, sondern aus dem gewohnheitsmäßig Erwarteten, aus den gewohnten Formen der Erfahrung und des Denkens, welches den Menschen zwang, die Bewegung der Erde, den Atomismus, die Evolution zu verteidigen und damit die Ruhe dieser Zeit zu stören, während ein unüberbrückbares Fehlen der Übereinstimmung von Fakten und Theorie keine derartige Ruhestörung hervorrief. Es kam oft vor, daß die Menschen trotz einer geradlinigen, induktiven Auffassung von der Natur Tatsachen für den Beweis von Theorien suchten, wie dies Galilei, Bayle und Newton taten, was der Wissenschaft keineswegs zum Nachteil gereichte. Wahrscheinlich ist ein tiefer Gedanke durchaus fähig, dem unmittelbaren Zeugnis von Tatsachen weit vorauszueilen.[5]

Aus der Wissenschaftsgeschichte ist bekannt, daß einige Theorien nicht deswegen von der Bildfläche verschwanden, weil sie dem Druck der Empirie nicht standhielten, sondern, weil sie von anderen Theorien verdrängt wurden, die mit den ersten unvereinbar waren und unabhängig von diesen entwickelt wurden. Der Mechanismus der Ablösung von wissenschaftlichen Theorien, wie er von Kuhn beschrieben wird, kann keinen Anspruch auf Universalität und Ausschließlichkeit erheben, auch wenn er eine große Anzahl tatsächlicher Situationen in der Wissenschaftsgeschichte erfaßt.

Kuhn weist darauf hin, daß er, wie auch Popper, sich nicht die Aufgabe stellt, die logische Struktur von Ergebnissen der wissenschaftlichen Forschung aufzudecken, sondern den dynamischen Prozeß der Gewinnung von

[5] Vgl. A. R. Hall: The Scientific Revolution 1500–1800, London 1954.

wissenschaftlichen Kenntnissen zu erforschen. Ihn interessiert von diesem Blickwinkel aus die Gestalt der Theorie, die in der sogenannten normalen Periode der Wissenschaftsentwicklung das wichtigste Mittel für die Gewinnung neuen Wissens, für das Aufstellen neuer Rätsel und für die Lösung von Schwierigkeiten darstellt. In der Periode der wissenschaftlichen Revolution ist sie dasjenige, was abgelöst werden muß.

Ein erfolgreiches Funktionieren der Theorie sowie ihre Zerschlagung sind – nach Kuhn – Parameter des Wissenschaftsfortschritts, obwohl er die Auffassung vertritt, daß der Fortschritt der Wissenschaft endgültig noch nicht zu erklären ist, weil man gegenwärtig eine Reihe von Fragen, die mit dem Begriff des wissenschaftlichen Fortschritts verknüpft sind, noch nicht beantworten kann. Die Grundtendenz des wissenschaftlichen Fortschritts sieht Kuhn darin, daß die wissenschaftlichen Theorien im Laufe der Zeit in ihrer Gesamtheit immer genauer werden. In der Perspektive erreichen sie in einer ständig wachsenden Anzahl von Berührungspunkten und mit steigender Genauigkeit die Entsprechung mit der Natur.

Kuhn weist darauf hin, daß wissenschaftliche Theorien sich mit der Natur nicht in allen ihren Punkten berühren. Er stellt die Frage, ob die Abstände zwischen diesen Punkten jetzt größer sind als früher.

In der Kuhnschen Konzeption wird dem Problem des Falls eines alten und des Entstehens eines neuen Paradigmas große Beachtung geschenkt. Er bemerkt dazu, daß dieser Prozeß nicht von langer Dauer ist und durch folgende Züge charakterisiert wird:

Zwischen zwei Paradigmen gibt es kein Interregnum, keine Übergangsperiode. Es ist, als wirke in diesem Falle das Gesetz: Die Wissenschaftsgeschichte duldet keine „konzeptionelle Leere".

Aus dieser Vorstellung entspringt die These von der Umschaltungsgestalt, d. h. davon, daß der Übergang von einem Paradigma zu einem anderen nicht allmählich, sondern sprunghaft erfolgt und alle seine Elemente umfaßt. Paradigmen sind unvereinbar, darum können keine Situationen ihrer Koexistenz auftreten. In der Wissenschaft nimmt ein Paradigma ständig eine Monopolstellung ein. Als eines der Argumente gegen die These Kuhns von der Unvereinbarkeit konkurrierender Paradigmen dient der Umstand, daß Newton die kartesianische Wirbeltheorie mit dem Ziel bearbeitete, zu zeigen, daß sie mit den Keplerschen Gesetzen unvereinbar ist. Außerdem stellt Kuhn die These von der momentanen Entstehung des Paradigmas auf und versteht darunter, daß „Theorien stets als Ganzes, in einem Stück erfunden werden". Das neue Paradigma kann zunächst nicht in Form einiger fragmentarischer Ideen auftreten, sondern muß von Anfang an genügend vollständig und bestimmend sein, damit seine potentiellen Möglichkeiten dem Erfinder vollauf klar sind.

Eine Reihe von Thesen Kuhns, die verschiedene Seiten des Übergangs von einem Paradigma zum anderen charakterisieren, bedürfen unserer Meinung nach einer weiteren Klärung, da ihre unmittelbare Gegenüberstellung mit dem empirischen Material einige Widersprüche entstehen läßt. Vor allem erscheint die These vom Fehlen einer Übergangsperiode zwischen zwei Paradigmen als zweifelhaft. Hier einige solcher Episoden aus der Wissenschaftsgeschichte, die der These Kuhns augenscheinlich widersprechen:

So stellt Butlerov in seiner Charakteristik der Ideensituation in der Chemie im Jahre 1861 fest, daß sie eine Zeit durchmacht, die als „Übergangsperiode" bezeichnet werden kann – die alten Theorien reichen nicht mehr aus, neue gibt es noch nicht: „Die Theorie schafft es nicht, sie (die neuen Beobachtungen – d. Verf.) zu verarbeiten, und bleibt hinter der faktischen Entwicklung der Wissenschaft zurück. Mehr noch, diese Fakten passen nicht in den Rahmen der althergebrachten Theorien und warten auf ihren Laurent und Gerhardt, um zu einer Einheit zusammenzufließen, während jeder Fachmann, dem theoretische Bestrebungen nicht fremd sind, die Unzulänglichkeit der alten Anschauungen und die Notwendigkeit neuer Verallgemeinerungen fühlt und trotzdem nicht die Kraft aufbringt, sich vom Althergebrachten loszusagen, an dessen Stelle sich noch nichts vollausgereiftes Neues entwickelt hat. Dieser Übergangszustand unserer Wissenschaft fördert eine Menge spezieller theoretischer Anschauungen und verschiedene Arten ihrer Kennzeichnung zutage."[6]

Butlerov schrieb diese Zeilen kurz bevor er die Theorie der chemischen Struktur schuf, als die in der organischen Chemie herrschende Typentheorie nicht mehr in der Lage war, „das Experiment erfolgreich anzuleiten", das gesamte Forschungssystem aufzubauen. Bezogen auf diesen Fall hat Kuhn übrigens insofern recht, als die Typentheorie, ungeachtet aller ihrer „Versager", so lange nicht ad acta gelegt wurde, bis die Strukturtheorie geschaffen wurde[7]; jedoch steht seiner Konzeption, besonders der These von der Monopolstellung des Paradigmas, die Tatsache entgegen, daß beide Theorien, sowohl die Typentheorie als auch die Strukturtheorie, verhältnismäßig lange nebeneinander existiert haben.

Bei dieser Gelegenheit sei darauf hingewiesen, daß D. I. Mendeleev von der Position der Typentheorie ausging, obwohl die Strukturtheorie bereits existierte; in Opposition zur Strukturtheorie stand auch M. Berthelot, einer der hervorragendsten Meister der chemischen Synthese, u. a. m. Außerdem gab es, wie Butlerov unterstreicht, zwischen beiden Theorien eine Übergangsperiode.

[6] Zitiert nach dem Sammelband: Stoletie teorii chimičeskogo stroenija, (pod. red. B. A. Kazankogo, G. V. Bykova), Moskau 1961, S. 137.

[7] In der Wissenschaft gilt eines der Gesetze des politischen Lebens: vernichtet wird nur das, was ersetzt wird, aber mit dem Unterschied, daß das Ersetzende stets besser ist als das, was abgelöst wird; es ist stärker als das Bisherige sowohl in der Breite als auch in der Tiefe des Erfassens von Erscheinungen.

Ebenso fraglich und einer direkten Überprüfung kaum zugänglich ist die These Kuhns, daß das neue Paradigma in einem Augenblick entsteht und seine Schöpfer sich der möglichen Folgen ihrer Ausgangsidealisierungen angeblich voll und ganz bewußt sind. In Klammern muß hierzu bemerkt werden, daß hier eine komplizierte logische und historische Aufgabe einer präliminären Transformation des empirischen Materials entsteht, damit dies Material der zu falsifizierenden These auf der gleichen logischen Ebene gegenübergestellt werden kann. Wir sind natürlich nicht in der Lage, hier eine derartige Arbeit vorzunehmen und weisen daher einfach auf das geschichtswissenschaftliche Material hin, das einer derartigen Umgestaltung bedarf. So bekam Maxwell „Angst" vor einigen möglichen Folgerungen aus seiner Theorie, besonders vor der Schlußfolgerung, daß der Widerstand, den ein sich in einem gasartigen Gemisch bewegender Körper erleidet, für eine ganze Klasse von Erscheinungen von der Gasdichte nicht abhängig ist.

L. Boltzmann schreibt, als Maxwell „sein Resultat zum ersten Male veröffentlichte, gestand er, fast lieber an einen Fehler seiner Rechnungen als an so widersinnige Konsequenzen zu glauben. Seitdem wurden viele in jene Erscheinungsklasse gehörige Fälle der Beobachtung unterzogen, und Lügen gestraft wurde nur das mangelnde Vertrauen Maxwells an die Macht seiner eigenen Waffen"[8].

Den Prozeß der Abkehr vom alten Paradigma und der Annahme eines neuen schildert Kuhn als „Versuch eines Übergangs zu einem anderen Glauben". Ein solcher Wechsel, verbunden mit der Sanktionierung einer neuen „Weltbetrachtung", wird von einer Überprüfung der wissenschaftlichen Prinzipien der Weltanschauung der Gelehrten begleitet. Dieser Prozeß ist phänomenologisch, im Unterschied zu der Auffassung von T. Kuhn über die Aufstellung eines neuen Paradigmas, durchaus langwierig und keineswegs ein plötzlicher Akt. Eine Reihe von Wissenschaftlern steht zunächst in Opposition zum neuen Paradigma; diese Wissenschaftler unternehmen alles, um das bisherige Paradigma aufrechtzuerhalten, indem sie es an die neue Situation in der Wissenschaft anpassen. Letzteres wird durch „Flicken" der alten Theorie bewerkstelligt, durch Einschluß von ad hoc-Hypothesen mit dem Ziel, Gegenbeispiele abzuwehren, deren Zahl mit erschreckender Geschwindigkeit anzuwachsen beginnt. Wir wissen, schreibt R. Vallery-Radot, daß jede Revolution sogar auf dem Gebiet der Wissenschaft, auf ihrem Wege unweigerlich Besiegte hinterläßt, die ihre Niederlage gar nicht so leicht verschmerzen.[9]

Das Entstehen von neuen Paradigmen stößt stets auf Widerstand, der sich naturgemäß im Laufe der Zeit abschwächt. Der Widerstand, auf den die Aufstellung neuer Paradigmen in früheren Entwicklungsphasen der Wissenschaft stieß, war bedeutend größer als in den nachfolgenden Perioden. Hin-

[8] L. Boltzmann: Populäre Schriften, Leipzig 1905, S. 31f.

[9] R. Vallery-Radot: La vie de Pasteur, Paris 1962.

sichtlich des Verhaltens zu neuen Paradigmen können die Wissenschaftler in folgende Gruppen eingeteilt werden: a) Widerstrebende; b) sich ihm adaptierende; c) schließlich solche, die sich sofort dem Schöpfer des neuen Paradigmas anschließen, aktiv an seinen Grundlagen zu arbeiten beginnen und zu den ersten Adepten seines Schöpfers werden.

Obwohl Kuhn, wie oben dargelegt, die Auffassung vertritt, daß gegenwärtig noch keine erschöpfende Formel für den Wissenschaftsfortschritt vorgelegt werden kann (zu welchem Zweck zusätzlich eine Reihe von Fragen gelöst werden müßte, insbesondere die Frage, ob in einer aufeinanderfolgenden Reihe von Theorien die Zahl ihrer Berührungspunkte mit der Natur steigt oder nicht, sowie die Frage, wie sich die Abstände zwischen ihnen verändern), betrachtet er dessenungeachtet das erfolgreiche Funktionieren der wissenschaftlichen Theorie als einen der wichtigsten Parameter des wissenschaftlichen Fortschritts.

Die gewaltige Zahl von Ergebnissen, die in den Fonds der Wissenschaft Aufnahme gefunden hat, wurde auf der Grundlage von Theorien erarbeitet, unter deren Schirmherrschaft die Entwicklung der Wissenschaft in den evolutionären Perioden ihrer Geschichte vor sich ging.

Kuhn ist der Auffassung, daß es drei Gruppen von Problemen gibt, die in einer normalen Wissenschaft untersucht werden: die Erforschung von Fakten, welche gemäß des herrschenden Paradigmas für die Aufdeckung der Natur der Dinge unerläßlich sind; die Herstellung einer Übereinstimmung zwischen den Fakten und der Theorie; Festlegung von universellen Konstanten, die als Mittel für die Bestätigung des Paradigmas dienen.

Keine dieser Untersuchungen konnte ohne das Paradigma durchgeführt werden, das die Problematik bestimmte und das Vorhandensein einer stabilen Lösung garantierte. Auf der Basis des Paradigmas und mit seiner Hilfe vollzieht sich die Aufstellung quantitativer Gesetze. Die Aufdeckung dieser Gesetze ist, wie Kuhn darauf hinweist, nicht etwa das Ergebnis der Erforschung und Bearbeitung von Messungen, die ohne jegliche theoretische Voraussetzung vorgenommen werden, sondern setzt notwendig das Vorhandensein von bestimmten Vorstellungen voraus, die sich aus einem bestimmten Paradigma ergeben. Der Zusammenhang zwischen einem bekannten Paradigma und den quantitativen Gesetzen, unterstreicht Kuhn, ist so allgemein und eng, daß solche Gesetze seit Galileis Zeiten mit Hilfe des Paradigmas ganze Jahre vor der Schaffung von Apparaturen für ihre experimentelle Beweisführung erraten wurden. Die Tätigkeit im Rahmen einer normalen Wissenschaft läßt sich im höchsten Maße bestimmen und regulieren.

Kuhn gehört zu den sog. Internalisten, d. h., er vertritt die Auffassung, daß die Wissenschaft ein autonomes und sich selbst regulierendes System darstellt, dessen Bewegungskurve voll und ganz von immanenten Gesetzmäßigkeiten, von inneren Impulsen bestimmt wird. Im Einklang hiermit ist er der

Meinung, daß jeder engere Kontakt der Wissenschaft mit der äußeren Welt zu ihrer Unfruchtbarkeit führen kann, und er folgert daraus, daß eine Stimulierung der Wissenschaft, ihre Lenkung „von außen her“ ihr nur Schaden zufügen kann.

Wir alle haben uns längst daran gewöhnt, schreibt Kuhn, die Wissenschaft als die einzige Institution zu betrachten, die sich ununterbrochen irgendeinem Ziel nähert, das von der Natur vorbestimmt ist. Aber muß denn ein solches Ziel überhaupt existieren? Können wir denn nicht die Existenz der Wissenschaft und ihren Erfolg mit der Evolution des Zustands des Wissens der Gesellschaft zu einer beliebigen gegebenen Zeit erklären? Hilft es uns wirklich, wenn wir uns einbilden, daß es irgendeine vollständige, objektive, wahrheitsgetreue Schilderung der Natur gibt und daß der wahre Maßstab der wissenschaftlichen Kenntnisse dasjenige ist, das uns anzeigt, wie weit wir uns diesem Endziel genähert haben? Wenn wir lernen, die Evolution, die „zu dem führt, was wir wissen wollen“, durch die Evolution, die „von dem ausgeht, was wir wissen“, zu ersetzen, so würde eine ganze Reihe von belastenden Problemen verschwinden. Zu diesen Worten Kuhns schreibt E. Jantsch: „Die von praktischen Zielen freie Wissenschaft wird die ‚Evolution zu dem, was wir wollen‘ durch die bessere Alternative – ‚die Evolution von dem, was wir wissen‘ – ersetzen. Die brillante Arbeit Kuhns, die in der Prognostik beachtlichen Einfluß erlangt hat, wurzelt zum Teil in dem weitverbreiteten Glauben, daß Prognostizierung, Auswahl und Planung auf die Grundlagenwissenschaft nicht anwendbar sind.“ [10]

Somit hält Kuhn die sogenannte normative Prognostizierung, deren Ausgangspunkt in festgelegten Zielen und Aufgaben besteht, für unmöglich und stellt ihr „die Evolution von dem, was wir wissen“, d. h. die faktische Situation in der Wissenschaft, gegenüber. Insofern die Prognostizierbarkeit von Wendepunkten in der Wissenschaftsentwicklung ausgeschlossen wird, verbleibt für die Prognose in der Wissenschaft nur das Gebiet der Aufdeckung von Möglichkeitsgrenzen für die bestehende Theorie und die Extrapolation einiger stabiler Tendenzen des Wissenschaftswachstums. Dabei dient als Ausgangspunkt, wie bereits unterstrichen, nicht das Ziel, sondern der von der Wissenschaft erreichte Entwicklungsstand.

Kuhn ist der Auffassung, daß die Verbindung zwischen Wissenschaft und Zeit sich als eine Übereinstimmung zwischen dem Wissenschaftsfonds, der die konzeptionellen Elemente, die Untersuchungsmethoden und die Gesamtheit der Ergebnisse einschließt, und den Erkenntnisaufgaben der gegebenen Zeit herausstellt. In einer beliebigen Epoche erschöpft das bereits vorhandene Wissen im wesentlichen all das, was man wissen muß, und drängt die sichtbaren Aufgaben an den Rand des vorhandenen Wissens. Charakteristisch für jede Epoche der Wissenschaftsentwicklung ist ihre eigene Problematik. Im

[10] E. Jantsch: Technological Forecasting in Perspective, Paris 1967, S. 323.

Unterschied zu den Anhängern Duhems ist Kuhn der Meinung, daß die Probleme, die in den letzten dreißig Jahren gelöst wurden, vor hundert Jahren nicht als einer Beantwortung heischende Fragen existiert haben. Jedem Paradigma entspricht sein eigener Problemstand, wobei die Priorität einem solchen Paradigma zusteht, das diesen Bestand formt und seine bekannten Veränderungen sanktioniert.

Kuhn geht an die Lösung des Problems der Wissenschaftsentwicklung von der Wissenschaftsgeschichte aus und bringt die von ihm vorgeschlagenen Modelle des Wissenschaftsfortschritts mit den konkreten Situationen in ihrer Geschichte in Beziehung. Eins seiner „Grundmotive" ist die These, daß eine adäquate Charakteristik des vorliegenden Prozesses die Kenntnis der Geschichte als eines Ganzen voraussetzt, die Kenntnis dessen, was als Dominante in der Bewegung der Wissenschaft als eines Systems einzelner Wissenschaften steht, eines Systems, dessen Expansion „in die Breite und Tiefe" neue Wissenschaften und neue Wissenschaftsrichtungen im Rahmen der „traditionellen" Wissenschaften hervorruft.

Das Fehlen hinreichender Kenntnisse über die Wissenschaftsgeschichte als einem Ganzen begrenzt die vollständige Lösung des Problems des wissenschaftlichen Fortschritts. Folglich muß die Theorie der Wissenschaftsentwicklung, des Wissenschaftsfortschritts sich nicht nur auf die Geschichte der einzelnen Wissenschaften stützen, die große Errungenschaften aufzuweisen haben, sondern auf die Wissenschaftsgeschichte als Ganzes.

Die Wissenschaftsgeschichte ist nicht nur für die Lösung der Probleme der Entwicklung des Wissens, für den Aufbau eines adäquaten Modells seiner Bewegung, sondern auch für die Schaffung einer Wissenschaftskonzeption wichtig. Kurz: alle Fragen, die mit der Charakteristik der Wissenschaft, sowohl im Sinne ihres Funktionierens als auch im Sinne ihrer Entwicklung, verbunden sind, wurden in einer oder anderen Weise der Wissenschaftsgeschichte „aufgepfropft", die ein Spiegelbild der Wissenschaft darstellt.

Die Konzeption der Wissenschaftsentwicklung Kuhns löste in Kreisen der Philosophen und Wissenschaftshistoriker eine breite Diskussion aus. Von einem Teil der Philosophen und Wissenschaftshistoriker wurde diese Konzeption mit recht großer Anteilnahme aufgenommen, der andere Teil stand ihr kritisch gegenüber.

Zweifellos besteht das Verdienst Kuhns in dem Versuch, sowohl die Funktionsmechanismen der „normalen Wissenschaft" als auch die Anhäufung von „Defekten" in ihr, die in der Wissenschaft eine neue Qualität, eine revolutionäre Situation erzeugen, einer Analyse zu unterwerfen. Die Kritik an den Auffassungen Kuhns richtet sich gegen die Darstellung der „normalen Wissenschaft" als eines Gleichgewichts, dessen psychologisches Äquivalent in der „dogmatischen Anhänglichkeit zum Paradigma" besteht. Anfechtbare Punkte der Kuhnschen Konzeption sind unserer Auffassung nach, die Hypertrophie des „Gleichgewichts“ in der „normalen Wissenschaft“, der Umstand, daß er Prozesse ignoriert, die sich in der Periode der Herrschaft des Paradigmas in der Wissenschaft vollziehen, in ihr keine Kontroversen, keine Konfliktsituationen findet. Die Aufstellung einer bestimmten Theorie in der Wissenschaft bedeutet natürlich nicht, daß diese Theorie im Prozeß ihrer Entwicklung keiner zusätzlichen Erprobung unterworfen wird. Kuhn negiert das Vorhandensein von „Intermedien“ zwischen zwei sich einander ablösenden „Akten“ in der Wissenschaftsgeschichte (Perioden ihrer „normalen“ Entwicklung und der wissenschaftlichen Revolution), obwohl Zwischenperioden in einer Reihe von Fällen chronologisch fixiert werden können.

Der Wechsel von Theorien in der Wissenschaft stellt keine zeitmäßig kurze Aktion, sondern einen recht langwierigen Prozeß dar, in dessen Verlauf die alte Theorie wirksam bleibt – wenngleich auch nicht mit der ursprünglichen Intensität. So koexistierte in der organischen Chemie die Typentheorie eine gewisse Zeit mit der Strukturtheorie. Überhaupt kommt es in der Wissenschaftsgeschichte selten vor, daß die Aufstellung einer neuen Theorie erst dann erfolgt, wenn die Möglichkeiten der alten Theorie voll und ganz erschöpft sind. Darum verbleibt die alte Theorie auch nach dem Auftauchen einer neuen Theorie einige Zeit in „Aktion“. Die Wissenschaft entwickelt sich in allen ihren Etappen widersprüchlich. In erster Linie ist das ein Widerspruch zwischen ihren „geschlossenen“ Strukturen (insbesondere der Theorie) und dem offenen Charakter der Bewegung. Der Übergang zu einem qualitativ neuen Zustand vollzieht sich dann, wenn der erwähnte Widerspruch eine hohe Spannung erreicht. Die Entladung erfolgt durch die Entstehung einer neuen Form des Widerspruchs, der von derselben Natur ist, aber sich bis zu einer bestimmten Periode in einem latenten Zustand befindet. Die neue Form gewährleistet eine größere Länge und Tiefe des Wissenschaftsvormarsches als die alte, erreicht aber unweigerlich ihrerseits eine große Schärfe mit allen daraus folgenden Konsequenzen. Der „empirische Druck“ auf die bestehende Theorie ist eine, aber keineswegs die einzige Ausdrucksform des erwähnten Widerspruchs im Augenblick seiner Kulmination. Die Ignorierung der immanenten Widersprüche der Wissenschaft als eines inneren Impulses ihrer Bewegung, als eines Grundmechanismus ihres Fortschritts, kennzeichnet anfechtbare Punkte der Kuhnschen Konzeption der Wissenschaftsentwicklung.

Personenregister

FSC
www.fsc.org
MIX
Papier | Fördert gute Waldnutzung
FSC® C083411

Kolibri 360 GmbH
Ferdinand-Jühlke-Straße 7
99095 Erfurt, Deutschland
produktsicherheit@kolibri360.de